自尊的六大支柱

[美] 纳撒尼尔·布兰登
(Nathaniel Branden)
著

王 静
译

The
Six Pillars of Self-Esteem
The Definitive Work on Self-Esteem by the Leading Pioneer in the Field

机械工业出版社
China Machine Press

图书在版编目（CIP）数据

自尊的六大支柱 /（美）纳撒尼尔·布兰登（Nathaniel Branden）著；王静译 . -- 北京：机械工业出版社，2021.9（2025.1 重印）

书名原文：The Six Pillars of Self-Esteem: The Definitive Work on Self-Esteem by the Leading Pioneer in the Field

ISBN 978-7-111-69126-6

I. ①自… II. ①纳… ②王… III. ①自尊 - 通俗读物 IV. ① B842.6-49

中国版本图书馆 CIP 数据核字（2021）第 183228 号

北京市版权局著作权合同登记　图字：01-2020-6809 号。

Nathaniel Branden. The Six Pillars of Self-Esteem: The Definitive Work on Self-Esteem by the Leading Pioneer in the Field.

Copyright © 1994 by Nathaniel Branden.

Simplified Chinese Translation Copyright © 2021 by China Machine Press.

This edition arranged with Bantam Books, an imprint of Random House, a division of Penguin Random House LLC through Big Apple Agency, Inc., Labuan, Malaysia. This edition is authorized for sale in the Chinese mainland (excluding Hong Kong SAR, Macao SAR and Taiwan).

No part of this book may be reproduced or transmitted in any form or by any means, electronic or mechanical, including photocopying, recording or any information storage and retrieval system, without permission, in writing, from the publisher.

All rights reserved.

本书中文简体字版由 Bantam Books 通过 Big Apple Agency 授权机械工业出版社在中国大陆地区（不包括香港、澳门特别行政区及台湾地区）独家出版发行。未经出版者书面许可，不得以任何方式抄袭、复制或节录本书中的任何部分。

自尊的六大支柱

出版发行：机械工业出版社（北京市西城区百万庄大街 22 号　邮政编码：100037）	
责任编辑：邹慧颖　彭　箫	责任校对：马荣敏
印　　刷：北京建宏印刷有限公司	版　　次：2025 年 1 月第 1 版第 5 次印刷
开　　本：170mm×230mm　1/16	印　　张：21
书　　号：ISBN 978-7-111-69126-6	定　　价：79.00 元

客服电话：(010) 88361066　68326294

版权所有·侵权必究
封底无防伪标均为盗版

前　言

　　关于自尊，我之前已有论著。本书旨在更深入、更全面地揭示支撑自尊的重要因素。如果自尊意味着心理健康，那么我们对该课题的研究刻不容缓。

　　当今时代风云变幻，这要求我们淬炼坚强的自我，明确定位自己的身份、能力及价值。随着文化共识崩裂，生活中缺乏值得人们一致效仿的楷模，公共领域受众人拥戴的人物也寥寥无几。瞬息万变已成为我们生活的永恒特征。如果此刻我们不能清醒地认识自我，或妄自菲薄，那将非常危险。既然举世难寻稳定之所，我们就必须在内心树立坚定信念。以低自尊面对生活将使我们处于极其不利的境地。以上这些考虑就是我写作本书的部分动机。

　　从本质上讲，本书包含我对以下四个问题的回答：什么是自尊？为何自尊如此重要？我们该怎样提高自尊水平？别人会如何影响我们的自尊？

　　自尊受内在因素和外在因素的影响。所谓内在因素，即存在于个体内心或由个体产生的思想、信念、实践或行为。所谓外在因素，即环境因素：由父母、教师、"重要他人"、组织机构及社会文化等以言语或非言语方式传递的信息，或由此带来的体验。我将分别从内部和外部两个方面考察自尊：个体对自身的自尊建设有何作用？他人对个体的自尊建设有何作用？据我所知，迄今为止尚未有人尝试对此领域进行调查研究。

1969 年，当我的《自尊心理学》（*The Psychology of Self-Esteem*）一书出版时，我自以为就此课题已阐释完毕。1970 年，我意识到还有"更多问题"需要解决，于是又写了一本书——《冲破束缚》（*Breaking Free*）。1972 年，"为了填补更多空白"，我还写了一本书——《否认自我》（*The Disowned Self*）。然后我告诉自己，关于自尊的课题已经彻底结题了，我可以开始研究其他课题了。又过了将近十年，我开始思考从出版第一部著作以来亲身体验并了解到的自尊，因此决定写关于自尊的"最后一本书"，于是在 1983 年出版了《尊重自我》（*Honoring the Self*）。几年后，我认为写一本以行动为导向的指南对那些想要提高自尊水平的人大有裨益，于是在 1986 年出版了《如何提升自尊》（*How to Raise Your Self-Esteem*）。当然我又对自己说，这个课题终于完结了。但就在同一时期，"自尊运动"在全国爆发，每个人都在谈论自尊，有关自尊的图书、讲座、会议等大量涌现，其质量如何我并未予以太多关注。当时我和同事们进行了非常激烈的讨论。虽然有些关于自尊的提法很好，但我认为大部分还不够精彩。我意识到尚未解决的问题还有很多，以前从未考虑过但现在需要认真思考的问题还有很多，思忖再三但尚未进行阐述的也还有很多。最重要的是，我认为有必要超越之前的研究，找出创造和维持高度自尊或健康自尊的因素。（"高度"和"健康"可以互换。）于是我又重燃兴趣，再次探索这个内涵丰富的研究领域里的新宝藏，并深入思考到底什么才是我心目中最重要的心理学课题。

此刻，我恍然大悟，多年前始于兴趣甚至是迷恋的事情，如今成了一种使命。

在思索这种激情的根源时，我回想起自己十几岁的时候，自主意识萌发，然而又面临凡事皆要顺从他人的压力，两者互相冲突、不可调和。想要客观地描写那个时期实属不易，我并不想显得狂妄自大，因为我从未感觉到那种傲慢。事实上，少年时代我就对人生怀有一种无以言表却又非常神圣的使命感。我坚信，亲眼观察世界的能力比其他任何事情都更重要，并且我认为人人都应有此感受，这一观点至今未变。我敏锐地意识到"适应"并吸收"族群"（家庭、社会和文化）价值观的压力。于我而言，这种压力就是要迫使我放弃自己的判断、动摇自己的信念（坚信自己的人生以及为之做出的努力和奋斗才最有价值）。我看到许多同辈人渐渐放弃抵抗，变得心灰意冷，甚至陷入痛苦、孤独、迷惘的深渊，我想知道这是为什么。为什么成长等于放弃？如果说我从小就怀有的强烈渴望是认识世界，那么另一种同样强烈的渴望正在逐步形成（而我却尚未完全意识到），那就是把自己的认识，尤其是对生活的认识传达给世界。多年以后我才意识到，从最深层意义上讲我就是一名教师，一名培养价值观的教师。我所有著作的核心思想是**你的人生很重要。你要尊重自己的人生并为实现自我而奋斗**。

我自己也曾为自尊而努力抗争过，本书列举了一些实例，我的回忆录《审判日》（*Judgment Day*）中有完整介绍。我不会佯称自己对自尊的所有了解都来自接受心理治疗的来访者。其实某些特别重要的认识源自我对自己所犯错误的反思，源自对降低或提升我个人自尊水平的行为的关注。从某种意义上说，我在以教师的身份为自己写作。

如果说我已经写完了关于"自尊心理学"的最终报告，那似乎有些荒谬，但我感觉这本书确实把先前的所有研究推向了高潮。

20世纪50年代末，我第一次讲授自尊及其对爱情、工作和为幸福而奋斗的影响，并在60年代发表了有关该课题的最初几篇文章，旨在让公众了解自尊的重要性。"自尊"这一说法在当时尚未广泛使用，而今自尊变成了时尚反倒不是件好事。人人将其挂在嘴上并不意味着对其充分理解。如果我们不清楚自尊的确切含义，也不了解成功实现自尊究竟取决于哪些具体因素，如果我们不认真进行思考，或者屈从于流行心理学的过分简化和过度粉饰，那么情况可能比这一概念被人们忽视更糟糕。因此在本书第一部分开始探究自尊的来源时，我们首先考察了什么是自尊、什么不是自尊。

几十年前，当最开始研究有关自尊的问题时，我认为该课题为理解动机提供了宝贵的线索。那是1954年，我当时24岁，在纽约大学研究心理学，正在从事一项小型的心理治疗实习工作。回想来访者讲述他们自身的经历，我尝试从中寻找共同要素，令我印象最深的一点是，不管人们有什么具体的心理障碍，他们都存在同样一系列深层问题：自我感觉不胜任、不够好，有内疚感、羞耻感或自卑感，明显缺乏自我接纳、自我信任、自珍自爱。换句话说，他们的自尊出了问题。

西格蒙德·弗洛伊德（Sigmund Freud）在其早期的著作中提出，神经性疾病的症状既可以理解为焦虑的直接表现，也可以理解为对焦虑的防御，我认为该假说含义深刻。于是我开始思索是否可以将来访者的各种障碍或病症理解为自尊不足的直接表现（例如：自我感觉一文不值，或极端被动，或徒劳无功）或者理解为对自尊不足的防御（例如：夸夸其谈、自吹自擂、强迫性的性行为，或过度控制型社会行为）。我一直觉得弗洛伊德的观点很有说服力。他从"自我防御机制"方面思考策略以避免焦虑威胁到自我平衡，而今，我思考的是"自尊防御机制"，即用以抵御自尊（或是伪装的自尊）面对的各种内部、外部威胁的策略。换句话说，所有弗洛伊德所谓的"防御"都可理解为人们为保护自尊所做的努力。

当我去图书馆查询有关自尊的资料时，几乎一无所获。心理学图书的索引中没有这个词。最后，我在威廉·詹姆斯（William James）的书中找到只言片语，但似乎没有任何论述足以让我厘清思路。弗洛伊德认为，儿童的"自尊"低微是由于他发现自己无法与父母发生性行为，从而产生"我无能为力"的无助感。我觉得这样的解释既无说服力，也无启发性。阿尔弗雷德·阿德勒（Alfred Adler）认为，每个人都有与生俱来的自卑感，首先是因为自己带有身体上的不足或"器官缺陷"，而后是因为发现别人（即成年人或年长的兄弟姐妹）都比自己强大。换句话说，我们的不幸就在于我们并非生来就是完美而成熟的成年人。对此说法我不以为然。另一些精神分析学家也有关于自尊的著述，但我发现那些与我对自尊的理解相去甚远，似乎与我研究的课题完全不同。（直到很久以后我才认识到，他们所做的工作与我的研究之间存在某种联系。）通过对研究对象进行观察与反思，我想尽力厘清并拓展我对自尊的理解。

随着对自尊问题的认识越来越清晰，我意识到它是一种深切而强大的人类需求，对培养健康的适应能力（即最佳功能和自我实现）至关重要。从某种程度上讲，如果需求得不到满足，我们的发展就会受挫。

除了源于生物因素的干扰之外，我认为所有心理问题，至少部分程度上都可追溯到自尊的缺乏，这些问题包括：焦虑，抑郁，在学校或工作中表现不佳，害怕亲密关系、幸福或成功，酗酒，吸毒，虐待配偶，猥亵儿童，共同依赖症，性障碍，消极被动，无意义感，自杀，暴力犯罪，等等。在我们一生所做的各种判断中，没有什么比自我判断更重要了。

我记得在20世纪60年代曾与同事们讨论过自尊这个话题，没有人质疑其重要性。大家一致认为，如果能找到提高自尊水平的方法，将会产生许多正面结果。我不止一次听到有人问"如何提高成年人的自尊水平"，语气中明显带有怀疑，认为这其实不可能做到。很显然，许多著作都忽视了这个难题。

家庭心理治疗的先驱维吉尼亚·萨提亚（Virginia Satir）谈到了自尊的重要性，但她并不是该领域的理论家，也很少谈及自尊在家庭环境以外的动态变化。心理治疗的另一位伟大先驱卡尔·罗杰斯（Carl Rogers）只关注自尊的一个方面，即自我接纳。我们知道，尽管二者密切相关，但含义却并不相同。

不管怎样，人们对自尊重要性有了越来越深刻的认识，20世纪70~80年代，发表在专业期刊上的文章越来越多，发现了自尊与某些行为之间的联系。然而关于自尊的一般性理论尚未形成，甚至研究者对自尊的定义也未达成一致。不同的研究者对"自尊"有不同的理解，因此常常对不同现象进行评估。有时一组研究发现会推翻另一组发现。这个研究领域简直就像一座巴别塔，人们莫衷一是，直到现在还没有形成广受认同的自尊定义。

进入20世纪80年代，自尊这一理念火爆起来。经过数十年默默积累，越来越多的人开始谈论自尊对幸福人生的重要性。尤其是教育工作者开始思考自尊与学业成败的关系。我们成立了一个美国自尊委员会，并在许多城市设立分会。几乎每周都在美国各地召开会议，研讨的核心问题就是自尊。

对自尊的研究并不局限于美国，它逐渐成为世界课题。1990年夏天，我有幸参加在挪威奥斯陆举办的第一届国际自尊会议并在开幕式上致辞。来自美国，以及包括英国、苏联在内的欧洲各国的教育工作者、心理学家和心理医生纷至沓来，参加讲座、研讨会和讲习班，分专题讨论自尊心理学在个人发展、学校体系、社会问题及商业组织中的应用。尽管与会者在背景、文化、研究兴趣以及对"自尊"确切含义的理解上存在分歧，但会议气氛热烈，大家坚信把自尊正式作为一种理念的历史时刻已经到来。在奥斯陆会议的基础上，国际自尊理事会成立，越来越多的国家成为理事会成员。

现在全世界都认识到这样一个事实：一个人如果没有健康的自尊，就不可能发挥自身潜能；同样，如果社会成员不尊重自己，不相信自己的思想，不珍惜其他社会成员，那么这个社会也不可能发挥自身潜能。

尽管研究不断推进，但自尊究竟是什么、自尊的实现到底取决于什么，仍然是一系列重大课题。

在某次会议上，当我谈到有意识地生活对健康自尊至关重要时，一位女士愤怒地质问我："为什么要把你们白人中产阶级的价值观强加给世界上其他人？"（这让我很纳闷：有意识地生活对哪一类人的心理健康无关紧要？）当我谈到正直诚信对保护积极的自我概念至关重要而背信弃义有害心理健康时，没人同意或希望我将这一观点写在报告中。他们只关注别人如何伤害自己的价值感，而不是自己如何自我伤害。持这种观点的人通常认为一个人的自尊主要取决于他人。我不否认，诸如此类的经历以及由此引发的感悟增强了我写本书的动机。

在研究自尊问题时，我们需要认识到两种危险：一种危险是过分简化健康自尊的要求，从而迎合人们对快速而轻松地找到解决方案的渴望；另一种危险是屈服于宿命论或决定论，认为世人其实只分为两类——"要么有良好的自尊，要么没有自尊"，这在人们很小的时候就已注定，任何东西都无法改变命运（除非经过几年甚至几十年的心理治疗）。这两种观点的共性就是鼓励消极、被动，都会阻碍我们对未来无限可能性的想象。

我的经验是，大多数人都低估了自己拥有的不断改变和成长的能力。他们暗自以为昨天的模式必定是明天的模式，看不到客观存在的各种选择。如果不能将自我成长和高度自尊确定为自己的奋斗目标，如果不愿为自己的人生负责，那么他们就很难真正认识到自我价值。这种无能为力的感觉就变成了自我实现预言。

本书的最终目的是呼吁人们采取行动。从心理学角度来说，本书其实是对我青春时期的战斗呐喊的放大——自我需要实现和歌颂，绝不能轻易放弃。本书写给心理学家、家长、教师以及文化组织负责人，也写给所有希望积极参与自我完善过程的人。这是一本关于可能性的书。

目 录

前 言

第一部分　自尊：基本原则

第 1 章　自尊：意识的免疫系统　/2

第 2 章　自尊的含义　/25

第 3 章　自尊的表现　/42

第 4 章　自尊的幻象　/48

第二部分　自尊的内部源泉

第 5 章　关注行动　/56

第 6 章　有意识地生活的实践　/64

第 7 章　自我接纳的实践　/88

第 8 章　自我负责的实践　/ 104

第 9 章　自我肯定的实践　/ 116

第 10 章　有目的地生活的实践　/ 129

第 11 章　个人诚信的实践　/ 143

第 12 章　自尊的哲学　/ 160

第三部分　外部影响：自我与他人

第 13 章　培养孩子的自尊　/ 170

第 14 章　校园里的自尊　/ 202

第 15 章　自尊与工作　/ 226

第 16 章　自尊与心理治疗　/ 254

第 17 章　自尊与文化　/ 274

第 18 章　结语：自尊的第七大支柱　/ 297

附录 A：对自尊其他定义的评论　/ 300

附录 B：建立自尊的句子补全练习　/ 304

附录 C：对未来研究的建议　/ 314

参考文献　/ 317

致谢　/ 320

译者后记　/ 321

THE
SIX
PILLARS
OF
SELF-ESTEEM

第一部分

自尊：基本原则

第1章　**自尊：意识的免疫系统**

　　有些现实我们无法规避，其中之一就是自尊的重要性。

　　不管承认与否，我们都不能漠视自我评价。然而，如果这种认识让我们深感不适，那么我们可以设法回避，可以对其不予理睬，宣称我们只对"客观存在的"东西感兴趣，转而逃去看棒球比赛、晚间新闻、财经报道，或者选择疯狂购物、饮酒狂欢。

　　然而，自尊是人类的一种基本需求，其影响既不需要我们理解，也不需要我们同意。不管我们是否了解，自尊都在我们内心运作。是探求自尊相关动力的要领，还是继续保持对自尊的无意识状态，完全取决于我们自己，但是在后一种情况下，内心的自我将永远是不解之谜，我们也永远无法拥有自尊。

　　让我们看看自尊在生活中的作用。

初步定义

我所说的"自尊",其范畴远远超出人类固有的自我价值感这一概念,自尊也许是人类与生俱来的权利。心理医生和教师致力于激发其工作对象从内心迸发出自我价值感的火花,这是通向自尊的不二法门。

事实上,自尊就是人生体验,让我们明白自己能适应生活、符合生活的要求。更具体地说,自尊是:

1)坚信自身的思维能力、应对人生基本挑战的能力。

2)坚信自己有权拥有成功和幸福,感觉自己有价值、有权维护自我需求和愿望,有权实现自我价值并享受奋斗成果。

稍后我将对该定义进行完善并做精简。

我不认为自尊是一种天赋,只消确认便可认领。相反,随着时间的推移而享有自尊意味着达成一项成就。本书的目的就是研究这一成就的本质和来源。

基本模式

相信自己的智慧,确信自己值得拥有幸福,这是自尊的本质。

这种信念的力量在于它不仅仅是一种判断或一种感觉,更是一种动力,激发人们产生相应的行为。

反过来,这种信念的力量又直接受到行为方式的影响,二者互为因果。在这个世界上,我们的各种行为与自尊之间存在着一个持续不断的反馈循环。自尊水平影响我们的行为方式,行为方式又影响我们的自尊水平。

======
相信自己的智慧,确信自己值得拥有幸福,这是自尊的本质。
======

如果我相信自己的智慧和判断力,就更有可能三思而行。如果我能发挥自己的思维能力、有意识地实施各项行动，生活就会变得更好，从而增强我对思维的信心。如果我不相信自己的智慧，心理上就可能变得消极被动，缺乏足够的执行意识，遇到困难也难以坚持不懈。一旦我的行动带来了令人失望或痛苦的结果，我便觉得有理由怀疑自己的智慧。

如果自尊水平较高，我就可能在困难面前百折不挠。如果自尊水平较低，我就更有可能知难而退，或者敷衍了事而不真正尽力而为。研究表明，高自尊的人比低自尊的人更能坚持不懈地完成一项任务。[1] 如果我坚持不懈，获得成功的概率就会远远大于失败的概率。反之，如果我半途而废，失败的概率就会大于成功的概率。不管怎样，我的自我认识都会得到强化。

如果我尊重自己并要求别人同样待我，就会发出信号并采取行动以增加别人做出适当反应的可能性。若别人予以适当回应，便可加强并确定我的最初看法。如果我缺乏自尊并且将他人的无礼、诋毁或者利用视为顺理成章的反应，当我不知不觉地传递这种信息时，那么别人会以我的自我评价方式对待我。当发生此类情况而我却甘于忍受时，我的自尊水平会进一步降低。

自尊的价值在于它不仅让我们感觉更好，还能让我们生活得更好，以便我们更机智、更恰当地应对挑战、把握机遇。

自尊的影响：概述

自尊之高低对我们生活的方方面面影响深远。在工作上，如何行事做派，怎样待人接物，进职升迁多高，事业成就多大，皆与之有关；在生活中，与谁钟情相爱，怎样经营家庭，如何结交金兰，是否幸福美满，亦与之相联。

健康自尊与其他许多个人特质存在正相关，这些特质直接关系到我们能否取得成就、得到幸福。健康自尊表现为理性睿智、敦本务实、直觉敏锐、独具匠心、卓尔不群、灵活柔韧、达权通变、知错能改、宽厚仁慈、易于合作。反之，低自尊则表现为缺乏理性、无视现实、刻板僵化、畏难苟安、盲目从众、桀骜不驯、处处戒备、唯唯诺诺、蛮横跋扈、惧怕交际或敌视他人。我们会看到这些关联之间都存在某种逻辑关系。自尊水平对于人类生存、适应能力、自我实现的影响显而易见。拥有自尊，人生才有支柱，人生才具价值。

高自尊的人往往寻求意义非凡、目标高远的挑战和刺激，而实现这些目标亦可培养良好的自尊。低自尊的人则寻求安于一隅、宽松舒适的安全感。一直将自己局限于熟悉、宽松的环境只会削弱自尊。

我们的自尊越稳固，就越能应对个人生活或事业中出现的各种麻烦；跌倒后越快振作起来，就越有精力开始新生活。（许多成功的企业家多次经历破产，但是失败并不能让他们止步不前。）

我们的自尊水平越高，理想抱负就越远大，这不一定局限于事业发展或经济能力上，也存在于我们渴望体验的生活各方面，例如：情感、才智、精神、创造力。相反，我们的自尊水平越低，追求就越小，可能取得的成就也越少。这两种倾向都会自我强化、自我延续。

我们的自尊水平越高，表达自我以反映丰富内心的动力就越强。相反，我们的自尊水平越低，就越迫切需要"证明"自我，或借助机械麻木的生活忘却自我。

我们的自尊水平越高，沟通交流就会越公开、越诚实、越得当，因为我们笃信自己富有真知灼见，因此表达想法时就会清晰明了。相反，我们的自尊水平越低，沟通交流时就越模糊闪烁、词不达意，因为我们对自己的想法和感受把握不定，或者对听者的反应感到焦虑不安。

自尊水平越高，我们就越能拥有良好和谐的人际关系而非有害的人际关系，正所谓"同性"相吸，喜欢必招欢喜，健康则致康健。相比空虚无味和百无聊赖的人，拥有良好自尊的人自然更加喜欢朝气蓬勃、豪爽大方之士。

人际关系的一个重要原则是，与自尊水平相似的人共处才最感舒适、最觉"自在"。在某些事情上固然"异性"相吸，但在自尊这个问题上则不然。高自尊者容易被高自尊的人吸引。例如，人们很难看到自尊极高者和自尊极低者之间产生火热的恋情，正如不会看到智者和愚人之间存在浪漫的爱情故事。（他们并非永远不可能发生"一夜情"，此事另当别论。请注意，此处所说的是激情之爱，不是一时痴迷的性行为，后者受另一套动力系统控制。）自尊水平中等者通常会被自尊水平中等的人吸引，低自尊者总是从别人身上寻找低自尊（当然并非有意），此番逻辑会让我们感觉终于遇到了自己的"灵魂伴侣"。最糟糕的关系是那些自视甚低者之间的关系，两个深渊的结合怎会产生高度？

与自尊水平相似的人共处才最感舒适、最觉"自在"。

自尊越健康，我们就越会以尊重、仁慈、善意和公平的态度对待他人，因为我们不会视他人为威胁，也因为自尊是尊重他人的基础。有了健康的自尊，我们就不会轻易用恶意、敌对的语言来解释人际关系，也不会无端预想会遭他人拒绝、羞辱、背叛。研究表明，利己主义者往往有反社会行为倾向；相反，良好的个人价值感和独立自主性则与善良仁厚、慷慨大方、社会合作、互助精神密切相关，这一点可以从 A. S. 沃特曼（A. S. Waterman）《个人主义心理学》（*The Psychology of Individualism*）全面的研究综述中得到证实。

总之，研究表明高自尊通常预示着个人的幸福，正如 D. G. 迈尔斯（D. G. Meyers）在《追求幸福》（*The Pursuit of Happiness*）一书中所论述的那样。从逻辑上讲，低自尊与生活的不幸息息相关。

爱

不难看出自尊对于成功建立亲密关系的重要性。获得浪漫幸福的最大障碍就是害怕自己不配得到爱，害怕自己命中注定要受伤害。这种恐惧会产生自我实现预言。

如果自视有才能、有价值、讨人喜爱，那么我就具备了欣赏和爱慕他人的基础。爱的关系是自然表露；善良仁慈、关爱他人亦出于自然。乐于奉献而不觉行囊羞涩，情感"盈余"而能倾心爱人，那么拥有幸福则不会使我焦虑不安。相信自己的能力和价值，相信自己的观察力和欣赏力，也会产生自我实现预言。

=====
获得浪漫幸福的最大障碍就是害怕自己不配得到爱，害怕自己命中注定要受伤害。
=====

然而，倘若不能自尊自爱，便不知付出奉献（除非个人所需得以满足）。在情绪低落时，我总是把别人看作赞许或反对之源。我无法欣赏人的本来模样，只关注别人是否可以为我所用。原本应寻觅这样的关系——彼此欣赏且能分享生活中的趣事，然而我却在寻找那些不会对我横加指责的人，也许他们只是被我的表象、被我面对整个世界的面具所打动。爱的能力尚未开发，感情尝试屡遭失败，并非因为我对激情或浪漫爱情的想象如痴人说梦，而是因为我缺乏支撑这种想象的自尊意识。

我们都听过这样一句话：如果你不爱自己，就不会爱别人。然而故事的另一面则鲜为人知。如果我自觉不可爱，就很难相信别人会爱我。如果我都不能接纳自己，又岂能接纳别人对我的爱？你表现出的热情和钟爱让我困惑不解，让我的自我概念十分混乱，因为我"知道"自己并不讨人喜欢，那么你对我的感情就不可能真实、可靠或持久。如果我认为自己并不可爱，那么你对我的爱也徒劳无益，最终会让你精疲力竭。

即便我有意识地摒除自己不讨人喜欢的感觉，即便我坚持认为自己"很棒"，然而我对自我的不良认知仍然深植内心，阻碍我对建立人际关系的努力与尝试。不知不觉，我成了爱的破坏者。

我想尝试去爱，然而内心却找不到安全基石。我心底深处暗藏恐惧，担心自己注定为爱所伤。所以我会选择一个注定会拒绝、抛弃我的人。（一开始我假装对此浑然不觉，那么这出戏就可以演下去。）或许，我会选择一个可能给我带来幸福的人，而我却总是苛求山盟海誓，不断发泄毫无理性的占有欲，无端制造矛盾，用屈从或支配的手段以期操控对方，在未遭对方拒绝之前想方设法拒绝对方，结果自己亲手葬送了一段好姻缘。

以下案例将会揭示低自尊在亲密关系中的表现。

"为什么我总是爱上错误的人？"某位正在接受心理治疗的女士问我。她七岁时父亲就抛弃了家庭，母亲常常对她大喊大叫："要不是你这么麻烦，也许你爸爸就不会离开我们！"成年之后，她"知道"自己注定遭人抛弃，她"知道"自己不配得到爱，然而她又渴望找到一个男性伴侣。于是她有意挑选已婚男人，很显然这样的男人并不真心待她，也不会与她维持长期关系。其实，她在用这种方式证明自己对人生悲剧的预判是正确的。

当"知道"自己注定失败时，我们会以特定的方式行事让现实符合我们的"认知"。倘若我们的"认知"与感知的现实之间并非协调一致，我们就会感到焦虑。既然我们的"认知"不容置疑，那么我们就必须改变事实，于是便进行自我破坏。

某个男人坠入爱河，他所爱的那个女人也深爱着他，于是他们喜结连理。可是女人竭尽所能也无法使男人相信他们的爱情会天长地久。这个男人永远难以知足知止，然而女人对他却情有独钟，矢志不渝。终于有一天，女人对爱的坚守让男人深信不疑，而此时男人却又开始怀疑自己设定的标准是否太低，怀疑女人是否真正适合自己。最终，他离开这个女人，转而爱上另一个女人，随后同样的剧情又一次上演。

美国人都知道著名笑星格劳乔·马克斯（Groucho Marx）的悖论笑话——"我永远不会加入愿意让我入会的俱乐部"。这正是低自尊的人经营爱情生活的理念：如果你爱我，显然于我而言你尚不够好。只有拒绝我的人才是我可以接纳的挚爱。

某个女人总是鬼使神差地告诉自己深爱的丈夫，别的女人方方面面都比自己优秀。当丈夫对此不以为然时，女人便嘲笑他。丈夫越充满激情地爱她，女人就越冷酷地贬损他。男人终于疲惫不堪，最后走出婚姻。这时，女人既伤心又惊诧。她不明白，自己怎么会错看了这个男人呢？转念她又想："我早就知道，没有人会真心爱我。"她一直觉得自己不招人喜爱，现在终于得到证实。

许多人的生活悲剧在于，如果要在"正确"与"拥有快乐机会"之间做出选择，他们总是会选择"正确"，这样才让他们心满意足。

某个人"知道"自己命中注定遭遇不幸，而且认为自己不配获得幸福。（此外，自己的幸福有可能伤及父母，因为他们也从未体验过幸福。）某天，当他遇到了一个特别喜欢的女人时，立即被对方深深吸引，并且对方也热烈回应，于是他欣喜若狂。有那么一阵子，他几乎忘了邂逅浪漫爱情并不属于自己的"故事"，也不是自己的"人生剧本"。他沉浸在快乐之中，暂时忘记了快乐将破坏其自我概念，令其与"现实"脱节。然而一时之欢愉终于让他感到烦恼焦虑，让他感觉自己与现实格格不入。为减轻焦虑，他必须减少快乐。于是，不知不觉中，在其自我概念的深层逻辑引导下，他开始破坏这种恋爱关系。

我们再次看到了自我毁灭的基本模式：如果我"知道"自己命中注定不幸，我绝不允许现实用幸福来困扰我。不是我要去适应现实，而是现实要来适应我，适应我对事物本来模样的"认识"。

请注意，情况并非总像上述案例那样彻底毁灭恋爱关系。如果我并未感到幸福，也许可以接受让这种关系维持下去。我可能会参加所谓"争取幸福"或"改善关系"的项目，也可能会阅读相关图书，参加研讨会或讲座，接受心理辅导，以期让自己在未来获得幸福。但这种幸福不属于今天，更不存在于当下。当下就可能感受到幸福不免令我感到太突然而惊慌失措。

"幸福焦虑症"是很常见的。幸福会激起我们内心的声音，诉说着：我不配拥有幸福……幸福永远不会长久……我肯定会从马车上摔下来……我会令父母难过，因为我比他们更幸福……生活不该如此……人们会妒恨我……幸福只是一种幻觉……别人都不幸福，我为何幸福呢？

我们很多人需要的是勇于容忍幸福而不进行自我破坏的勇气（尽管这听上去很矛盾），直到我们不再惧怕幸福，明白幸福不会摧毁我们，幸福也不必消失。将来有一天，我会这样开导来访者：试试看您能否不做任何破坏好心情的事情而顺利度过今天——假如您"摔下马车"，请不要绝望，振作起来，重寻快乐。这种坚持不懈就是在塑造自尊。此外，我们要勇于面对内心具有破坏性的声音，不要逃避，要与这些声音进行内心对话，质疑它们以使其陈述理由，耐心回答其中的问题，并驳斥它们的胡言乱语——像对待真实的人一样对待它们，并把它们同我们成熟睿智的声音区别开来。

━━━

我们很多人需要的是勇于容忍幸福而不进行自我破坏的勇气（尽管这听上去很矛盾）。

━━━

职　场

接下来，再来看看职场中一些缺乏自尊引起的行为案例。

某个人在公司里升职了，一想到自己可能无法应对新的挑战、无法担起新的责任，他就惶恐不安。他告诉自己："我是个骗子！我不属于这里！"预感自己注定失败，他就再无动力做到最好。不知不觉中，他开始进行自我破坏：参加会议时准备不足；上一分钟对员工声色俱厉，下一分钟却百般抚慰、热切期望；不合时宜地插科打诨；对老板表现出的不满视若无睹。不出所料他最终被解雇，却还强词夺理地说："我早知道，这么好的事儿，怎么会是真的？"

就算我亲手杀死了自己，至少我仍可控制局势，不必焦虑地等待源自未知的灾难。对失控感的焦虑令人无法忍受，我必须尽一切可能消除焦虑。

某位经理得知了下属提出的奇思妙计，却因自己未能想到这个主意而深感羞辱，内心臆想自己很快会被下属超越领先，于是她就千方百计地藏着这份提议。

这种破坏性嫉妒是自我意识贫乏的产物。你的成就暴露了我的虚无；全世界的人（更糟的是我自己）都会看到，我是多么微不足道。相反，能够慷慨从容地面对他人所获成就才是自尊的标志。

某个男人见到新来的上司，他感到非常沮丧、愤怒，因为这位上司是个女人。他觉得自己的男性气概遭到伤害、受到贬损，于是便想象在性方面侮辱这个女人。他内心感受到威胁，因此他表现出郁郁寡欢、拒绝合作。

认为其他群体低人一等其实是缺乏自尊的典型表现。如果一个男人的"权力"概念停留在"性支配"层面，那么他必定惧怕女人、恐惧才能、缺乏自信、畏惧生活。

======

认为其他群体低人一等其实是缺乏自尊的典型表现。

======

某个研发实验室主任得知该公司从其他公司引进了一位杰出科学家。这位主任立即将此理解为上司对他的工作不满,虽然事实证明并非如此。于是他想象着自己的权威和地位正悄然逝去,想象着新来的科学家最终将取代自己成为新主任。出于盲目的对抗心理,他便敷衍工作,任其业绩持续下滑。当别人温和地暗示他的不足时,他立刻防御性地猛烈回击。后来他辞职了。

当我们的自尊幻想建立在从未受到挑战的脆弱支点上,当我们的不安全感无中生有地找到被拒绝的证据时,那么我们内心深处隐藏的炸弹迟早会爆炸,爆炸的形式就是自我毁灭行为——事实上,即便一个拥有非凡智慧的人也难以幸免于这种灾难。低自尊的人虽才华横溢,却每天都在损害自己的利益。

独立会计师事务所的某位审计师会见其客户公司的首席执行官。他不得已需要说一些对方不想听到的消息。审计师下意识地把对方想象成自己那令人生畏的父亲,于是交流时结结巴巴只讲出了一小部分事先计划说的内容。他一心渴望得到对方认可,或者避免遭受反对,满脑子的胡思乱想让这个审计师无法做出正确的职业判断。他原本可以在消息发布之前全盘告知对方实情,当时做出补救尚且不晚,而他却将一切写进了书面报告,之后呆坐在办公室里暗自揣测对方的反应,他焦虑不安,紧张得浑身发抖。

倘若我们完全为恐惧所驱使,那么迟早会加速灾难的到来。假如担心遭人指责,那么我们的行为终将招致别人的非议和反对。如果我们害怕惹人愤怒,最终必将致人怒气冲天。

某位新入公司市场部的女士突然想到了一个自认为绝妙的好主意。她想象着把方案写出来,认真整理并加以论证,再提交给相关负责人。然而接下来,她却听到内心的低语声:"你算老几?你能有什么好主意?别出风头了!想让别人嘲笑你吗?"继而她脑海里浮现出母亲愠怒的脸庞,她总是嫉妒女儿的聪明才智;同时她也看到父亲受伤的表情,女儿的智慧让他感到威胁。几天后,她便把自己想到的金点子抛到了脑后。

当我们怀疑自己的智慧时,往往会低估其产生的结果。假如我们害怕理性的自我肯定并将其与失去他人的爱关联起来,那么我们就没有机会展现自己的智慧。我们害怕被别人关注,所以将自我隐匿,然后躲在无人可见之处忍受孤单。

某老板一味追求正确,不断强调自己至高无上并以此为乐。在与员工接触中,每当有人提出建议,他都忍不住强调"再琢磨琢磨,再做好一点",上面"有我的印章"。他总喜欢唠叨"为什么我的下属不能再多一些创新精神""为什么他们不能更有创意",但是他又喜欢说"丛林之王只有一个",有时也会稍稍克制地说"总要有人来领导这个公司",有时他会假装抱歉地说"没办法,我的自我太强大了"。事实上他只有一个小小的自我,但是他却把精力都花在了无视这一点上。

我们再次注意到,低自尊可能表现为不能宽宏大度地认可他人所做的贡献,或是担心自己能力太差;对于领导者或管理者来说,低自尊则无法从员工身上汲取精华。

列举这些案例当然不是要谴责或嘲笑那些缺乏自尊的人,而是要提醒我们,自尊对我们做出适当反应具有很大的影响力。我所描述的这些问题都是可以纠正的。第一步,就是要领会其中蕴含的动力机制。

自我实现预言

关于什么具有可能性,什么适合我们,自尊创造了一系列隐含的期望。这些期望往往会让人行动起来并将期望变成现实，现实反过来又验证并强化了我们最初的信念。自尊（无论高还是低）往往是自我实现预言的发生器。

这些期望可能以潜意识或半意识的状态存在于我们的头脑中。教育心理学家 E. 保罗·托兰斯（E. Paul Torrance）在评论逐渐积累起来的科学证据时写道："事实上，一个人对未来的想象可能比他过去的表现更能预示未来将取得的成就。"[2] 我们所学的东西和取得的成就，至少部分地基于我们对事物可能性和适合性的认识。

=====

自尊（无论高还是低）往往是自我实现预言的发生器。

=====

虽然自尊不足会严重制约个人的抱负和成就，但其后果却表现得并不那么明显，有时会以较为间接的方式显现出来。一个人对自我的不良认知就像定时炸弹，可能会无声无息地持续走时数年，在这期间，想要获得成功、展示自我实力的激情成了他前进的动力，促使他在事业上步步登高。然后，其实毫无必要，他开始做一些道德上或法律上投机取巧的勾当，并急于展示自己如何精通这些手段。之后，他会更加明目张胆地犯下各种罪行，却还说自己"超越了善与恶"，似乎是因为自己向命运发起挑战才被击垮。最后，他在生活和事业上都变得狼狈不堪、一败涂地，直到这时我们才发现，多年来他其实一直朝着自己三岁时写就的潜意识人生剧本不屈不挠地走到最后一幕。不难想到，还有许多知名人士可能也是这样的。

自我概念就是命运。或者更确切地说，它趋向于命运安排。所谓自我概念就是我们有意识地或在潜意识中思考："我们是谁？我们是什么样的？"（例如，我们的生理和心理特征、有利因素和不利因素、可能性和局限性、优势和劣势。）自我概念包含我们的自尊水平，但更具全局性。如果不了解一个人行为背后的自我概念，我们就无法理解他的行为。

人们常常在达到成功之巅时进行自我破坏，尽管表现得没有上述案例那么明显。当成功与对什么适合自己的内隐认知发生冲突时，他们就会自我破坏。被抛到自我概念的界限之外会让人不寒而栗。如果一个人的自我概念不能容下他已经取得的成功，如果他的自我概念不加以改变，那么这个人将想方设法进行自我破坏。

以下是我在心理治疗实践中的一些案例。

某建筑师说："我即将拿到职业生涯中最大的一个项目，但是我的焦虑感突然冒出来，几乎要冲破屋顶。因为这个项目远远超越我之前完成的任何项目，它会让我声名远扬。我已经三年滴酒未沾了，这时我心想不妨喝上一杯庆祝一下，结果却把一切都搞砸了——我喝多了，冒犯了原本要给我指派项目的人，当然，项目也没了，我的合伙人一怒之下离我而去。我真的很崩溃，但好在我又回到了'安全地带'，我要努力，重整旗鼓，只是暂时还没有取得突破。这种状态让我感觉很放松、很自在。"

"我下定决心，不能受我丈夫或其他任何人的阻挠，"一个小型精品连锁店的女店主说道，"我从未因为我丈夫挣钱比我少而责怪他，但我也不允许他因为我挣钱多而找我的茬儿。但我总能听到内心深处有一个声音说'我不应该这么成功，女人就不该这样；我不配获得成功，女人不配获得成功'。于是我开始变得漫不经心，不接重要电话，对员工和顾客动辄发火，一次次莫名其妙地对我丈夫发脾气。有次和他大吵一架后，我和一个客户一起吃午饭，对方说了句什么突然就把我惹恼了，于是我就在餐馆里跟对方争执起来。后来我又弄丢了账本，开始犯各种不可原谅的错误……如今三年过去了，无数噩梦过后，我正在努力重建业务。"

"期盼许久，我终于要升职了。"某位企业高管说，"我的生活井然有序。婚姻美满；孩子健康，在学校表现良好。我也多年没跟别的女人鬼混了。如果说还有什么问题的话，那就是我真的想赚更多的钱，现在似乎一切准备就绪，我就快要升职了。但是焦虑让我辗转反侧，时常午夜梦醒，我担心自己是否犯了心脏病，但医生说这只是因为我太焦虑了。怎么会这样？鬼知道！有时候我觉得自己命中注定不该太幸福。反正我就是感觉哪儿不对。我从来不认为自己值得拥有幸福。总之，我的焦虑感一天天加重。有一天，在一次办公室聚会上，我居然愚蠢笨拙地想要勾引一个老板的妻子。我猜想她肯定告诉她丈夫了，而我没被解雇还真是个奇迹。后来我没有升职，焦虑感也无影无踪了。"

这些故事的共同点是什么？其实就是幸福焦虑、成功焦虑。当生活一帆风顺时，缺乏自尊的人感到这与他们内心深处的自我认识、自我设定存在冲突，因此感到恐惧不安、迷失方向。

无论自我毁灭行为出现在什么环境中、以什么形式出现，产生这种行为的根源都是一样的：缺乏自尊。正是缺乏自尊使我们离幸福越来越远。

自尊是一种基本需求

如果自尊的力量源自某种强烈的需求，那么这种需求到底是什么呢？

需求是保证我们有效运作不可或缺的东西。食物和水不仅是我们想要的，也是我们必需的；离开食物和水，我们就会死亡。然而，我们还有其他营养需求，比如钙，尽管其作用并不那么直接和明显。在墨西哥的一些地区，土壤中不含钙。生活在这些地区的居民虽然并不会因此而死亡，但他们生长发育迟缓，体质虚弱，缺钙使他们更容易患病，身体机能受损。

自尊正是一种类似于人体对钙而不是对食物或水的需求。严重缺钙不一定会致死，但会严重损害我们正常的行为机能。

我们说自尊是一种需求，也就是说：

- 自尊对生命过程具有重要作用。
- 自尊是正常、健康发展不可或缺的。
- 自尊具有生存价值。

值得注意的是，有时候缺乏自尊确实会直接致人死亡，例如，过量吸毒、危险驾驶、对残忍暴力的配偶委曲求全、参与帮派争斗，等等。然而，对我们大多数人而言，缺乏自尊的后果更微妙、更间接，来得更迂回。我们也许需要历经深思熟虑、自我反省，才能理解到内心最深处的自我认识如何在决定我们命运的千万个选择中显现出来。

自尊不足的表现形式多种多样：择偶错误，婚姻挫折，事业无成，理想破灭，计划夭折，无法正常享受成功，饮食和生活习惯不健康，梦想永远无法实现，长期焦虑或抑郁，对疾病的抵抗力持续低下，过度依赖药物，对爱和赞许贪得无厌，儿童无法理解自尊或享受生活乐趣。简而言之，人会感觉生活就像是一连串的失败，唯一聊以自慰的也许是那句悲伤的真言："那么世上又有谁真的幸福呢？"

低自尊时，我们应对生活逆境的适应力会减弱，遇到坎坷挫折容易丧失斗志；相反，拥有健康的自我意识会让我们战胜一切。低自尊往往使我们更有可能产生自我生存的悲观信念和无能为力的感觉。比起体验快乐，我们更希望逃避痛苦。消极因素比积极因素对我们影响更大。如果我们不信任自己，既不相信自己的能力，也不相信自己的善良，那么我们生活的这个世界就是一个恐怖的地方。

因此，我认为积极的自尊实际上就像是意识的免疫系统，为我们提供抵抗力、力量和再生能力。健康的免疫系统并不能保证一个人永远不会生病，但能让一个人不那么容易生病，让他更有能力战胜病魔；同样，健康的自尊也不能保证一个人在生活的困难面前永远免遭焦虑或沮丧，而是能让一个人不那么容易受到影响，并且具备更好的应对、恢复和超越能力。高自尊的人当然会被过多的困难击倒，但他们能更快地重新振作起来。

我必须强调一点：自尊更多涉及面对痛苦时的自我恢复能力，而非抵御痛苦。我想起几年前写《尊重自我》时的一段经历。出于某些原因，我在写作时遇到了很大的困难。虽然我对最终结果感到满意，但那本书写得确实不易。其中有一个星期情况非常糟糕，我感觉脑子里想到的一切都不对劲。一天下午，出版商到访我家，我当时正处于疲倦、沮丧、烦躁中。我俩面对面坐在客厅里，我说："这些天我不断问自己——到底是什么让我觉得自己能写书？到底是什么让我认为自己了解自尊？到底是什么让我相信自己对心理学有贡献？"这其实是出版商喜欢听作者谈论的内容。那时我已经出版了六本书，而且多年来一直在讲授自尊相关知识，但我这样说话还是让他惊诧不已。"什么？"他喊道，"纳撒尼尔·布兰登居然会有这种感觉？"他脸上迷惘和惊讶的表情太滑稽了，我禁不住大笑起来。"好吧，当然了，"我答道，"唯一不同的是我还有一点幽默感。我知道这些糟糕的感觉会过去的。不管这周我想什么、说什么、有什么感受，我相信最后完成的这本书一定很棒。"

=====

高自尊的人当然会被过多的困难击倒，但他们能更快地重新振作起来。

=====

自尊太高了吗

有时人们会问："有没有可能我自尊太高了？"不，自尊不会过高，正如不可能出现身体过于健康。有时，人们会把自尊与自我吹嘘或自命不凡混为一谈，其实表现出这种人格特征并不是因为一个人自尊太高，而是自尊太低了，自我吹嘘与自命不凡所反映的恰恰是缺乏自尊。高自尊的人不会处处显示自己比别人优越，也不会用某种标准衡量自己以证明个人价值。他们的快乐在于做真正的自己，而不是要比别人强。记得有一天我正在思考这个问题时，看到我家小狗在后院玩耍，它跑来跑去，时而嗅嗅花朵，时而追逐松鼠，欢蹦乱跳，它因为活着而快乐无比（从我拟人化的角度来看是这样的）。我敢肯定它并不会认为自己比隔壁的那只狗更快乐，它只是陶醉于自我存在当中。那个场景让我深感触动，我知道健康自尊的体验原本就该如此。

有自尊问题的人通常在高自尊的人面前感到尴尬别扭、愤懑不平，他们因此断言"这些人自尊太高了"，其实他们说的正是自己。

例如，缺乏安全感的男人在充满自信的女人面前往往感到更没有安全感。低自尊的人在充满生活热情的人面前往往感到烦躁不安。在婚姻中，如果有一方的自尊水平在逐渐下降，而另一方的自尊水平日渐上升，那么前者的反应可能表现为焦虑，并想方设法破坏另一方的自尊提升过程。

事实总是这么可悲：凡世间成功人士皆有可能成为众矢之的，一事无成的人常常嫉妒并憎恨硕果累累的人，闷闷不乐的人常常嫉妒并憎恨开心快乐的人。

有时，那些低自尊的人偏偏喜欢谈论"自尊太高"是多么危险。

如果没有什么是"足够好的"

正如以上所观察到的，缺乏自尊并不意味着我们必定不能实现真正的价值。即便感觉自己能力不足而难以创造价值，一些人也可能有天赋、精力和动力取得突出成就。比如，一个效率极高的工作狂，他父亲曾预言他永远是个失败者，于是他便努力工作以证明自身价值。然而，低自尊的确会使我们能够达到的效率和发挥出来的创造力低于我们应有的水平，因此我们将无法从各项成就中找到乐趣，无论做任何事情都不会让我们觉得自己"足够好"。

尽管缺乏自尊常常会削弱人们（甚至天才们）取得成就的能力，但也并非必然如此。可以确信的是，缺乏自尊会降低人们获得成就的满足感。这是许多成功人士都知道的痛苦现实。某位非常成功的商人对我说："我取得的成功比失败多得多，为什么我成功的喜悦那么短暂，失败的痛苦却那么强烈、持久？为什么幸福总是转瞬即逝，而痛苦却经久不息呢？"过了一会儿他又说："我脑海中总是浮现出父亲的脸庞，他一直在嘲笑我。"后来他终于意识到，自己潜意识里的人生使命并不是要实现自我，而是要向父亲（已去世十多年）证明自己能有所成就。

当我们拥有不相冲突的自尊时，快乐（而非恐惧）便是我们的动力。我们期盼的是体验幸福，而不是逃避痛苦。我们的目的是自我表达，而不是自我回避或自我辩护。我们的动机不是去"证明"自己的价值，而是要活出各种可能性。

如果我的目标是要证明自己"足够好"，那么这个证明过程将永无止境——因为在承认这个问题值得商榷的那一天，我已经输了这场战斗。因此，这永远只是"又一次"胜利——又一次升职、又一次性征服、又一个公司、又一件珠宝、更大的房子、更贵的汽车、又一个奖项，然而我内心的空虚依然无法填补。

在当今文化中，一些陷入绝境而感到沮丧懊恼的人宣称，他们已决心寻求一条"精神"之路，并放弃自我。因为实现自我的尝试注定要失败。从成熟且健康的意义上说，自我正是他们未能实现的东西，而他们妄想放弃自己并不拥有的东西。没有任何人能成功地绕开对自尊的需求。

━━━

> 如果我的目标是要证明自己"足够好"，那么这个证明过程将永无止境——因为在承认这个问题值得商榷的那一天，我已经输了这场战斗。

━━━

一些忠告

如果人们所犯的一个错误是他们否定自尊的重要性，那么另一个错误则是他们对自尊要求过高。如今有些作家似乎热衷于认为，健康的自我价值感是唯一能够确保我们获得幸福和成功的东西。但事实远非这么简单。自尊不是万能的灵丹妙药。除了外部环境和我们可能面临的机遇之外，许多内部因素也明显在发挥作用，例如我们的能力、智力和成就驱动力。（与我们有时听到的说法相反，成就驱动力与自尊其实并没有任何简单的或直接的联系，因为这种驱动力既受积极因素的影响，也受消极因素的影响，例如，推动一个人前进的力量是他对失去爱情或地位的恐惧，而不是进行自我表达的喜悦。）充分发展的自我认识是我们获得幸福的必要条件，但不是充分条件。拥有它并不能保证我们能实现目标，但是缺少它则必定会让我们产生某种程度的焦虑、沮丧或绝望。㊀

自尊并不能取代人们头顶上的屋檐或胃里的食物，但它可以增加人们设法满足温饱之需的可能性。自尊也不能取代人们生活在这个世上所需的知识和技能，但它可以增加人们掌握这些知识和技能的可能性。

在亚伯拉罕·马斯洛（Abraham Maslow）著名的需求层次理论中，他把自尊置于食物和水等核心生存需求之上（也就是说，在生存需求之后），这种观点显然合乎逻辑，然而又过于简化、具有误导性。人们有时会以自尊至上的名义放弃生命，认为"被接纳"是一种比自尊更为基本的需求，这种观点当然也有待商榷。[3]

======
自尊并不能取代人们头顶上的屋檐或胃里的食物，但它可以增加人们设法满足温饱之需的可能性。
======

㊀ 正如我在前言中所说的，在关于自尊影响的许多研究中，人们面临的一个困难是，不同的研究人员使用的自尊定义各不相同，因此他们所评估或报告的未必是同一现象。另一个困难是，自尊并不是在真空中发挥作用的，因此人们很难孤立地对其进行追踪；自尊会与人格中的其他因素相互作用。

基本的事实仍然是，自尊是人们的迫切需求。之所以如此，是因为自尊的相对缺乏会削弱我们的行动能力。因此我们说自尊具有生存价值。

现代社会的挑战

自尊的生存价值在今天尤为明显。我们已经到了这样一个历史时刻：自尊从原来的一种极其重要的心理需求，演化为当今一种极其重要的经济需求。如果想要适应这个日益复杂、充满挑战和竞争的世界，我们必须要有自尊。

在过去的二三十年里，美国乃至全球经济得到了长足发展。美国已经从制造业社会转变为信息社会。我们见证了雇员的主要工作从体力劳动转变为脑力劳动。当今，世界经济快速发展，科技进步日新月异，竞争之激烈前所未有。相较于先辈们，这些发展对我们提出了更高的教育及培训方面的要求。每一个熟悉商业文化的人对此都了然于心。然而人们尚未了解的是这些发展也对我们的心理资源提出了新的要求。具体地说，这些发展要求我们具备更强大的创新能力、自我管理能力、个人负责能力和自我指导能力。这种要求不仅针对高级管理人员，而且覆盖企业的各个层次，从高级管理人员到一线管理人员，甚至包括企业里的实习生。

======

> 我们已经到了这样一个历史时刻：自尊从原来的一种极其重要的心理需求，演变为当今一种极其重要的经济需求。

======

《财富》杂志对摩托罗拉公司初级制造生产操作员的职位描述如下："通过实验和统计过程控制，分析计算机报告并确认问题。向管理层传达生产绩效指标，了解公司的竞争力。"[4]

现代企业管理不再使用只有少数精英人物决策而多数人遵命执行的模式（即传统的军事化、指挥控制模式）。今天，企业要求所有参与者不仅拥有前所未有的高水平知识和技能，还要具备更强的独立性、自主性、自信心和发挥主动性的能力，简而言之，就是要有自尊。这意味着现代经济需要大量高自尊的人。从历史发展的角度看，这是一个新现象。

这一挑战不仅存在于商界。我们比以往任何一代人都能够更自由地选择自己的宗教信仰、哲学或道德准则；采用自己的生活方式；选择自己的美好生活标准。我们不再盲从"传统"。我们不再相信美国政府会引领我们走向救赎。我们也不再相信教会、工会或任何形式的大型组织。在生活的任何方面都不会有人来拯救我们。我们可以依靠的只有自己。

在每个领域中，我们都比以往任何时候拥有更多的选择机会。无论遥望何方，无限可能的疆域就在我们面前。为了适应这种环境，为了更恰当地应对，我们更需要拥有个人自主性，因为并不存在广为接受的规则或惯例可以让我们免于个人决策的挑战。我们需要知道自己究竟是谁，并以自我为基点。我们需要知道什么对我们来说至关重要。否则，我们很容易被陌生的价值观左右，去追求那些无法培育真正自我的目标。我们必须学会独立思考，培养自我能力，对塑造我们人生的各种选择、价值观和行为负责。我们需要有根植于现实的自信和自立。

我们有意识地做出的选择和决定越多，我们对自尊的需求就越迫切。

我们看到，作为对过去几十年经济和文化发展的回应，人们的自我帮助传统重新焕发光彩；各种类型的互助团体层出不穷；私人网络可以满足不同的需求和目的；人们日益重视"把学习作为一种生活方式"，更加强调自力更生（例如，对医疗保健承担更多个人责任），越来越敢于挑战权威。

不仅在商业领域，而且在我们的个人生活中，创业精神也被激发了出来。从理智上讲，我们都面临成为"企业家"的挑战——创造新的人生意义和价值。我们已被抛入 T. 乔治·哈里斯（T. George Harris）所说的"有意识选择的时代"。[5] 我们可以选择信仰这种宗教或那种宗教，或者做个无神论者；我们可以选择结婚或不结婚；我们可以选择要孩子或不要孩子；我们可以选择为某个公司工作或为自己工作。在几十年前还不存在的成百上千个新职业中做出选择。我们可以选择住在城市、郊区或乡村，或移居国外。简单地说，在服装款式、食品、汽车等方面都存在着前所未有的选择——所有这些都要求我们自己做出决定。

如果我们缺乏自尊，那么当面临大量选择时，我们就会感到恐惧。无论是成长经历还是所接受的教育，都还没有让我们准备好面对这个充满选择和挑战的世界。因此，自尊已经成为非常紧迫的问题。

======

如果我们缺乏自尊，那么当面临大量选择时，我们就会感到恐惧。

======

第 2 章　自尊的含义

自尊有两个相互关联的组成部分：一是面对生活挑战保持基本的自信，即自我效能感；二是相信自己值得拥有幸福，即自我尊重。

我并不是说一个高自尊或自尊健康的人一定会有意识地从上述两个方面思考问题，而是说如果仔细观察自尊带来的体验，我们肯定会发现它们存在于其中。

自我效能感是指对自己的心智功能、思考能力、理解能力、学习能力、选择能力和决策能力充满信心，相信自己能够理解与自我利益和需求相关的事实真相。自我效能感还包括自我信任、自力更生。

自我尊重意味着对自我价值的肯定，对自己的生存和幸福权利持肯定态度，能够自然妥当地表达自我想法、愿望和需要，相信获得快乐和满足感是自己与生俱来的权利。

我们有必要对上述两个方面进行更详细的探讨，但暂时让我们先做以下思考：如果一个人觉得自己不足以面对生活的挑战，缺乏基本的自我信任，对自己的思想缺乏信任，那么无论这个人拥有多少才能，他都是缺乏自尊的。或者，如果一个人缺乏基本的自尊自重，觉得自己不配得到他人的爱慕或尊重，没有权利获得幸福感，害怕表达自己的思想、愿望或需求，那么不管这个人表现出怎样积极的人性特质，他同样是缺乏自尊的。自我效能感和自我尊重是健康自尊的两大支柱，缺少一个，自尊就会受损。二者是自尊定义中最根本的特征，它们代表的不是自尊的衍生或次要意义，而是自尊的本质。

对自我效能感的体验会让人产生一种掌控自我人生的感觉（这种感觉与心理健康密切相关），并让人认为自己位于个人存在的中心，而不是被动的旁观者和事件的受害者。

对自尊的体验可能带来一种善意的、非神经质的集体感，让人与人之间形成一种相互独立、相互尊重的伙伴关系，与之形成对比的则是，要么与人疏离，要么盲目地从众。

在某一个体内部，自尊水平不可避免会出现波动，就像人们的心理状态也会起伏一样。我们需要考虑一个人的平均自尊水平。虽然我们有时把自尊称为一种对自我的信念，但更准确地说，自尊是以特定方式体验自我的性格倾向。那么这种方式是怎样的呢？

以自尊的正式定义来做一个概括，自尊是一种坚信自己有能力应对生活中的基本挑战，并值得拥有幸福的性格倾向。

请注意，这个定义并未具体说明童年环境（人身安全、家庭抚养等）对建立健康自尊的影响，也没有提到后来形成的内部推动因素（有意识地生活、自我接纳、自我负责等），以及情感、行为的后果（同情心、承担责任的意愿、对新体验的开放性等）所带来的影响。这个定义仅确定了自我评价所关注的内容和组成部分。

在第三部分的第 17 章中，我们将在文化背景下探讨自尊的概念，但此处要强调一点：在该定义中"能力"这一概念是形而上学的，而非"西式的"。也就是说，它关系到事物的本质，即我们与现实间的基本关系。它不是某种特定文化"价值偏见"的产物。世界上不存在这样的社会，甚至人们也无法想象有这样的社会——其成员不会面临满足自我需求的挑战，不会面临为适应自然和人类社会而进行适当调整的挑战。从根本意义上讲，效能这个理念并不像有些人所说的那样，是一种西方的产物。当我们深入探讨自我效能和自尊的内涵时，这一点会变得更加清晰。

将定义视作"纯粹的语义学"，或将关注准确性视为学究式的迂腐行为，这些都是不明智的。进行准确定义的意义在于，它能让我们将现实中某一特定方面与其他方面区别开来，从而使我们能够清晰而专注地思考和处理问题。如果我们想知道自尊依赖于什么，如何在儿童时期培养自尊，如何在学校教育中支持自尊，如何在工作环境里鼓励自尊，如何在心理治疗时加强自尊，如何在自我内心建立自尊，等等，我们都要准确地知道所关注的目标到底是什么。谁都不可能击中看不见的目标。如果我们对自尊的认识模糊不清，我们行事的方式就会反映这种模糊性。如果我们对知识严谨性的追求跟不上对自尊的研究热情，我们就会冒极大风险，不仅无法得出有价值的成果，还会使该领域名誉扫地。

我是不是在暗示上述自尊的定义是一成不变、不可改进的呢？当然不是。定义是有语境的，常常与既定的知识水平相关；随着知识的增长，定义会变得越来越准确。我在有生之年有可能会找到更好、更清晰、更准确的方法来描述这个概念的本质，或者其他人能找到。但是在我们现有的知识范围内，我想不出还有什么别的表述方式能更准确地界定本书拟探讨的人类体验的独特性。

高自尊的人会感觉有信心适应生活，也就是我所说的感觉自己有能力、有价值。低自尊的人会感觉自己不适应生活，总觉得哪儿有问题，不是在某件事上犯错了，而是觉得活着就是个错误。拥有一般水平自尊的人会在合适与不合适、对与错之间摇摆波动，在行为上表现不一致：行事时而聪明，时而愚蠢，从而进一步强化了其内心深处自我的不确定性。

> 高自尊的人会感觉有信心适应生活。

我们缘何需要自尊

在第 1 章中，我们了解到自尊是人类的基本需求。那么，为什么会这样？如果不了解人类这一个物种是如何产生这种需求的，那么我们就无法完全理解自尊的含义。（我感觉这个问题几乎完全被人忽略了。）因此，该部分将进行深入讨论，旨在进一步阐明自尊的基本含义。

低等动物根本不去思考其意识的效能或生存的价值等问题。但是人们想弄明白：我能相信自己的思想吗？我有思考能力吗？我够格吗？我足够好吗？我是个好人吗？我是否完善统一？也就是说，我的理想和实践是否契合？我是否配得上尊重、爱情、成功和幸福？

我们对自尊的需求出于人类本性中的两个基本事实。第一，我们的生存与成功驾驭环境有赖于恰当地运用意识，我们的生存和幸福取决于思考能力。第二，我们对意识的正确运用并不是自动的，也不是天生的（只要"接通电源"就能正确运用意识）。因此，在调控意识活动时有一个至关重要的因素，即个人责任。

就像其他一切具有感知能力的物种一样，我们的生存和幸福有赖于人类独有的意识形式的指引，有赖于我们的认知能力，包括抽象、概括和整合的能力，也就是思维能力。

> 我们对意识的正确运用并不是自动的，也不是天生的（只要"接通电源"就能正确运用意识）。

人类的重要特点是具有推理能力，也就是掌握各种关系的能力。我们的生命最终有赖于这种能力。试想一下这些都是怎么来的：摆放餐桌上的食物、生产你身上穿的衣服、建造让你免受风吹雨淋的家、建设让你赖以谋生的工厂、播放让你在客厅就能欣赏的交响乐、研发助你恢复健康的药物、提供方便你阅读的灯光，等等。所有这些都是思维的产物。

思维远非直接的、显性的觉知。它是一个由结构和过程组成的复杂体系结构。它不仅包含言语的、线性的、分析的过程（通常被错误地描述为"左脑"活动），还包含整个精神生活，即潜意识的、直觉的、象征的等所有这些时常被认为与"右脑"有关的东西。思维是我们接触和理解世界的全部手段。

学会种植粮食、建造桥梁、利用电力、应用治愈疾病的药物、配置资源以最大限度地提高生产率、发现前所未有的致富商机、进行科学实验、创造发明——所有这些都需要思维的过程。适当回应孩子或配偶的抱怨、认识行为和情感表达之间的差异、寻求用治愈而不是破坏的方式来化解伤害和愤怒，所有这些也需要思维的过程。知道何时该放弃有意识的努力而转交给潜意识去处理问题，何时该停止有意识的思考，或者何时需密切关注感觉或直觉（潜意识的感知或整合），所有这些同样需要思维的过程，这是一个理性的联系过程。

我们面临的问题和挑战在于，尽管思考是成功生存的必要条件，但我们并不是天生就能自动思考。我们需要做出选择。

我们不负责控制我们的心、肺、肝或肾等身体器官的活动，它们都是身体自我调节系统的一部分（尽管我们逐渐认识到可以采取措施来控制这些器官活动）。我们也不必监督保持体温恒定的机制。自然造化已经为我们设计了可以自动运行且不受我们意志干预的身体器官和系统，但我们的思维运作方式与此不同。

我们的心脏在需要的时候可以自动供血，但是我们的思想不会自动泵送知识，不会自动引导我们按照最好、最理性、最明智的理解去行动，即使这种理解对我们明显有益。在某种特定情况下，不进行思考对我们来说是很危险的，但我们不能仅仅因此就开始"本能地"思考。在面对新奇事物时，意识不会"条件反射式"地扩展，相反，我们有时会缩小其范围。自然造化赋予我们异乎寻常的责任：选择把意识的探照灯调亮或调暗。也就是说，我们可以选择是去寻求意识，还是不为之付出努力，抑或是极力回避它。这是对思考与否的选择，也是关系到我们是否获得自由和承担责任的根本。

唯人类能构想出什么样的价值观值得追求或理应放弃。我们可以决定某个行动方案是理性的、道德的、明智的，然后暂停我们的意识，继续做其他事情。我们能够监控自己的行为，看看它是否与我们的知识、信念和理想保持一致，但是我们也可以回避这个问题。这是对思考与否的选择。

======
唯人类能构想出什么样的价值观值得追求或理应放弃。
======

自由意志关系到我们在特定情况下对意识运作所做的选择——我们可以关注它以扩大意识范围，或者忽视它以回避意识。对意识运作所做的选择对我们的生活（尤其是我们的自尊）有着巨大的影响。

想一想以下选择对我们的生活和自我认识所产生的影响：

- 关注或者不关注。
- 思考或者不思考。
- 有意识或者无意识。
- 清晰或者模糊。
- 尊重现实或者逃避现实。
- 尊重事实或者漠视事实。
- 尊重真理或者拒绝真理。
- 坚持不懈地努力去领会诸事万物或者放弃努力。
- 在行动上忠于或者背弃我们的信念，即诚信问题。
- 诚实或者不诚实地对待自我。

- 正视自我或者回避自我。
- 接受新知识或者故步自封。
- 愿意发现并改正错误或者顽固不化。
- 关注自我和谐性（一致性）或者忽视矛盾。
- 理性或者非理性；尊重逻辑、一致性、连贯性和证据或者无视甚至蔑视它们。
- 忠于意识责任或者背弃意识责任。

如果想知道自尊取决于什么，那么我们可以从上面这份清单开始。

我们应对生活挑战的能力或对自我美德的认识的确会随着时间推移而受上述选择模式的影响。

问题的关键并不是我们的自尊"应该"受到所做选择的影响，而是从本质上说自尊必然受到影响。如果我们养成的习惯会削弱甚至消除做出有效行为的能力并导致我们不信任自己，那么，要让我们就像做了更好的选择那样"应该"继续感觉自己有作用、有价值，将是非常荒谬的。这意味着我们的行为"与"或"应该与"自我感觉无关。提醒自己不要依据某一特定行为而评判整个自我是一回事，断言自我评估和行为之间不应存在联系是另外一回事。如果脱离意识、责任、道德选择等问题而让人"感觉良好"的自尊意识，那就是害人。自尊会带来极大的快乐，在建立或加强自尊的过程中也常常产生快乐，但我们应该明白：只是给镜中的自己抛一个吻（或者采取前面提到的其他类似策略）对于建立或加强自尊来说是远远不够的。

=====

如果脱离意识、责任、道德选择等问题而让人"感觉良好"的自尊意识，那就是害人。

=====

我们的自尊水平并不是在童年时期就彻底定下来的，而是会随着我们的成长日渐成熟，或逐步衰退。有些人10岁时的自尊水平远胜于60岁时的自尊水平，反之亦有。自尊水平会在人的一生中起起落落。当然，我的也不例外。

回顾自己的成长历程，观察自身自尊水平的变化，我发现这些变化反映了我在面对特殊挑战时所做的选择。回想过去，我做过的一些让我备感骄傲的事情和一些令我懊悔不已的事情都历历在目，前者增强了我的自尊，而后者削弱了我的自尊。你也试试看吧，我们每个人都可以回望自身。

关于那些削弱自尊的选择，我想起曾经有些时候（别管什么"原因"），我不愿面对现实、也不愿接受现实——当我需要提高意识水平的时候，反而降低了意识水平；当我需要审视自己的情感时，却否认其存在；当我需要表露真情时，却保持沉默；当我需要远离一段痛彻心扉的感情时，却拼命去维护它；当我需要坚持表达内心的感受和需求时，却等待奇迹发生来让我渡过难关。

每当不得不采取行动、面对挑战、做出道德抉择时，我们或感觉良好，或感觉糟糕，这取决于应对方式的本质和背后的心路历程。明明有必要采取行动、做出抉择，而我们却无动于衷，这也会影响我们的自我认识。

我们需要自尊，也就是需要知道自己正按照生活和幸福的要求"运转"。

能　力

我把那种与健康自尊相关的基本权力或能力的体验称为自我效能感，把对尊严和个人价值的体验称为自我尊重。虽然二者的含义已大致清晰，但我还想更具体地予以阐述。

首先，让我们来看看自我效能感。

所谓有效（从基本的字典意义上说）就是能够产生理想的结果。对我们的基本效能有信心，就是相信我们有能力学习需要学习的东西，也有能力完成需要做的事情以期达成目标，因为成功取决于我们自身的努力。从理性方面说，我们不会借助自己无法控制的因素来判断我们的能力。对自我效能感的体验不需要我们无所不知或无所不能。

拥有自我效能感并不意味我们坚信自己永远不会犯错，而是我们坚信自己能够思考、判断、认识错误并改正错误。自我效能感就是指对我们的思维过程和能力充满信心。

拥有自我效能感并不意味我们必定能驾驭生活中出现的每一个挑战，而是坚信我们有基本能力学习需要学习的东西，坚信我们能够理性地、认真地完成体现个人价值观的各种任务和挑战。

自我效能感建立在过去的成功与成就之上（同时，成功与成就也源于自我效能感），但它远不只是对掌握特定知识和技能的信心。它是对获得知识和技能并取得成功的信心，是对思考能力、自我意识以及如何运用意识的信心，也是对思维过程的信心，因此自我效能感是一种期望通过自身努力取得成功的性格倾向。

如果缺乏自我效能感的体验，总是预期失败而不是胜利，那么在应对生活中的任务和挑战时，我们或多或少会受到干扰、能力变弱或失去自主性。"思考问题的这个我是谁？应对挑战的这个我是谁？进行选择、做出决定、走出舒适区、面对障碍坚持不懈、为自我价值而战的这个我又是谁？"

就我们的成长历程而言，自我效能感的根基就是拥有一个足够理智的、理性的、可预测的家庭环境，从而使我们相信人是可以理解很多事物的，思考不是徒劳无功的。就我们的行为而言，自我效能感的根基就是自我意志，即使无依无靠我们也绝不屈服，面对困难坚持不懈地寻求理解一切。

区分对思维过程的信任和对特定知识领域的信任，在几乎每个我们付出努力的领域都至关重要。在这个世界上，人类知识总量每十年就会增加一倍，我们的安全感只能靠个人学习能力维系。以下我将用实例来阐释我所做的区分。

假设有这么一位职业人士，他在一家公司里工作了 20 年，已经熟练掌握了本领域的专业知识和技能。然后他离开该公司到另外一个企业担任领导，这个企业的要求、规则、存在的问题等都完全不同于上一家公司。此时，如果他缺乏健康的自我效能意识，就很可能过度依赖已有的知识，无法充分适应新环境，随之而来的结果就是工作业绩不佳，进而证实并强化他的低效能感。相反，假如他确实具有健康的自我效能感，他的安全感就不会只源于对已有知识和技能的掌握，而是更多地取决于对自我学习能力的信心。其结果是，他可能会驾驭新的环境，创造良好业绩，进而证实并强化他的自我效能感。

======

在这个世界上，人类知识总量每十年就会增加一倍，我们的安全感只能靠个人学习能力维系。

======

表现出色的销售员、会计师、工程师等常常会被提拔为经理。但是，成为优秀经理所需要的技能不同于成为称职的销售员、会计师或工程师所需要的技能。一个人在其新岗位上表现如何，部分取决于公司为其提供的岗位培训，但也会受到个人自我效能水平的影响。自我效能感低的人往往对崭新、陌生的环境感到不适，从而过分依赖过去的技能。自我效能感高的人则更容易以原有的知识为基础进一步提升和发展，进而掌握新的知识、技能，应对新的挑战。深谙此道的公司会把培养自尊纳入岗位培训中，激励员工重视自我意识、责任担当、好奇心、开放性等优秀品质，而不是那些不相关的特殊技能。

某位女士刚晋升为经理，因担心自己无力应对新的机遇来向我咨询。我请她思考下列问题。

- 您在上一份工作中取得成功的原因是什么？
- 在上一份工作的最初几个月里，您具体做了什么事情让您有效地提高了技能水平？
- 您用什么样的心态对待必须学习的新事物？
- 随着工作开展，您还做了什么事情？

- 您如何适应工作要求、应对变化？
- 是什么让您做到灵活变通？
- 从上一份工作中，您对自己以及对取得的成功有什么认识？您有什么见解可以用于新的岗位？
- 实际所需的技能可能会有所不同，是什么态度和心理过程能让您在未来取得同样巨大的成功？
- 您该做些什么才能确保取得成功？
- 到底是怎样的思维方式才让您做到上述这些？

这些问题关注的是过程而不是内容，有助于这位女士将过去取得成功的内在心理因素与特定技能区分开来，将基本效能与其特定表现区分开来。

我想再次强调，没有人能够（也没有必要）在各方面都表现出色。兴趣、价值观和环境决定了我们可能关注的领域。

当我说自我效能感与一个人应对生活基本挑战的能力有关时，我所说的"基本挑战"是什么呢？首先，是能够维持自我生存的能力，也就是说能够谋生，能够在这个世界上独立照顾自己——假设存在这样的机会。（家庭主妇亦不例外。如果一个女人不能自立，畏惧市场竞争，这对她没有好处。）其次，是能够有效地与他人交往的能力，能够表达并接受关心，建立合作、信任、尊重的关系，以及维持友谊和爱情，能够负责任地肯定自我并接受他人的肯定。最后，是能够坚韧不拔地应对不幸和逆境（而非被动地屈服于痛苦），是能够自我恢复并重生的能力。这些是定义人性的基本要素。

以上主要是工作方面的例子，另外，如前所述，效能感当然也适用于亲密关系。如果我对自己的人际交往能力缺乏信心，那么我的效能感体验就不完整。无法建立让我和对方都感觉积极有益的个人或职业关系，表明我在最基本的层面上存在缺憾，在至关重要的领域不具备效能感。缺乏效能感会反映在我的自尊中。

有时候人们对人类世界感到恐惧，这样的人会降低其对待人际关系的意识水平,只能在缺乏人情味的机器语言、数学或抽象思维中寻求安全感。无论这些人在事业上取得多么辉煌的成就,他们的自尊仍然存在缺陷。逃避生活中如此重要的一个部分,我们必将受到惩罚。

自我价值

现在我们谈谈自尊的第二个要素——自我尊重。

正如自我效能感会自然而然地让人产生对成功的期盼一样,自我尊重会自然地让人产生对友谊、爱情和幸福的期盼,而这一切都取决于我们到底是谁,做了什么。(为了便于分析,我们可以从概念上将自我效能感和自我尊重分开,但在日常的现实体验中,二者常常相互交织。)

自我尊重就是相信自己的价值,而不是妄想自己"完美无缺"或高人一等。它完全没有可比性或竞争性,而是一种信念:坚信我们的生活和幸福值得受到支持、保护和悉心经营;坚信我们是善良的、有价值的,应当受到他人尊重;坚信我们的幸福和个人成就举足轻重,值得我们为之奋斗。

======
自我尊重会自然地让人产生对友谊、爱情和幸福的期盼,而这一切都取决于我们到底是谁,做了什么。
======

就我们的成长历程而言,自我尊重源于我们受到父母和其他家庭成员尊重的体验。就我们的行为而言,自我尊重源于我们对自己所做的道德选择感到满意,这是对自我心理过程感到满意的一个特殊方面。事实上,我们可以做一个简单且非正式的自尊"测试"(虽然未必绝对可靠),看看人们是否对自己的道德选择感到自豪和满意。在街角向右或左转通常不是道德选择;说实话还是不说实话、信守诺言还是言而无信,这才是道德选择。

我们常常遇到这样的人，他们在某些领域对自己的能力充满信心，然而对自己获得幸福的权利却信心不足。其实他们的自尊在某些方面存在缺失。这样的人或许成就颇高但无力享受成功的快乐，因为支撑快乐的个人价值感，即便不是完全缺失，也已受到伤害或损坏。

我们有时会在成功的职业人士中遇到此类问题，他们因为离开工作岗位而感到焦虑不安。对于这些人来说，外出度假是一种压力而不是快乐。他们虽然深爱家人，却很难充分享受家庭幸福，或者认为自己没有资格享受快乐。对他们来说，只有取得成就才能不断地证明并维护他们的自身价值。这些人并非缺乏自尊，但可悲的是他们的自尊存在缺陷。

为了更好地理解为什么我们如此迫切需要自我尊重，请考虑以下几点：为了生活幸福，我们需要追求和实现价值。为了行动得体，我们需要重视行动的受益者。我们需要相信自己值得因采取恰当行动而得到回报。如果缺少了这种信念，我们就不懂得如何照顾自己、保护自己的合法利益，满足自己的需要或享受自我成就。（那么，我们对自我效能感的体验将会受到损害。）

> 最近，我为某个才华横溢的律师提供咨询，她谦卑得几乎到了自毁的地步。在律所里，她总是听任别人拿她取得的成就去邀功。尽管老板长期霸占其成果，同事常常窃取其创意，但她对每个人都笑容可掬，嘴上虽说自己毫不介意，然而内心却怒火中烧。她希望受到大家喜爱，自以为只有通过自我贬抑才能达成此愿，完全不考虑这样做会有损她的自尊。她曾有过一次自主且叛逆的行动是当了一名律师，以此回击家人对她的怀疑（他们总是贬损她的价值）。在事业上取得辉煌成就则超出了她自我设定的可能性，也不适合她。她虽然拥有相应的知识和技能，但是缺少自尊。低自尊就像巨大的地心引力阻止她上升。通过心理治疗她认识到，要有更多的自主意识进行选择，要为自我毁灭的行为负责，要勇敢无畏地站起来对抗地心引力——只有这样才能建立自尊。

这里有三个基本的观察发现：①如果我们尊重自己，我们的行为往往会证实并强化这种认识，例如要求他人以适当方式对待我们；②如果我们不尊重自己，我们的行为往往会进一步降低我们对自身价值的认识，例如接受或认可他人对我们的不当行为，进而证实并强化我们的消极性；③如果我们希望提高自尊水平，我们就需要采取行动，从尊重自我价值开始，然后通过相应的行动来表达自我价值。

自我感觉良好的需要也正是体验自尊的需要，我们在很小的时候就有这种需要。随着长大成人，我们逐渐认识到自己有权利选择个人行为，并且认识到应该对自己的选择负责，而后获得作为一个"人"的意识。我们体验到某种需要，即感觉自己是正确的——作为一个人是正确的，我们特有的行为方式是正确的。这就是自我感觉良好的需要。

我们从成年人那里学到"好"这个概念，我们从长辈那里第一次听到"好""坏""对""错"等字眼，但自我感觉良好的需要是我们与生俱来的，它与生存问题息息相关：我是否适合活着？如果作为一个人活着是对的，我们就会认为自己有权获得成功与幸福；如果作为一个人活着是错的，我们就会认为自己时时遭受痛苦的威胁。当一位接受治疗的来访者说"我觉得自己没有资格获得幸福或成功"时，他实际要表达的意思是"我体会不到做人的价值"。

对自尊的需要是基本的，也是不可逃避的。我们与生俱来就面临这样一些问题：我应该努力成为什么样的人？应该用什么准则指导我的生活？什么价值观值得追求？我说"与生俱来"是因为对于"对"和"错"的关注不仅是社会条件的产物。对于道德或伦理的关注在我们成长的早期阶段就已自然生成了（就像其他智力的发展一样），并随着我们日益成熟而不断进步。当我们评估自我行为时，我们的道德态度必然会隐含其中。

====

对于"对"和"错"的关注不仅是社会条件的产物。对于道德或伦理的关注在我们成长的早期阶段就已自然生成了。

====

价值和价值判断方面的问题是不可避免的，因为它们由生活本质决定。"对我有益"或"对我有害"最终转变为"为了我的生活和幸福"或"有损我的生活和幸福"。此外，对于理解自尊至关重要的是，我们不能将自己排除在价值观和价值判断之外，我们不能对自己行为中包含的道德意义无动于衷，尽管我们可能试图或假装毫不在意。在某种程度上，它们的价值意义不可避免地在我们的心理上留下印记，留下对自我意识的积极或消极感觉。无论我们如何清晰地或隐晦地进行自我评价，无论这些自我价值是有意识的还是潜意识的、是理性的还是非理性的、是有利于生存的还是威胁生存的，每个人都以一定的标准进行自我评价。如果我们不能满足该标准，如果理想与实际行动之间出现分歧，自尊就会受到损害。因此，个人诚信与自尊的道德因素密切相关。为了更好地实现人生的各种可能性，我们需要信任自己、欣赏自己，这种信任和欣赏必须建立在现实的基础上，而不是产生于虚幻的空想和自我欺骗中。

自豪感

我想谈一谈自豪感，以区别于自尊。自豪感是一种独特的快乐。

如果自尊是关于我们对基本能力和价值的体验，那么自豪感则是关于我们因自己的行为和成就而获得的明确而有意识的快乐。自尊关注我们需要做什么，并说"我能"；自豪感关注已经完成的事情，并说"我做到了"。

真正的自豪感完全不同于吹牛、自夸或傲慢，其产生根源正好与此相反。自豪感的源泉是志得意满而不是空洞无物，是为了享受乐趣而不是为了"证明"什么。

自豪感也不是妄想，自以为没有缺点或不足。我们可以为自己的所作所为感到自豪，同时承认自己的过失和缺点。我们可以承认并接纳荣格学派所说的"阴影"，同时体验自豪。简而言之，自豪感绝不意味着对现实漠然不知。

自豪感是成就的情感回报。它不是要克服的恶习，而是要实现的价值。（在哲学或道德语境中，当自豪感不被视为一种情感或体验而是作为一种美德、一种行动承诺时，我会赋予其不同的定义——道德上的雄心壮志，即致力于在人格和人生中实现最大潜能。在《自尊心理学》一书中我阐述过这个观点。）

=====

> 自豪感是成就的情感回报。它不是要克服的恶习，而是要实现的价值。

=====

取得成就是否一定会带来自豪感呢？不一定，以下故事可做阐释。

某个中等规模公司的老板来找我咨询，因为他不明白为什么生意兴隆，而他个人却总是郁郁寡欢。通过交谈我们发现，他一直梦想成为一名科学家，而他父母却希望他在商界发展，出于对父母的尊重，他放弃了自己的理想而步入商界。这样做不仅使他无法在表面的成功之下体验到真正的自豪感，而且其自尊也受到了伤害。其中原因不难查明：在他人生最重要的问题上，出于"被爱"和"归属"的愿望，他让自己的思想和价值观屈从于他人的意愿。很显然，他之所以这样顺从妥协是因为他早就出现了自尊问题。他的抑郁情绪表明，尽管他一生成就辉煌，但他却忽视了内心深处的自我需求。生活在这样的认识框架下，自豪感和满足感根本无从谈起。除非他愿意挑战这种认识框架，勇于面对由此而产生的恐惧，否则不可能找到解决方案。

明白这一点很重要，因为我们有时会听到人们说："我已经取得了很大的成就，为什么我没有多感受到一点自豪呢？"虽然有各种说法可以解释为什么有些人无法欣赏自我成就，但大家不妨问问自己："是谁选择了你的目标？是你自己，还是你内心某个'重要他人'的声音？"如果我们追求的是不能反映真正自我的"二手"价值观，那么无论是自豪感还是自尊都无法得到支撑。

还有什么事情比按照自己的想法、判断和价值观去拥抱生活更需要勇气、更充满挑战性，甚至更令人恐惧呢？自尊难道不是我们内心英雄的召唤吗？这些问题将很快引导我们找到自尊的六大支柱。

第 3 章　自尊的表现

自尊表现为什么样子？

自尊在我们每个人身上都具有非常简单且直接的表现方式。这些表现若孤立存在，则并不代表自尊，而当所有表现集中出现时，自尊的存在便可确定。

自尊表现在一个人的表情、举止、说话和行动的方式上，投射出一个人因生存而充满快乐。

自尊表现为一个人能轻松、直接且诚实地谈论自己的成就或不足，因为这个人与事实之间关系友好。

自尊表现为一个人能够欣然地给予或接受赞美之词，自然地表达爱情、欣赏、喜欢等情感。

自尊表现为一个人能够虚心接受批评，勇于承认错误，因为一个人的自尊并不系于"完美的"自我形象。

自尊表现为一个人的言语和行动都很轻松自如，反映出一个人与自我和平相处。

自尊表现为一个人的所言和所行协调一致，一个人的外表、声音和动作和谐统一。

自尊表现为一个人对新思想、新经历、新生活充满好奇，具有开放的态度。

自尊表现为一个人不会轻易地被突然出现的焦虑感或不安全感吓倒或压垮，因为对他而言，接受、管理并超越这些情绪并非无法做到。

自尊表现为一个人拥有享受自己及他人生活中各种幽默诙谐的能力。

自尊表现为一个人应对变化和挑战的灵活性，因为这个人相信自己的智慧，不会把生活视为厄运或失败。

自尊表现为一个人对自己和他人坚定且自信（而非好斗）的行为感到舒适并认同。

自尊表现为一个人能够在重压之下仍内心和谐、具有尊严。

在身体层面上，我们可以观察到如下特征：

机警、明亮、活泼的眼睛，放松的（除非生病）、肤色自然的、充满健康活力的脸庞，自然挺起、与身体对准成线的下巴，放松的嘴巴。

双肩放松而挺直，双手放松而优雅，手臂自然下垂，姿态放松、挺拔、平衡，步伐坚毅（而不咄咄逼人或飞扬跋扈）。

我们听到一个声音，发音清晰，音量可根据情况进行适度调整。

请注意，放松这一主题在本书中会反复出现。放松意味着不逃避自我，也不与自我发生冲突；长期紧张传递出的信息是某种形式的内心分裂、自我回避或自我否定，自我的某些方面被抛弃或被束缚。

======

放松意味着不逃避自我，也不与自我发生冲突。

======

行动中的自尊

在第 1 章我曾讲过，健康的自尊与以下特质密切相关：理性睿智、敦本务实、直觉敏锐、独具匠心、卓尔不群、灵活柔韧、达权通变、知错能改、宽厚仁慈、易于合作。如果我们能理解自尊的真正含义，那么这些关联之间的逻辑就会显得非常清晰。

理性 这是意识综合功能的运用——从具体事实中产生原则（归纳），将原则应用于具体事实（演绎），并将新知识、新信息与现有的知识背景联系起来。理性是对意义的追求、对关系的理解。它的指导原则就是非矛盾法则，即凡事不能在同一时间和同一方面既正确、又不正确（既是 A 又不是 A）。理性的基础是尊重事实。

我们不应将理性与遵循强制性规则且不加思考地服从于人们在某一时间或地点所宣称的"合理性"混为一谈。相反，理性意味着经常要对某些群体所说的"合理性"提出质疑。（当新的证据推翻了"合理性"这一特定概念时，被推翻的是这个概念，而不是合理性。）对理性的追求是实现不相矛盾的经验整合——这意味着经验具有开放性和可用性。理性既不效力于传统，也不服从于共识。

把理性等同于缺乏想象力、狭义分析、会计式思维等并不奇怪，就像我们在汤姆·彼得斯（Tom Peters）和罗伯特·沃特曼（Robert Waterman）合著的《追求卓越》（*In Search of Excellence*）一书中所了解的那样，理性正是因为被赋予上述特征而受到批评。其实，理性是一种以显性整合方式运作的意识。

理解了这一点我们就会看到，忠于理性与有意识地生活实践是相互依存的。

现实性 在当前语境中，所谓现实性就是尊重事实——承认是即是，不是即不是。如果不能认真看待真实与虚幻之间的区别，那么任何人都不能应对生活的挑战，无视真实与虚幻之间的区别意味着丧失行动能力。从本质上说，高自尊就是以现实为导向的。（良好的现实取向加上有效的自我约束和自我管理，就是心理学家所说的"自我力量"。)

在心理测试中，低自尊的人往往低估或高估自己的能力，高自尊的人往往实事求是地评价自己的能力。

======
从本质上说，高自尊就是以现实为导向的。
======

直觉 通常，尤其是在做出复杂的决策时，需要处理和整合的变量远远超过有意识的头脑的处理能力范围。极其复杂、快速的整合发生在意识之下，并以"直觉"的形式呈现出来，然后大脑扫描数据以寻找有利或冲突的证据。有高度意识和丰富经验的人有时会发现自己依赖于这些潜意识里的整合，因为过去的成功经验告诉他们，这样做会使成功远远多于失败。然而，如果这种成功模式发生了改变，并且当人们发现自己犯错时，他们就会回到更明确、更有意识的理性模式。因为人的直觉功能常常会让他们出乎意料地取得突破，而常规的思考则可能使其进展缓慢，所以他们体验到直觉是心理过程的核心。高级商务主管有时会将他们的许多成就归功于直觉。一个学会信任自己头脑的人比没有学会信任自己头脑的人更有可能依赖这个过程（并通过适当的现实检验有效地管理它）。这种情况同样适用于商业、体育、科学、艺术等更为复杂的人类活动。只有当直觉表达出对内在信号的高度敏感和适当关注时，它才对自尊有重要意义。早在20世纪初，卡尔·荣格（Carl Jung）就强调了尊重内在信号对创造力的重要性。近几十年，卡尔·罗杰斯将其与自我接纳、真实性和心理健康联系起来。

创造力 富有创造力的人比普通人更能倾听和信任自己内心发出的信号。他们的思想不太会屈从于他人的信仰体系，至少在创造力方面是这样的。富有创造力的人更善于自力更生，会向他人学习并受他人的启发，同时他们比普通人更重视自己的思想和洞察力。

研究表明，富有创造力的人更有可能随手把一些奇思妙想记在笔记本上，然后花费时间悉心完善这些想法，并投入精力研究分析这些想法可能带来的结果。总之，他们非常重视自己思想的产物。

低自尊的人往往会低估自己的思想成果。这并不是说他们从未有过有价值的想法，问题在于他们不重视这些想法，看不到其潜在的重要性，甚至很快抛诸脑后，很少有人能坚持自己的想法。实际上他们认为"如果这是我的想法，那会好到哪儿去呢"。

独立性 独立思考是健康自尊的来源也是结果。对自己的存在负全部责任的实践也是如此，即为实现自己的目标和幸福而承担全部责任。

灵活性 灵活性是指能够灵活地应对变化，而不是将自己禁锢在过去。面对崭新的、不断变化的环境却沉湎于过去，这本身就是不安全感和缺乏自信的产物。动物受到惊吓，有时会表现为僵硬——它们会"冻"住。公司面对激烈竞争有时也会如此表现。人们不会去想"我们能从竞争对手那里学到什么"，而只会盲目地墨守成规，无视原有做法现已不起作用的事实。（自20世纪70年代以来，这一直是美国许多企业家和工人面对日本挑战的反应。）僵化通常是一种思维反应，有这种思维的人往往不相信自己能够应对新事物或驾驭陌生环境，或者他们会变得沾沾自喜甚至散漫马虎。相比之下，灵活性是自尊的自然产物。一个自信的人，走起路来就会脚步轻盈，不受无关因素的束缚，对新奇事物快速反应，因为他的思想开放，能够观照万物。

=====

一个自信的人，走起路来就会脚步轻盈。

=====

应变能力 出于上述原因，自尊并不意味着畏惧变化，而是随着现实来调整变化，但自我怀疑则使人处处与现实为敌。自尊会让人反应迅速，而自我怀疑则使之滞缓。（因此，在如此快速发展的全球经济中，商界人士需要研究如何将自尊理念纳入其培训计划和企业文化。学校也需要用同样的理念指导学生，为他们将来步入社会、谋求生计做好准备。）

总之，应对变化的能力与上述良好的现实取向密切相关，也与自我力量不可分割。

愿意承认（并改正）错误　健康自尊的一个基本特征是强烈的现实取向。事实比信念更重要，真理比正确更有价值。有意识比无意识地回避以保护自己更可取。如果自我信任与尊重现实密切相关，那么纠正错误就比假装没有犯过错误更能赢得人们的尊敬。

一个人若拥有健康的自尊，就不会羞于在必要的时候承认"我错了"。否认错误和自我防御是不安全感、内疚感、缺憾感和羞耻感的表现。只有自卑的人才会简单地把承认错误视为耻辱，甚至自我谴责。

仁慈与合作　研究儿童发展的学生知道，受到尊重的儿童往往会把这种尊重内化，转而去尊重他人。受到虐待的儿童则与之相反，他会内化自我轻视，出于恐惧和愤怒而对他人做出强烈反应。如果我以自我为中心，在自我领域内感到安全，相信自己有权利在想说"是"的时候说"是"，想说"不是"的时候说"不是"，那么我自然就会产生仁慈之心。我没有必要害怕别人，没有必要躲在充满敌意的堡垒后面保护自己。如果我笃信自己有生存权利，笃信我属于我自己，不受他人的笃定和自信所威胁，那么我自然就会与他人形成合作关系以实现共同目标。这样的反应显然于我有利，能满足我的各种需要，让我不受恐惧和自我怀疑的阻碍。

高自尊的人比低自尊的人更容易产生同理心和同情心，就像仁慈与合作精神一样。我与他人的关系往往反映出我与自己的关系。说到所谓"爱邻如爱己"这一训诫，"码头工人哲学家"埃里克·霍弗（Eric Hoffer）曾说：人们常常是"恨人如恨己"，这才是问题所在。世界上的杀手们（无论这是字面意义还是比喻意义）从来不会与他们的内在的自我相爱。

第4章　自尊的幻象

当自尊水平低时，我们常常被恐惧左右。我们害怕现实，感觉自己无力应对；我们害怕关于自己或他人的事实，那些我们否认、排斥或压抑的事实；我们害怕自己的伪装会轰然崩塌；我们害怕暴露内心世界；我们害怕因为失败而蒙受羞辱，有时还害怕因为成功而承担责任。我们的人生目的是避免痛苦，而不是体验快乐。

如果我们感到自己完全无法理解必须要面对的重要现实；如果我们感到没有能力去应对生活中的关键问题；如果我们感到不敢坚持自己的观点，担心因此而暴露内心深处的自卑感；如果我们感到现实在某种程度上是（或假装它是）自尊的敌人，那么这些恐惧往往会破坏我们的意识效能感，从而使最初的问题进一步恶化。

经常疑惑"我是谁""我怎么能学习、评判、做决定"，或者认为"有意识是危险的""试图思考或理解是徒劳的"，如果抱着上述态度面对生活的基本问题，那么我们从一开始就被打垮了。我们的思想怎么会为它认为不可能的或不可取的事情而努力求索呢？

自尊水平不能决定我们的思想，这其中的原因并不简单。自尊影响的是我们的情感推动力。我们的情感往往鼓励或阻碍我们的思想，推动我们接近事实、真理和现实或者让我们远离它们，推动我们接近效能感或者让我们远离效能感。

因此，要迈出建立自尊的第一步非常艰难：面对情感上的抗拒，我们必须提高自己的意识水平。我们必须驳斥那种认为视而不见才符合自身利益的想法。我们常常认为只有保持无意识状态才能让生活变得可以忍受，这就使得建立自尊更加困难。只有摒弃这些观念，我们才能开始培养自尊。

=====
面对情感上的抗拒，我们必须提高自己的意识水平。
=====

危险在于我们将受困于消极的自我形象，任其支配我们的行动。如果我们把自己定义为平庸、软弱、胆怯或无能，那么我们的所作所为就会反映出这样的定义。

当我们有能力挑战这种消极形象并采取对抗行动时（至少在某些情况下，许多人是这样做的），阻碍往往来自我们对自我状态的放任。我们顺着心理决定论的感觉，告诉自己说我们无能为力，并因此而得到相应回报：我们不必再去冒险，也不必从被动状态中觉醒。

缺乏自尊不仅会阻碍我们的思想，还会使思想扭曲。如果我们消极评价自己，又试图识别某些行为的动机，我们就会焦虑且带有防御性地做出反应，绞尽脑汁对显而易见的问题视而不见；或者，出于罪恶感和不道德感，我们不会对自我行为做出合乎逻辑的解释，而是进行破坏性解释，以致我们在道德上处于糟糕的境地。这时，只有自我谴责才让我们感觉最为恰当。或者，当受到他人不公正的指责时，我们可能会感到束手无策，无力反驳他们；我们也可能会接受对方的指责并信以为真，心想："我该如何是好？"这种沉重的心情令人困惑无助、疲惫不堪。

低自尊的基础和动力是恐惧。低自尊者的根本目标不是生活，而是逃避生活的恐惧。他们最大的渴望不是创造力，而是安全感。他们向别人寻求的不是真实交流的机会，而是逃避道德价值，希望被人原谅、被人接受，并且在某种程度上被人照顾。

低自尊者惧怕未知和陌生的事物，高自尊者则勇于探索新的领域；低自尊者逃避挑战，高自尊者则渴望并寻求挑战；低自尊者寻找开脱罪责的机会，高自尊者则寻找赞美他人的机会。

我们可以从这些截然相反的动机中了解到什么是健康的精神世界。一个健康的人，其动机源于自信（爱自己，爱生活），因恐惧而产生的动机则反映出自尊发展不足。

伪自尊

有时我们会看到这样一些人，他们享有世俗意义上的成功，广受尊重，在公众面前伪装得很自信，实际上却心怀不满、焦虑不安、闷闷不乐。他们可能会表现出自我效能感和自我尊重，但实际上这些只是假象。那么该如何理解他们这样的表现呢？

本书曾指出，如果我们不能培养真正的自尊，那么我们就会出现不同程度的焦虑感、不安全感和自我怀疑，实际上，就是感觉自己不宜存在于世。（当然，人们思考问题时不会使用这些词；相反，也许有人会想"我一定有什么问题"，或者认为"我肯定缺少某些必要的东西"。）这种心理状态往往令人痛苦不堪。正因如此，我们常常设法逃避痛苦，否认恐惧，将自己的行为合理化，并假装自己拥有自尊。于是我们就可能会培养出我所说的伪自尊。

伪自尊是脱离现实的自我效能感和自我尊重的幻象。它是一种非理性的自我保护手段，以消除焦虑，提供虚假的安全感；它可以缓解我们对真实自尊的渴求，同时让缺乏自尊的真正原因不为人知。

伪自尊所依据的价值观与真正的自我效能感和自我尊重所需要的价

值观毫不相关，尽管这些伪自尊价值观在特定环境下并非一无是处。例如，一栋大房子当然可以代表某种合法价值，但它并不能恰当地衡量或证明一个人的效能或品德。另外，加入犯罪团伙通常不是理性价值观的表现，也不能增强真正的自尊感。（不排除这样做可能带来暂时的安全感、拥有"家庭"或"归属感"的错觉。）

在追求自尊方面，缘木求鱼的情况很普遍。我们常常通过知名度、物质成就或性剥削来寻求自尊，而不是通过意识、责任和诚信来寻求自尊。我们可能更看重加入正确的俱乐部、教会或政党，而不重视个人的真实性。我们可能会不加批判地服从特定群体的意志，而不是贯彻恰当的自我肯定。我们可能会通过慈善行动而非袒露心扉来寻求自尊——必须让自己成为一个"好人"，要做"善事"。我们追求的可能是操纵或控制他人的"权力"，而不是能力（实现真正价值的能力）。我们可能无休无止地自欺欺人以致最终走入迷失自我的死胡同，全然不知我们所追求的东西是不能用"假币"买到的。

自尊是一种亲密体验，深藏于一个人的内心深处。自尊是我对自己（而非别人对我）的看法和感受。这一简单的事实再怎么强调都不为过。我可以深得家人、伴侣、朋友钟爱，但我却不爱自己；我可以深得同事的仰慕，但我却认为自己一文不值；我可以展示出一个几乎可以骗过所有人的自信稳重的形象，而内心却因自感不足而恐惧发抖；我可以满足别人的期望，却辜负了自己；我可以赢得各种荣誉，却自感一事无成；我可以受到成千上万的人崇拜，但每天早上醒来，我的内心却有一种病态的欺骗感和空虚感。如果获得了"成功"却没能拥有积极的自尊，我们就注定会感觉自己像一个骗子，焦急地等候谎言被拆穿的那一刻。

======
我可以展示出一个几乎可以骗过所有人的自信稳重的形象，而内心却因自感不足而恐惧发抖。
======

别人的称赞并不能让我们建立自尊。学识、财富、婚姻、子女、慈善事业、面部整容或性征服也不能让我们建立自尊。所有这一切有时会让我们暂时自我感觉好一点，或者在特定情况下感觉舒服一些，然而舒适安逸并不是自尊。

许多人生活的悲剧在于，他们四处寻找自尊却唯独忽视内心，所以他们一无所获。在本书中，我们将看到积极的自尊可以理解为一种精神上的成就，即意识演化的胜利。当开始以这种方式理解自尊时，我们就会明白，"只要能给别人留下积极印象，就能享有良好的自尊感"这种想法是多么愚蠢。我们必须不再告诉自己：如果我能再得到一次晋升，如果我能成为妻子和母亲，如果我是一个养活家庭的顶梁柱，如果我能买得起一辆更大的车，如果我能再多写一本书、多一个公司、多一个爱人、多一些奖励、多一些来自他人的感激，那么我就能真正感觉到内心的平静与安宁。

如果自尊是对自己是否适合生存于世做出的判断，是对个人能力和价值的亲身体验，如果自尊是自我肯定的意识，即相信自己的意识，那么除了我自己，没有人能为我带来并维持这种体验。

不幸的是，很多讲授自尊的教师也和其他人一样，对虚假之神顶礼膜拜。有个人曾为公众和公司开办自尊研讨班，我曾听过他的演讲。他宣称提升自尊水平的最好方法就是与赞赏我们的人在一起。我认为低自尊的人如果被赞美和吹捧所包围，那就是噩梦——就像某些摇滚明星，他们完全不知道自己如何走到了今天，离开毒品他们一天都活不下去。所以让低自尊的人（假如他有幸被任何人接纳）只与仰慕者为伍来提高自尊水平，好比缘木求鱼。

自尊的根本来源是内在的，并且只能是内在的，它存在于我们（而非他人）的行为当中。如果从外在的、他人的行动和反应中寻找自尊，我们就会招来不幸。

当然，比较明智的做法是寻找对我们的自尊怀有好意而不是敌意的人做朋友。滋养性的关系显然比伤害性的关系更为可取。但是将他人视为自我价值的主要来源是很危险的，这不仅行不通，而且会让我们对别人的认可"上瘾"。

我不想否认心理健康的人也会受到他人信息反馈的影响。我们既然是社会的一分子，那么他人的意见当然有助于我们形成自我认知，这个问题将在后面得到讨论。人们得到的信息反馈对其自尊的相对影响往往因人而异——对一些人来说，它几乎是唯一重要的因素，而对另一些人而言，它的影响则小得多。换言之，人与人之间在自主意识的水平上存在巨大差异。

多年来，我一直与那些闷闷不乐、总是关注他人观点的人打交道，我相信最有效的解脱方式是在自我体验中提高意识水平：一个人内心信号的音量调得越高，外部信号的音量就越能降低至适当的水平。正如我在《尊重自我》一书中所写到的，我们要学会倾听身体，倾听情感，学会独立思考。在随后的章节中，我们将进一步讨论如何做到这一点。

独立性

我们可以选择不再过度依赖他人的信息反馈和认可，而是选择建立完善的自我内部支持系统。这样，确定性的源泉就在我们内心。达到这种状态对于我所理解的适当的人性成熟至关重要。

革新者和创造者比常人更能接受孤独状态（缺乏来自个体所属社会环境的支持性反馈）。他们更愿意追随自己的梦想，即使这将使他们远离人类社会。未经开发的领域不会让他们畏惧，至少他们不像周围人那样被吓到。这是伟大的艺术家、科学家、发明家、实业家获得成功的秘密之一。创业精神（艺术或科学领域也一样）的标志不就是能够看到别人看不到的可能性并设法实现它吗？当然，实现一个人的理想可能还需要其他许多人通力协作，为着一个共同的目标而努力奋斗，而且创造者还要擅长在不同群体之间搭建桥梁。但这是另外一码事，并不影响我的基本观点。

> **革新者和创造者比常人更能接受孤独状态。**

所谓的"天才"与独立、勇气和胆识等气魄息息相关,这是我们钦佩天才的原因之一。从字面意义上讲,"气魄"是无法被教授的,但是我们可以为培养气魄创造条件。如果把人类的快乐、福祉和进步作为奋斗目标,那么我们必须努力培养这种品质——在育儿实践中,在学校中,在组织机构中,尤其是首先在我们自己的心里。

THE SIX PILLARS OF SELF-ESTEEM

第二部分

自尊的内部源泉

第 5 章 关注行动

我们不要从关注环境着手，而要从关注个人着手；不要从关注别人选择做什么开始，而要从关注个人选择做什么开始。

这就需要一个理由来解释上述观点。从家庭环境着手，阐释它如何积极或消极地促使儿童逐渐形成自我，似乎更合乎逻辑。撇开可能的生物学因素不谈，这看起来应该是问题的起点。但是就本书的目的而言，我不会以家庭环境为讨论的出发点。

我们先来想一想：一个人必须做什么来形成并维持自尊？他必须采取哪种行动方式？一个成年人应该承担什么责任？

在回答上述问题时，我们理应设定一个可依照的标准：如果一个孩子想要拥有自尊，那么他必须学会做什么？儿童发展的理想路径是怎样的？另外，关注儿童发展的家长和教师应该做些什么来启动、促进并维持儿童的自尊发展呢？

除非弄清楚一个人必须采取什么行动来维持自尊，除非弄明白成年期心理健康由哪些要素组成，否则我们就缺乏标准来评估哪些童年影响及经历是有利的，哪些是不利的。例如，我们知道，作为一个物种，思想是人赖以生存并适时做出调整的基本工具。生命之初，儿童完全依赖于他人，而成年人的生活和幸福，从最简单的必需品到最复杂的价值观，都取决于思考能力。因此，我们认识到，那些能够促进并培养思维、自信心和自主意识的童年经历应该受到重视。同时，那些否认现实、惩罚意识的家庭给孩子的自尊发展设置了颇具毁灭性的障碍；这样的家庭创造了一个噩梦般的世界，让生活在其中的孩子以为思考不仅是徒劳的，而且是危险的。

在探讨自尊的根源时，我们为什么要关注实践，也就是（精神或身体）行动呢？原因在于，任何与生命有关的价值都需要行动来实现、维系或享有。在安·兰德（Ayn Rand）的定义中，人生是一个生成自我和维系自我的行动过程。人体器官和系统通过持续的运动来维系生命的存在，人们通过行动来追求和维护个人价值观。正如我在《自尊心理学》中详细论述的那样，价值的本质就是行为的对象。自尊的价值也不例外。

如果一个孩子在养育方式恰当的家庭环境中长大，那么他就更有可能学到有利于自尊发展的行为。如果一个孩子能遇到合适的教师，那么他也更有可能学到有利于自尊发展的行为。如果一个人接受过有效的心理治疗，并因此消除了非理性的恐惧，消除了实施有效行动的障碍，那么他就会表现出更多有利于自尊发展的行为。起决定作用的是个人的行为。决定自尊水平的是个人在其知识和价值观范围内的行为。既然世间的行为都是每个人思想的反映，那么内在的思维过程才是至关重要的。

======
决定自尊水平的是个人在其知识和价值观范围内的行为。
======

我们将会看到"自尊的六大支柱"（健康心智和有效行为不可或缺的实践），都来自意识的运作。所有这些都涉及选择，是人在生存过程的每时每刻都面临的选择。

请注意,"实践"在此处有潜在的含义。"实践"是指以某种方式反复地、始终如一地采取行动的行事方法。它不是断断续续的行动,也不是应对危机的适当反应。实际上,实践是无论大事或小事都时时依照一定原则的行事方式,也是一种存在方式。

意志及其局限性

自由意志并不等于无所不能。意志是我们生活中一种强大的力量,但它不是唯一的力量。无论对于未成年人还是成年人,自由都不是绝对的和无限的。许多因素可以促进或阻碍适当意识的运用,其中一些因素可能是遗传的、生物的。由于之前的生活经历,有些人可能比别人更容易进行专注的思考。有理由怀疑的是,在我们呱呱坠地时便可能存在某些与生俱来的差异,使我们更容易或更难以获得健康的自尊——这些差异与精力、适应力、享受生活的个人特质等有关。此外,我们来到世上,有可能在体验焦虑或沮丧的禀性方面存在显著差异,而这些差异也可能会让我们更容易或更难以发展自尊。

另外还有发展方面的因素。环境会支持和促进健康的意识主张,也会阻挠和破坏它。在人生的最初几年,在自我完全定型之前,许多人遭受到各种伤害,如果缺少严格的心理治疗,便不可能在长大后形成健康的自尊。

教养子女及其局限性

研究表明,获得良好自尊的最好途径之一,是生在一个父母都有良好自尊的家庭,并以父母为榜样,这在斯坦利·库珀史密斯(Stanley Coopersmith)的《自尊的前因》(*The Antecedents of Self-Esteem*)一书中已经说得很清楚。此外,如果父母能够用爱和尊重来养育我们,让我们体验到始终如一的慈爱和接纳,给我们设置合理的规则和适当的期望来支持我们成长，不以矛盾百出的语言抨击我们，不以嘲笑、羞辱或身体虐待等手段控制我们，相信我们的能力和善良，那么我们就有很好的机会内化他们的态度，从而获得健康自尊的基础。然而还没有任何研究可以证明这是必定产生的结果。例如，库珀史密斯的研究就非常清楚地说明了这一点。有些人似乎是按照上述标准被抚养成人的，但他们还是缺乏安全感，总是自我怀疑。还有些人的成长环境极为恶劣，抚养他们的家长几乎一无是处，而他们自己在学校表现出色，能够建立稳定和谐的人际关系，有强烈的价值感和尊严感。作为成年人，他们可以达到健康自尊应具备的所有标准。作为孩子，他们似乎知道如何从别人认为毫无希望的贫瘠环境中汲取营养，在别人只看到沙漠的地方找到水源。备感困惑的心理学家和精神病医生有时把这个群体描述为"打不垮的人"。[1]

尽管如此，但我们可以肯定地说：如果一个人生活在健康、理性的社会环境中，事实在其中受到尊重，人们行为一致，那么他更容易坚持不懈地朝着理性的、富有成效的方向努力；相反，如果一个人在其生活环境中接收到的信号总是变化无常，一切都看似虚假，事实遭到否定，意识受到惩罚，那么他想要保持理性并富有成效就会比较难。创造出这种破坏性环境的家庭被描述为"功能失调"。既然存在功能失调的家庭，那么也存在功能失调的学校和组织机构。它们之所以出现功能失调，是因为它们在心智健康发展的道路上设置了障碍。

内心阻块

一个人心理上可能存在思维障碍。潜意识的防御和阻碍甚至会让我们忘记需要对某一特定问题进行思考。意识是一个连续体，存在于许多层面。一个层面上未解决的问题可能会破坏另一个层面上的活动。例如，如果我采取否定、拒绝和压抑的方式阻断自己对父母的感情，却努力思考我与上司的关系，那么我可能已经游离于许多相关的问题之外，很容易造成自己思维混乱、灰心丧气。或者，如果我屏蔽了因经理安排给我某些任务而产生的消极情绪，并发现自己与团队合作时总是莫名其妙地发生摩擦，若不明白产生问题的深层原因，那么我就会在思考如何消除摩擦时遇到很大的困难。即便如此，我是否尝试有意识地处理问题都将影响我的自尊。

我们确知的情况

虽然可能不了解影响自尊的所有生理的或发展的因素，但我们知道很多可以提高或降低自尊水平的具体实践方法。我们知道，真诚理解会激发自信，而逃避理解则会产生相反的效果；我们知道，用心生活的人比盲目生活的人感觉自己更有力；我们知道，诚实能产生自我尊重，虚伪则不然。毫无疑问我们"知道"所有这一切，然而令人惊讶的是很少有人（专业人士或普通人）讨论这些问题。

作为成年人，我们无法再长大，不能另选父母再过一次童年。当然，我们可以考虑接受心理治疗，但是撇开这个选择不谈，我们不妨问问自己：今天我该怎么做才能提高自尊水平？

我们将看到，无论个人历史如何，如果能认识自尊的本质，也能了解有利于提高自尊的行为，那么大多数人就可以大有作为。这种认识很重要，有两方面原因。一方面，如果我们希望培养自尊，就需要知道哪些具体做法可以提高自尊水平。另一方面，如果我们正在给别人进行心理治疗，希望帮助对方建立自尊并激发他们的潜能，那么我们就要知道自己打算培养或促进哪些具体的自尊实践。

有些家长、教师、心理医生和管理者可能正在阅读此书，希望从中借鉴以帮助他人构建自尊，我想说的是，这一切必须从自身开始。如果一个人不了解自尊的内在运行机制，即不能根据切身体验了解究竟是什么降低了或提高了他自身的自尊水平，他就不会深刻地认识这个问题从而更好地帮助他人。同样，自身未解决的问题也限制了个体帮助他人的有效性。一个人所说的话比他的表现更利于有效地交流，这似乎很有道理，但其实是自欺欺人。我们希望培养什么样的人，我们自己就必须成为那样的人。

=====
我们希望培养什么样的人，我们自己就必须成为那样的人。
=====

我喜欢给心理治疗专业的学生讲这样一个故事。在印度，当一个家庭遇到问题时，他们不太可能去咨询心理医生（其实也几乎找不到），而是会咨询当地被称作"古鲁"的智慧大师。在一个村庄里，有一家人经常得到一位古鲁的帮助。一天，父母亲带着他们九岁的儿子来找古鲁，父亲说："大师，我们的儿子是个好孩子，我们非常爱他。但是他有一个毛病，就是太爱吃糖果了，这会损坏他的牙齿和健康。我们跟他讲道理、跟他争论、恳求他、惩罚他，但什么都不管用。他还是要吃好多糖果。您能帮助我们吗？"然而让这位父亲惊讶的是，古鲁回答道："你们走吧，两周以后再来。"人们通常不会和古鲁争辩，所以这家人就听话地回去了。两周后他们再次过来，古鲁说："很好。现在我们可以继续了。"父亲问："您能告诉我们两周前为什么要让我们走吗？您以前可从来没有这样做过。"古鲁回答说："我需要这两周时间，因为我也有个弱点，一辈子嗜好吃糖果。直到正视并解决了自己的问题，我才准备好应对你儿子的问题。"

并非所有的心理医生都喜欢这个故事。

句子补全练习

在此书的写作过程中，我举了许多例子来说明句子补全练习是如何用来增强自尊的。句子补全练习是治疗和研究的工具。我从 1970 年开始使用句子补全练习进行心理治疗，后来我发现了更多富有启发性地使用这种练习的方法，以促进自我理解、消解压抑性障碍、释放自我表达、激活自我治愈，并不断地检验自己的假设。这种练习的实质做法是给来访者（或被试）一个句子主干，即一个不完整的句子，要求他一遍遍地重复这个句子主干，每次都填入不同的句子结尾。然后再给他一个又一个新的句子主干，让他越来越深层地探索特定的领域。这项工作可以口头或书面形式完成。

句子补全练习在确定人们的哪些行为可以提高或降低自尊水平方面起着至关重要的作用。某些结尾句式在某个国家的不同地区以及世界各地不同国家的人群中反复出现，就会揭示出一些基本事实。

在接下来的内容中，我列举了许多自己所用的句子补全案例，这出于两方面的考虑。其一是给读者一个机会，如果他们想把"六项实践"的思想融入日常生活，那么就可以自行深入练习。其二是提供一种方法，让心理学家和精神病学家通过这种方法来检验本书所提出的观点，并亲自看看我是否已经找到了支撑自尊的重要行为。

六项实践

我们无法直接研究自己的或是他人的自尊，因为自尊是一种结果，是一种内部发生的实践活动的产物。我们必须追本溯源。如果能够了解这些实践具体是什么，我们就可以先在自身内部发起实践，并在与他人交往时促使或鼓励对方同样为之。例如，在学校或工作场所倡导自尊就是要创造一种氛围，支持并强化增强自尊的各项实践。

简而言之，健康的自尊依赖于什么？我所说的实践又是什么？我将列举六项至关重要的实践。在对来访者进行心理治疗以帮助其建立自我效能感和自我尊重时，我认为有必要对这些重要问题做出解释。事实上我还没有发现其他类似的重要问题。这就是我称之为"自尊的六大支柱"的原因。在这些实践上的任何改进都会产生明显的好处，其中原因不言而喻。

一旦理解了这些实践，我们就有能力选择它们并努力将其融入个人生活方式，无论从什么起点开始，无论在早期阶段有多么困难，我们都有能力提高自尊水平。

一个人不必在这些实践中达到"完美"，只需提高自己的平均表现水平，就能体验到自我效能感和自我尊重的提升。我经常看到，在这些实践中一些小小的进步就可以为人们的生活带来非同寻常的变化。事实上，我鼓励来访者小步伐地改进，而不是大踏步地迈进，因为改进的步伐太大会让人害怕（以致行为瘫痪），而小步伐的进步似乎更容易实现，而且每一小步都会带来更多的改进。

以下是自尊的六大支柱：

- 有意识地生活的实践；
- 自我接纳的实践；
- 自我负责的实践；
- 自我肯定的实践；
- 有目的地生活的实践；
- 个人诚信的实践。

在接下来的六章中，我们将逐一研究这六大支柱。

第6章　**有意识地生活的实践**

事实上，世界上所有伟大的精神传统和哲学传统中都存在这样一种观点：大多数人都在其自我存在中梦游。启蒙被视为觉醒，演变和进步被视为意识的扩展。

我们认为意识是生命的最高体现。意识形式越高级，生命形式就越进步。从意识最初出现在地球上起，在进化的阶梯上，每种生命形态都比下层阶梯上的生命形态拥有更先进的意识形态。

就人类而言，我们进一步遵循这个原则：以更广阔的视野、更清晰的认识、更高度的意识来识别自己是否日臻成熟。

为什么意识如此重要？因为对于所有拥有意识的物种来说，意识是生存的基本工具，即以某种形式、在某种程度上去感知环境并据此指导行动的能力。这里我用的是意识的基本含义：有意识的状态或对某些现实的感知。我们也可以说意识是一种能力——让人能够感知事物的属性。人类特有的意识形态具有概念形成能力和抽象思维能力，我们称这种意识形态为思想。

正如前面所讨论过的，人类的意识（在概念层面）是有意志的。这意味着我们的本性设计中包含了一种非同寻常的选择——选择寻求意识或不打扰意识（或主动避开它），寻求真相或不打扰真相（或主动避开它），关注思想或不打扰思想（或选择降至更低的意识水平）。换句话说，我们可以选择运用自己的力量或者选择毁掉自己的生存和幸福之路。这种自我管理能力是一种荣耀，有时也是一种负担。

如果我们不把适当程度的意识带到各种行动中，如果对生活不做思考，我们的自我效能感和自我尊重必然会减弱。如果生活在精神的迷雾中，我们就无法感受到自己的能力和价值。思想是我们生存的基本工具。如果我们背叛它，自尊就会受损。这种背叛最简单的一种表现就是设法逃避令人不安的事实。例如：

"我知道自己没有尽心尽力做好工作，但我不愿去考虑它。"

"我知道种种迹象表明，我们的企业在困境中越陷越深，但我们过去所做的一切都很有效，不是吗？不管怎么说，这个话题真令人心烦意乱，如果我按兵不动，情况也许会以某种方式自行好转。"

"什么'合理诉求'？见鬼去吧！我老婆肯定受了那些疯狂的妇女解放论者的影响，所以她才敢打我。"

"我知道孩子们因为缺少我的陪伴而痛苦，我知道我造成了伤害和怨恨，但总有一天我会改变的。"

"你什么意思，我喝太多了？只要我愿意，我随时可以戒酒啊。"

"我知道这种饮食方式有损健康，但是……"

"我知道我已经入不敷出了，但是……"

"我知道我很虚伪，我所说的这些成就都是假的，但是……"

通过在进行思考或不做思考、对现实负责或逃避现实之间做出的成千上万的选择，我们建立了自我认识。我们很少会刻意地记住这些选择，但它们会在我们内心深处逐渐积累，其总和就是本书所说的"自尊"体验。自尊是我们在自己身上得到的声誉。

===
思想是我们生存的基本工具。如果我们背叛它，自尊就会受损。
===

我们的智力水平各不相等，但智力本身并不是问题。有意识地生活的原则不受智力水平的影响。有意识地生活，就是去认识一切与个人行动、意志、价值和目标有关的事物，尽最大的能力（无论这种能力是什么）并按照自己所见和所知去行事。

意识的背叛

最后这一点值得强调。没有转化成适当行动的意识是对意识的背叛，也是对思想的否定。有意识的生活不仅意味着看见、知晓，还意味着根据自己的所见所知采取行动。因此，我可以认识到自己待孩子（或配偶、朋友）不公，给他们造成了伤害，我需要做出补偿。但我不愿意承认自己错了，于是就拖延时间，声称自己仍然在"思考"这个问题。这种情况恰恰与有意识地生活相对立。从本质上说，这是在逃避意识——逃避自我行为的意义，逃避自我动机，逃避自我内心的残忍。

可能存在的误解

让我预测一下运用有意识地生活的原则可能会产生哪些误解，并设法消除这些误解。

1）正是人类学习的本性让我们得以自动获得新的知识和技能，比如讲一门语言或驾驶一辆汽车，这些知识和技能一经掌握，就会进入我们的潜意识并积淀起来，从而能把有意识的头脑解放出来以学习其他新知识，这样我们就不需要维持和初学时一样清晰的意识水平。有意识地生活并不意味着我们把所学到的一切都保留在清晰的意识中，因为这既不可能也不可取。

2）适当地集中思想进行有意识的思维活动，并不意味着我们必须在清醒状态的每时每刻都要解决问题。例如，我们可以选择冥想，清空思想上的一切杂念，从而让我们有可能得到放松、恢复活力、创造力、洞察力或达到某种形式的意识超越。这可能是一种完全合适的心理活动，实际上，在某些情况下，这是一种非常理想的心理活动。当然，除了解决问题，我们还有其他选择，比如做创造性的白日梦。就大脑的功能而言，环境决定适当性。有意识地运用大脑并不意味着始终处于同一种思维状态，而是处于与我正在做的事情相适应的状态。例如，如果我和孩子在地板上打滚玩耍，此时我的精神状态显然与我写作时的精神状态大不相同。但是，我的大脑在有意识地运作，这表示无论我玩得多疯，我的一部分思想都在监控当时的情况以确保孩子平安无事。相反，如果我没有注意到因为自己玩得太过而伤到了孩子，那就表明我的意识水平不足以应付当时的情况。重点在于，我的意识状态是否得当这个问题只能由相应的目的来决定。真空中不存在"对"或"错"。

3）如果世上万物在理论上说都是可以被意识到的，那么意识显然包括一个选择的过程。选择来到这里，那么隐含的选择就是不参与其他活动（至少在此刻）。坐在电脑前写这本书，那么相对而言我就不太关注周围的其他事情。假如我转移一下注意力，就会意识到汽车驶过的声音，孩子的喊叫声和狗吠声。然而转瞬之间一切都会从意识感知中消失，我又会全神贯注于电脑屏幕和我头脑中形成的文字。我的目的和价值观决定了选择的标准。

当写作时，我常常处于一种出神发呆的专注状态，此刻，一个无情的选择过程正在发生。但是在这种情况下，我其实正处于一种高水平的意识活动中。然而，假如我这样开车，不改变这种状态，依然专注于自己的思想而忽视外部环境，我就可能因为在低意识水平下危险驾驶而遭到肇事指控，因为我没有根据目的和环境的变化进行相应调整。所以我要再说一遍：只有环境才能决定什么样的精神状态是合适的。

对现实负责

有意识地生活意味着尊重现实，包括我们的内部世界（需要、欲望、情感）和外部世界的所有事实。这与某种不尊重现实的态度形成了鲜明对照——"如果我选择不去看它或者不承认它，那么它就不存在"。

有意识地生活就是对现实负责任地生活。我们不一定要喜欢自己所看到的东西，但我们要承认：事实是什么就是什么，不是什么就不是什么。我们的愿望、恐惧或否认都不能改变事实。假设我想要一套新衣服，但同时又需要这笔钱交房租，那么我的愿望不能改变现实，不能让购买衣服变得合理。假设医生说必须做手术才能挽救我的生命，而我害怕做手术，那么我的恐惧并不意味着不做手术我也同样能好好活着。假设一句陈述是真的，那么即便我否认它也不会让它变成假的。

因此，当有意识地生活时，我们不会混淆主观与客观事物，也不会把自己的感觉视为通向真理的绝对正确的指南。可以肯定的是，我们可以从自己的感觉中学习，它甚至可能为我们指出重要事实的方向，但这需要反思和现实检验，需要理性的参与。

明白了这一点，让我们再仔细看看有意识地生活的实践都包括什么。

======

当我们有意识地生活时，就不会把自己的感觉视为通向真理的绝对正确的指南。

======

有意识地生活的具体内容

有意识地生活包括以下内容。
- 主动而非被动的头脑。
- 能自得其乐的智慧。
- 把握"当下",统揽全局。
- 深入了解相关事实,而不是回避事实。
- 注意区分事实、解释和情感。
- 注意并正视自己想要回避和否认的痛苦或危险现实的冲动。
- 关注并了解自己在不同(个人和专业)目标和计划中的"位置",自己是成功的还是失败的。
- 关注并了解自己的行为与目标是否一致。
- 寻求来自环境的信息反馈,以便在必要时调整或纠正自己的进程。
- 尽管困难重重,但仍坚持不懈地尝试理解。
- 乐于接受新知识,愿意重新审视旧的假设。
- 愿意发现并改正错误。
- 不断追求意识扩展,致力于学习和成长,并将其作为一种生活方式。
- 关注并了解自己周围的世界。
- 关注并了解外在及内在的现实,了解现实中自己的需求、感受、愿望和动机,让自己不再对自我感到陌生,不再认为自我很神秘。
- 关注并了解影响和指引自己行动的各种价值观及其根源,让自己不再受那些未经理性分析或不加批判就接受的价值观所支配。

现在让我们逐一展开讨论。

主动而非被动的头脑 在这里,我们探讨的是自我肯定的基本行为:选择如何思考,选择寻求意识、理解、知识、清晰性。

这里隐含着另一种自尊美德:自我责任。既然要对自身的存在和幸福负责,那么我选择保持意识清醒,对自我能力了如指掌并以此指引自己的选择。我不会沉溺于幻想,指望别人为我考虑问题,或者为我做出决策。

能自得其乐的智慧 孩子天生喜欢动脑筋，就像他们喜欢运动一样。孩子的主要任务是学习，学习也是他们主要的娱乐活动。将这种倾向一直保持到成年，那么意识就不再是一种负担而是一种快乐，这是人类成功发展的标志。

当然，作为成年人，如果出于某种原因，我们将意识与恐惧、痛苦或令人身心疲惫的努力联系在一起，我们就无法选择在意识中感受快乐。但是，只要能坚持不懈、克服障碍、学会更有意识地生活，人们就会体验到这样的学习是获得满足感的不竭源泉。

把握"当下"，统揽全局 有意识地生活的观念中包含着"临在"，即自己正在做的事情。比如，当我在倾听客户的抱怨时，就是对对方的感受保持临在。当我和孩子一起玩耍时，就是对他的活动保持临在。当我给一个来访者进行心理治疗时，就是对他的问题保持临在。当我正在做一件事时，就是对自己所做的事情保持临在。

这并不意味着意识被降低为直接的感官体验，脱离个体原有的广泛的知识背景。如果不能与更广泛的知识背景保持联系，意识就会变得贫乏。我希望把握当下但不是被困在当下，这种平衡让我处于最能随机应变的状态。

深入了解相关事实，而不是回避事实 决定"相关性"的是我的需求、欲望、价值观、目标和行动。我是否对可能导致调整自我进程或纠正自我假设的信息保持警觉和好奇？是否在没有什么新东西可供学习的前提下继续前行？我应该一直积极地寻找可能有用的新数据，还是在它出现时视而不见？哪种选择更有力量，答案不言自明。

注意区分事实、解释和情感 我看见你在皱眉头，就将其解释为你在生我的气，于是我会感觉受到伤害、心怀戒备或者被冤枉了。事实上，我的解释可能是对的，也可能是错的。我的反应可能是恰当的，也可能是不恰当的。不管怎样，这其中都涉及不同的思维过程。如果我没有意识到这一点，而是把自己的感觉当作现实的声音，那么我就会把事情搞砸。

又比如，当我听说物理学家们正在努力处理一个非常棘手的问题时，我将此解释为理性和科学都已失败，于是我感到灰心丧气、心烦意乱，或者感到兴高采烈、欢欣鼓舞（这取决于我其他的哲学信仰）。事实上，唯一可以确定的是物理学家们被一个问题困住了，而其余各种情绪全是我自己解读的产物，它们也许是理性的，也许是非理性的，但无论哪种情况它们反映的大都是我自己的感受，而不是外在的现实。

要有意识地生活，就需要敏锐地感受这些差异。我感知到了什么？我怎样解读它？我对它是什么感觉？这是三个独立的问题。如果我不加以区分，那么我所立足的现实基础就会首当其冲，这意味着我的效能感也会最先受到伤害。

注意并正视自己想要回避和否认的痛苦或恐惧的冲动　世上没有什么比避免引起痛苦或恐惧更自然的事了。由于痛苦和恐惧是我们心智成熟之路上必须跨过的坎，我们可能不得不克服想要回避的冲动，同时我们必须意识到这种冲动的存在。我们所需要的是一种自我审视、自我意识的导向，这种自我意识既指向内心，也指向外部。有意识地生活也意味着要提防无意识的诱惑，要求我们尽可能做到毫不留情的诚实。恐惧和痛苦应该被视为某种信号，不是要我们闭上眼睛回避，而是要我们睁大眼睛正视它们；不是让我们转移视线，而是要我们更仔细地看。这绝非一项容易或轻松的任务，如果总能完美地完成上述任务实在太不现实了。至于我们行为的意图是否真诚，在个体之间存在很大的差异，而且真诚的程度也很重要。自尊并不是要求完美无缺的成功，而是要求在意识上有心。

=====

恐惧和痛苦应该被视为某种信号，不是要我们闭上眼睛回避，而是要我们睁大眼睛正视它们。

=====

关注并了解自己在不同（个人和专业）目标和计划中的"位置"，自

己是成功的还是失败的　假设我的目标之一是拥有幸福美满的婚姻，那么我的婚姻现状怎样？我自己知道吗？我和伴侣会对这个问题做出同样的回答吗？我和伴侣相处愉快吗？我们之间是否存在令人懊恼的、尚未解决的问题？如果是，我该怎么做？我是有具体的行动计划，还是仅仅寄希望于情况"以某种方式"得到改善？假设我的愿望之一是有朝一日拥有自己的企业，那么我现在该怎么做？相比一个月前或一年前，我离这个目标更近了吗？我是在正确的前进轨道上，还是偏离轨道了？假设我的理想之一是成为一名职业作家，那么目前我距离实现理想还有多远？我现在要怎样做才能实现目标？我明年能比今年更接近目标吗？如果能，是什么原因？我是否对各项计划有着充分的意识？

关注并了解自己的行为与目标是否一致　这个问题与上个问题密切相关。有时，我们所说的目标和目的与如何投入时间和精力之间缺乏一致性。我们声称最关心的事情其实并未引起我们的关注，而我们所说的无关紧要的事情却得到了更多的关注。因此，有意识地生活包含监控我们的行动与目标之间的关系，寻找二者是否一致的证据。如果二者存在偏差，我们就需要重新考虑自己的行动或者目标。

寻求来自环境的信息反馈，以便在必要时调整或纠正自己的进程　假设当飞行员驾驶飞机从洛杉矶飞往纽约时，他总会稍微偏离航线，某种被称为"反馈"的信息会通过仪器传达给飞行员，这样他就可以不断地进行调整，使飞机保持在正确的航线上。在我们的生活中，在追求目标的过程中，我们无法一劳永逸地设定好方向就闭目前行，总会出现新的信息促使我们适时调整计划和意图。

假设我们在经营一家公司。也许我们需要调整自己的广告策略；也许事实已经证明我们寄予厚望的那个经理并不称职；也许最初构思时看似创意绝妙的产品已经被竞争对手淘汰了；也许从国外突然挤入的新竞争对手迫使我们重新思考原来的全球战略；也许最近报告的人口结构变化会影响我们未来的业务，因此我们需要进行调查研究以调整当前预测。能否及时关注这些变化并做出恰当反应，与我们的意识运作水平有关。

意识水平较高的企业领导者为未来市场而筹划，意识水平中等的领导者着眼于当下而思考，意识水平低下的领导者也许根本意识不到他的想法仍然停留在昨天。

======
意识水平较高的企业领导者为未来市场而筹划。
======

就个人而言，假设我希望配偶的某些行为能有所改变，我便采取某些行动以引发这些变化。那么我是否要坚持自己的行动而不关注这些行动是否产生了预期的结果呢？我和配偶之间是否有过 40 次相同内容的谈话？或者，如果我发现自己的行动并不奏效，那么我是否应该尝试其他方法？换句话说，我是在机械地行事还是在有意识地行事？

尽管困难重重，但仍坚持不懈地尝试理解　在追求理解和掌握的过程中，我有时会遇到各种困难。如果出现这种情况，我可以选择坚持或放弃。学生在学习中会面临这样的选择，科学家在科研攻关时会面临这样的选择，管理者在处理日常业务的各种挑战时也会面临这样的选择，每个人在处理人际关系时都会面临这样的选择。

在坚持追求自我效能感的过程中，如果我们遇到了似乎无法逾越的障碍，那么这时我们不能绝望，也不能向失败低头，而是应该停下来稍作休息或者另辟蹊径。反之，如果选择放弃、退缩、不再抵抗或假意进行尝试，那么我们就会降低自己的意识水平以逃避随失败而来的痛苦和沮丧。世界属于那些坚持不懈的人。我想起了一个关于温斯顿·丘吉尔（Winston Churchill）的故事。他受邀参加一所学校的毕业典礼，在校方做了一番充满溢美之词的介绍之后，学生们热切地期待着这位伟人发表演讲。最后丘吉尔站了起来，低头看着台下的学生，声如洪钟地缓缓说道："永远，永远，永远，永远，永远，永远，永远都不要放弃！"然后他坐了下来。

当然，有时我们可能会理性地选择不再努力去理解和把握某件事情，因为我们还有其他更值得关注的事情，继续为前者投入更多时间、精力等资源是不合理的。但那是另外一个问题，与当前所讨论的核心问题无关，我们只需要注意一点：做出停止努力的决定也应该是有意识的。

乐于接受新知识，愿意重新审视旧的假设　如果我们只专注已知的东西，漠视或排斥可能影响自己思想和信念的新信息，那么我们就没有在高水平的意识状态下"运作"。这种态度无法使人成长。

那么我们可以选择不要怀疑一切，并对新经验和新知识持开放态度，因为即使一开始没有错，即使初步前提成立，我们也可能需要重新澄清、修正和增进理解。有时我们的前提确实是错误的，需要修正，这就引出了下一点。

愿意发现并改正错误　如果我们认为某些想法或前提是真实的，那么随着时间推移，我们必然会对它们产生依赖，这种状态隐含的危险是，就算事实证明我们错了，我们也可能对这些事实视而不见。

据说，每当查尔斯·达尔文（Charles Darwin）遇到某种事实似乎与他的进化论背道而驰时，他都会立即写下来，因为他不相信自己能记住它。

有意识地生活意味着我首先要忠实于事实，而不是要证明自己正确。每个人都有犯错的时候，每个人都会犯错，但如果把自尊（或伪自尊）与不犯错误相关联，或者过于重视自己所处的位置，我们就会被迫在自我保护的误导下减少意识。把承认错误视为耻辱，这是自尊有缺陷的一种表现。

=====
把承认错误视为耻辱，这是自尊有缺陷的一种表现。
=====

不断追求意识扩展，致力于学习和成长，并将其作为一种生活方式　在19世纪下半叶，美国专利局前局长宣布："凡是能被发明的重要东西，人类都已经发明出来了。"在几乎整个人类发展史上，这都是颇为盛行的观点。直至今日，智人在这个星球上已经存在了几十万年，人们认为从本质上说其存在并未改变。他们相信人类能掌握的知识已为人所知。人的一生是一个从旧知识到新知识、从旧发现到新发现的过程，更不用说一次又一次的科技突破接连实现，其速度之快令人振奋又让人不知所措——用进化的时间来衡量，这种观点只存在了短短几秒钟而已。与过去几个世纪相比，我们如今生活在一个人类知识总量大约每10年就增加1倍的时代。

只有致力于终身学习才能让我们适应这个世界。那些自以为已经"想得够多了"和"学得够多了"的人正走在越来越缺乏意识的下坡路上。许多人拒绝学习使用电脑就是一个简单的例子。我记得一家经纪公司的副总裁曾对我说："拼命去学习使用电脑正在摧毁我的自尊。我是真不想学，但又别无选择——必须得用啊。可是太难啦！"

关注并了解自己周围的世界　所有人都在诸多层面（身体上、文化上、社会上、经济上、政治上，等等）受到这个世界的影响。自然环境影响我们的健康；文化环境影响我们的态度、价值观，以及我们从所见、所听、所读之物中获得（或没有获得）的快乐；社会环境可能影响我们人生的安宁或动荡；经济因素影响我们的生活水平；政治因素影响我们的自由程度和把握人生的程度。有些人会把宇宙、宗教或精神层面的组成要素添加到这个列表中，至于如何进行解释则另当别论。不管怎么说，上面对诸多影响因素的罗列显然过于简单化了，只提供了一个方向。

如果无视这些影响因素，把自己想象成生活在真空中，那我们就真的无异于梦游者了。有意识地生活意味着渴望理解我们生活的全部内容。

显然，具有高智商和哲学素养的人可能比智力有限的人更关注这个问题。但是，即使在智力水平中等的人中，我们也可以看到他们对这些问题的兴趣存在差异——他们的好奇心、思维方式、思考问题的意识水平等都各不相同。而且，既然我们并非无所不知也不是一贯正确，那么我们的意图及其在行动中的表现才是至关重要的。

关注并了解外在及内在的现实，了解现实中自己的需求、感受、愿

望和动机，让自己不再对自我感到陌生，不再认为自我很神秘 在作为心理医生的工作经历中，我曾遇到过许多人，他们为自己拥有的宇宙知识（包括物理学的、政治哲学的、美学的知识，以及有关土星的最新信息）感到非常自豪，然而他们对内心宇宙的运作一无所知。个人生活的残骸恰恰是他们内心世界无意识性的"纪念碑"。他们否认、放弃自己的需求，将自己的情感合理化，将自己的行为知识化（或"精神化"），从一段不如意的关系转移到别的关系中，或者一辈子都停留在同一段关系中而不做任何实质上的改进。未将意识用于自我理解的人难以有意识地生活。

当自我反省陷入僵局时，我们需要得到向导、老师或心理医生的帮助，这时我们会再次聚焦一种潜在的意图和取向：注重了解内心世界的需求、感受、动机和心理过程。与之形成对比的是什么？自我疏离和自我异化的状态在不同程度上是大多数人的状态。（关于这一点我在《否认自我》中写过。）

这种意图或关注表现在这样一些简单的问题上：我了解自己在某个具体时刻的感受吗？我能意识到是什么冲动促使我采取行动吗？我注意到我的感觉与行为是否一致了吗？我知道自己想要满足什么需求或欲望吗？在与他人的特殊相遇中，我知道自己真正想要什么（而不是我认为自己"应该"想要什么）吗？我知道自己生命的意义吗？我的人生"计划"是要不加批判地接受别人的还是我自己的选择？当我特别欣赏自己或者特别讨厌自己的时候，我知道自己在做什么吗？这些都是我们进行睿智的自我反省所必须回答的问题。

======

当我特别欣赏自己或者特别讨厌自己的时候，我知道自己在做什么吗？

======

请注意，这完全不同于病态的自我专注（每隔10分钟就测量1次情绪温度）。我不提倡过度的自我专注。我甚至不想在这种情况下讨论"内省"，因为它太具专业性，与普通人的经历相隔太远。我更想谈一谈"注意的技巧"：注意我身体内的感觉，注意我与某人相遇时的情绪变化，注意可能对我不利的行为模式，注意是什么让我兴奋、什么让我疲惫，注意我头脑里的声音到底源于自身还是来自他人（比如我母亲）。要"注意"某事，我就必须对其感兴趣。我必须认为这样做是值得的。我必须相信了解自我是有益的。我可能不得不正视一些令人烦恼的事实，但我必须相信，从长远来说有意识比无意识会让我更加受益。

为什么我们需要注意身体的感觉？例如，一个工作很拼的人要想避免累出心脏病，那么注意工作压力在他身体上表现出的预警信号有可能会让他受益无穷。为什么我们在邂逅某人时需要注意自己的情绪？是因为这能让我们更好地了解自己的行为和反应。为什么我们需要注意自己的行为模式？是因为这能让我们了解哪些行为模式产生了预期结果，哪些没有产生预期结果，并查明需要对哪些行为模式提出质疑。为什么我们要注意什么事情令人兴奋或令人疲惫？这是因为我们要多做令人兴奋的事、少做令人疲惫的事（这种修正绝不会自动或"本能"地发生）。为什么我们要努力识别内心不同的声音？这是因为我们要辨别外来的影响与外来的安排（例如，来自父母或权威的声音），也要学习如何区分内心真实的声音与他人的声音，还要作为一个自主的人来经营自己的生活。

关注并了解影响和指引自己行动的各种价值观及其根源，让自己不再受那些未经理性分析或不加批判就接受的价值观所支配　这一点与前文密切相关。缺乏有意识地生活的一种表现就是漠视指导自己行动的价值观，甚至对这个问题漠不关心。我们每个人都可能在某些时候从自己的经验中得出错误或不合理的结论，并在此基础上形成有损我们幸福的价值观。我们都从周围的世界中，例如从家庭、同龄人和文化中，汲取价值观，但这些价值观未必是合理的，也未必真的对我们有益（事实往往如此)。一个年轻人在成长过程中可能会看到许多欺诈、虚伪的事例,他可能由此认为"世道如此,我必须适应它",结果他可能会蔑视诚实守信。

被社会同化的男人可能把个人价值等与经济收入联系起来,被社会同化的女人可能将个人价值与她所嫁男人的地位联系起来。

这种价值观破坏了健康的自尊,几乎不可避免地导致自我疏离和悲剧性的人生抉择。因此,有意识地生活需要我们根据理性和个人经历反思并权衡那些引导我们设定目标的价值观。

成瘾问题

在成瘾问题中,意识明显是缺席的。当我们沉溺于酒精、毒品或破坏性的人际关系中时,其中隐含的意图是减轻焦虑和痛苦,逃避认识自己内心深处的无力感和痛苦感,令我们成瘾的东西便成了镇静剂和止痛药。其实,焦虑和痛苦并没有因此而消失,它们只是变得不那么容易被意识到罢了。更强烈的焦虑和痛苦必然会再次出现,因此我们需要越来越大剂量的"毒药"来让自己保持清醒。

当对兴奋剂成瘾时,我们是在逃避自己试图用兴奋剂掩盖的疲惫或抑郁。不管某个具体案例涉及多少问题,其中总有一个共性:回避意识。有时,我们需要回避的是某种生活方式的影响,这种生活方式需要兴奋剂来维持。

对成瘾者来说,意识就是敌人。如果明知饮酒对我有害,但还是忍不住要喝一杯,那么我就必须先把自我意识之光调暗;如果明知是可卡因让我近期失去了三份工作,但我还是选择吸上一口,那么我就必须先清空自己所知,对看到和了解到的一切都视而不见;如果意识到目前所处的一段关系会损害我的尊严、践踏我的自尊、伤害我的健康,但我还是选择维持这种关系,那么我必须先淹没理智的声音、蒙蔽自己的大脑,并让自己成为行动上的愚者。自我毁灭最易在黑暗中进行。

> 自我毁灭最易在黑暗中进行。

个人实例

每个人都可以回顾自己的人生，回想那些未曾予以更多意识关注的时刻。我们告诉自己，"要是我当初再多想想就好了""要是我当时没那么冲动就好了""要是我能更仔细地检视事实就好了""要是我能多朝前看一点就好了"。

我想起了自己的第一次婚姻，那时我22岁。现在想来，当初所有的迹象都表明年轻气盛的我们确实犯了个错误：我们总是争吵不休，某些价值观互不相容，关键是我们彼此都不是对方喜欢的"类型"。那么为什么我还要继续发展这段关系呢？因为她和我有一些共同的观念和理想，因为性爱的吸引，因为我非常希望生活中有一个女人，因为她是第一个让我没有疏远感的人（而且我对能否遇到别的合适的女人缺乏信心），还因为我天真地以为婚姻可以解决我们之间所有的问题。当初肯定有很多"理由"。

不过，假如当时有人（或者我自己）能提醒一下我："如果你能将更高水平的意识带入你与芭芭拉的关系，并且每天坚持这样做，你猜会发生什么？"那么我就得想一想自己可能要面对什么问题，该如何应对。对于乐于接受建议的人，这样一个简单而又具有挑战性的问题可能会产生惊人的影响。

事实上，我既没有认真审视驱使我走向婚姻的情感，也没有仔细思考那些代表着危险信号的感受。我没有直面那些合乎逻辑而又明摆着的问题：为什么要现在结婚？为什么不等到我们之间的问题解决以后再结婚？尽管多年后我完全明白了这一切，但正因为当时没有思考这些问题，我的自尊在不知不觉中受到了伤害（其实我自身的某些部分知道我在逃避意识）。

如果当时我就知道运用今天我常常给来访者做的治疗练习该多好！

这样在后来的 10 多年中，我的生活可能就会大不相同。我将会在后面讨论此类练习，但现在我要先谈谈以下问题。假如我曾经连续两个星期每天早上都坐下来，在笔记本上写下这句不完整的话："如果我能将更高水平的意识带入我与芭芭拉的关系，_____。"然后不做演练、不仔细推敲、不预想或"思考"，快速地写下 6~10 个结尾句，那么我也许早就发现自己对于这段感情以及回避和否认的过程持有非常清醒、明确且深刻的保留意见。

我给一些对某种关系感到困惑或迷茫的来访者做了这个句子补全练习，最终几乎每个来访者都能彻底澄清某种关系。有时候关系得到改善，有时候关系就此终止。

如果我早知道使用这种练习方法，那我就不得不面对这样一个事实：与其说是爱慕之心，倒不如说是孤独感驱使我走向了婚姻。假如芭芭拉也做过类似的练习，她就会意识到在我俩准备结婚这件事情上她并不比我理智。那么我们当时是否会有勇气和智慧来保持这种较高的意识水平呢？我现在不得而知，只能猜测。一个人偶尔清醒一次并不能保证他将一直保持清醒。然而从我的来访者的体验来看，即使仅仅偶尔清醒一次，也往往不会再盲目地坚持下去，因为我们不再盲目了，眼前的门已经为我们打开，通往下一扇门的路就在脚下。

意识与身体

威廉·赖希（Wilhelm Reich）的研究成果是将身体引入心理治疗，换句话说，就是让临床医生认识到，感觉和情绪被阻塞、压抑，在身体上表现为呼吸受限、肌肉收缩。当这种情况反复发生时，障碍就变成了身体结构的一部分（用赖希的话说就是"身体盔甲"），起初的心理压抑会演变为身体压抑。人的呼吸可能习惯性地变得很浅，肌肉微微收缩，因而身体的感觉受阻，意识也相应减弱。这时，身体治疗师设法让患者做深呼吸、舒展开紧张的肌肉，这样患者就能提升感觉，意识也会变得更加清晰。身体疗法可以释放受阻的意识。

事实上，与身体工作相关的各个学派的研究已超越了威廉·赖希，他们对心理和身体之间的相互作用理解得更为深刻。解放身体有助于解放心理。

20世纪70年代初，我参加了一个名为"罗尔芬健身法"（"Rolfing"，以创始人艾达·罗尔夫（Ida Rolf）的名字命名）的项目，其正式名称是"结构性整合"。这个训练过程包括深度按摩和身体筋膜训练，重新调整身体以适应地心引力，纠正由长期肌肉紧张引起的身体失衡，并打开身体感觉和能量的受阻区域。

来访者的反应让我很是着迷。许多人说他们看到我每周都在发生各种变化；我在工作中的思维更加敏捷；当我的身体似乎对我敞开大门并在某种程度上变得更加"可用"时，我可以更专业地"阅读"他人的身体；看到来访者坐着、站着或走动的方式，我立刻就能了解对方的内心世界；通过增强对自己身体的意识，我在工作中的意识水平也自然而然地大幅提升。

当我激动地把自己的感受告诉正在给我做筋膜训练的治疗师时，他说并不是每个人都有这样的体验，这不单纯是"罗尔芬健身法"的效果，也是我在训练中投入了高度意识的结果。他解释说："这就像心理治疗。用意识参与训练的效果比被动训练更好，后者只是如约到场，期待着治疗师去做所有事情。"

我要说的是，如果一个人的目标是以较高的意识水平生活与工作，那么身披盔甲、抗拒身体感觉就是一种严重的障碍。

句子补全练习，创造有意识生活的艺术

句子补全练习是一种看似简单却非常有效的训练方法，可以提高我们自我理解、自尊和个人效能的水平。它基于这样一个前提：我们拥有的知识超出我们通常意识到的知识，我们拥有的智慧超出我们实际用到的智慧，我们拥有的潜能也超出我们行为表现出的潜能。句子补全练习

是一种接近和激活这些"隐藏资源"的工具。

我们可以使用多种方法来进行句子补全练习。这里我将介绍一种特别有效的方法。

该方法的核心是先写出一个不完整的句子，即句子主干，然后补充不同的结尾，唯一的要求是每个结尾都要从语法上补全句子。每个句子主干至少要有 6 个结尾。

我们应该尽可能快地完成练习，不能停下来"思考"。如果卡住了，我们可以编造句子而不必担心给出的结尾是否真实、合理或有意义。任何结尾都可以，只要能把句子补全。

用这种方式进行句子补全时，我们可以使用笔记本、打字机或电脑。还有一个办法是用录音机录下来，我们要不断地复述句子主干并录下来，每次都加上不同的结尾。稍后回放该句子，反复思考。

句子补全练习有多种用途。本书将对其中一些加以讨论。那么我们该如何利用这项练习来促进学习并且更有意识地生活呢？

每天早上第一件事就是，在开始一天的工作之前，坐下来写出下面的句子主干：

有意识地生活对我来说意味着_____。

然后请不要停下来思考，只需快速地在两三分钟内写出尽可能多的句子结尾（6~10 个）。不要担心自己写的结尾是否真实、有意义或"含义深刻"。写什么都行，但一定要写点东西。

然后，继续下一个句子主干：

假如我在今天的行动中提高 5% 的意识水平，_____。

（为什么只有 5%？让我们继续一点点地、细嚼慢咽似地进行吧，而且大多数时候 5% 就足够了！）

接下来的句子主干：

如果我今天多注意一下与人相处的方式，_____。

再一个句子主干：

如果我对我最重要的人际关系提高 5% 的意识水平，_____。

又一个句子主干：

如果我提高 5% 的意识水平到_____（后面补充一个你关心的具体问题，比如，你与某人的关系、你在工作中遇到的障碍，或者你的焦虑或抑郁情绪）。

在完成这些句子练习后，你就可以开始一天的工作了。

在结束一天的工作时，作为你晚餐前的最后一项任务，再为以下句子主干分别补充 6～10 个结尾：

当我思考更有意识地生活会让我有什么样的感觉时，_____。

当我思考如果在行动中提高 5% 的意识水平会发生什么时，_____。

当我思考如果对我最重要的人际关系提高 5% 的意识水平会发生什么时，_____。

当我思考如果对_____（无论你填什么）提高 5% 的意识水平会发生什么时，_____。

第一周，从周一到周五每天做这个练习。

不要读你前一天写的东西。你写的句子结尾会有很多重复的内容，这很自然，但同时也会有许多新的句子结尾。你正在激发自己全部的心智并加以运用。

每个周末找个时间重新读一读你本周所写的内容，然后再为下面的句子主干补全至少 6 个结尾：

如果本周我写的东西中有一些是真实的，那么_____就会对我有帮助。

在做这个练习时，比较理想的做法是清空你的头脑，不要对即将发生或"应该"发生的事情抱有任何期望，不要对现状强加任何要求，设法清空你心中的期望。你只管做练习，进行各项日常活动，仅仅注意你的感觉和行事方式有何不同即可。你会发现自己已经开始调动各种力量，这些力量必定会让你更有意识地行事。

平均每次练习时间不要超过 10 分钟。花的时间太多，则说明你"思考"（演练、计算）过多。

请注意，每天晚上的句子主干与早上的句子主干有关。我将前者称为"书挡"式句子补全练习，这些句子主干将要在当天晚些时候完成，认识到这一点会激发你产生一整天都保持清醒意识的动力。

我们可将该练习过程视为学会管理注意力，甚至管理大脑"自发"活动的过程。健康的自尊基于对意识水平提升的训练，也是该训练技巧要达到的目的。

在对上述句子主干做了两周练习之后，你就会对练习过程有所了解。然后，你就可以用另外的句子主干来帮助自己提高对具体关注问题的意识水平。例如：

如果我在活跃主动或消极被动的时候提高 5% 的意识水平，那么我可能会看到_____。

（晚上用的句子主干是，当我注意到我_____时所发生的事情时，_____。）

如果我在与_____（填入一个名字）的关系中提高 5% 的意识水平，_____。

如果我对自己的不安全感提高 5% 的意识水平，_____。

如果我对自己的压抑感提高 5% 的意识水平，_____。

如果我对所关心的_____（填入内容）提高 5% 的意识水平，_____。

如果我对逃避不愉快事情的冲动提高 5% 的意识水平，_____。

如果我对自己的需要和愿望提高 5% 的意识水平，_____。

如果我对自己最深层的价值观和目标提高 5% 的意识水平，_____。

如果我对自己的情绪提高 5% 的意识水平，_____。

如果我对最重要的事情提高 5% 的意识水平，_____。

如果我对自己时而自我设障的行为提高 5% 的意识水平，_____。

如果我对自己的行动结果提高 5% 的意识水平，_____。
我有时候让人很难给我想要的，如果我对此提高 5% 的意识水平，_____。

下面是一些以事业为导向的句子主干：
如果我对工作要求提高 5% 的意识水平，_____。
如果我对如何成为高效的经理人提高 5% 的意识水平，_____。
如果我对如何进行销售提高 5% 的意识水平，_____。
如果我对适当授权提高 5% 的意识水平，_____。

下面是探究"阻力"的句子主干：
如果让我想象对自己的生活提高意识水平，_____。
拥有更高水平的意识，其可怕之处在于，_____。
如果我对上述可怕之处提高 5% 的意识水平，_____。

我想这足以说明几乎存在无穷无尽的句子主干。在前面每个例子中，相对应的晚上要填的句子主干都很明显。

除了心理治疗实践之外，我每周都会组织团体自尊训练，这使我能够对许多建立自尊的策略不断进行检验。实践证明，将上述练习当作家庭作业来进行训练非常有效，可以平稳且温和地给人们带来变化。一个人只要坚持做一两个月这种特殊的"意识练习"，就会在日常生活中表现出更高的意识水平。这项练习就像是人们心理上的强心针。

一个挑战

有意识地生活既是一种实践，也是一种思维定式，一种生活取向。显然，它存在于一个连续体中。没有人是完全无意识地生活的。每个人都能够扩展自我意识的范围。如果认真思考这个问题，我们就会发现，一个人在生活的某些领域往往比在其他领域更有意识。我的来访者当中有运动员和舞蹈演员，他们能非常敏锐地意识到自己身体内部（比如神经、肌肉和血液流动）的细微变化，但他们却完全不了解许多情绪的含义。我们都知道，有些人在工作中有很强的意识，但不幸的是，他们对于人际关系却十分麻木。

一个人在生活的某些领域往往比在其他领域更有意识。

如何知道生活中哪些方面需要更高的意识水平，答案通常是显而易见的。我们可以看到生活中哪些方面最不如意，注意到哪些方面存在痛苦和挫折，观察到自己在哪些方面效率最低。只要我们愿意诚实对待，这都不难做到。有些人可能需要更多地认识自己的基本物质需要，有些人需要更多地关注人际关系，有些人需要关注智力发展，有些人需要研究潜在的创造力和取得成就的诸多可能性，还有些人需要更多地关注精神方面的成长。这些都要求我们着重考虑自己在整体发展中所处的位置以及客观情况。环境决定适宜性。

让我们假设，在思考本章的材料时，你明白自己在生活中哪些领域的意识最强，哪些领域的意识最弱。下一步你就可以反思，在棘手领域保持精神高度集中有哪些困难。句子补全练习会对你有帮助。例如：

在这一领域中保持清醒意识的困难在于_____。

尽快写下 6~10 个不同的结尾。然后尝试补全下一个句子：
在这一领域中缺乏清醒意识的好处是_____。

然后尝试补全下一个句子：
如果我在这一领域中保持清醒意识，_____。

然后再尝试补全下一个句子：
如果我尝试在这方面提高 5% 的意识水平，_____。

（记住前面讲的"细嚼慢咽"的原则。）

在检查句子补全练习能产生什么结果之前，思考以下问题可能会给你带来一些启发：

- 如果你在工作时让自己更有意识，你的行为会有哪些不同？
- 如果你在最重要的关系中让自己更有意识，你的行为会有哪些不同？
- 如果你在与人（比如同事、员工、客户、配偶、孩子或朋友）打交道上让自己更有意识，你的行为会有哪些不同？
- 如果你感到害怕或不愿意在上述方面扩展意识范围，那么你在回避哪些想象中的负面影响？
- 在不进行自责的情况下，如果你更多地意识到自己的恐惧或迟疑，你会注意到什么？
- 如果你想在自我意识不足的方面感到更强大有力，你愿意做些什么？

有意识地生活的实践是自尊的第一大支柱。

第 7 章　自我接纳的实践

没有自我接纳，就没有自尊。

事实上，自我接纳与自尊密切相关，以至于人们时常把这两个概念混为一谈。然而它们的含义并不相同，需要分别理解。

自尊是我们所体验到的，自我接纳是我们所做的。

从消极的方面说，自我接纳就是拒绝与自己对立。

自我接纳具有三层含义，接下来我们将逐一进行探讨。

第一层含义

要做到自我接纳，就要站在自己这边，即支持自我。从根本意义上讲，自我接纳是一种自我价值取向和自我承诺，它源自这样一个事实：我活着并且有意识。因此，自我接纳比自尊更为原始。这是一种先于理性和道德的自我肯定行为，即天生的自我主义，是每个人与生俱来的，而我们可以与之对抗甚至使其作废。

一些人内心有着强烈的自我拒绝感，必须解决这个问题才能接受进一步的训练。否则，任何治疗方法都无法起效，他们也无法恰当地整合新的认识，更难以取得重大进步。没能理解这个问题甚至没有察觉其存在的心理医生会感到困惑：为什么某些病人经过了多年的心理治疗也没有显著改善？

=====
自我接纳就是拒绝与自我对立。
=====

自我接纳是一种基本态度，优秀的心理医生试图在低自尊的人身上将其唤醒。这种态度可以激励一个人面对他内心最需要面对的一切，而不会陷入自我憎恨、否定个人价值或厌世的境地。它包含了这样的宣言："我选择珍惜自己，尊重自己，捍卫自己的生存权利。"这种自我肯定的基本行为是自尊赖以发展的基础。

自我接纳可以在沉寂许久后突然被激发出来。在我们万念俱灰之时，它可以为我们的生命而战。当我们徘徊在自杀的边缘时，它可以让我们拿起电话寻求帮助。当我们深陷焦虑或抑郁时，它可以指引我们来到心理医生的办公室寻求帮助。在我们忍受了多年的虐待和羞辱之后，它可以让我们最终大声喊出："不！"当我们只想倒下死去时，它可以驱使我们继续前进。它是生命力的呐喊。它是"自我中心"这个词最崇高的含义。如果它变得沉寂无声，自尊就会首当其冲。

第二层含义

自我接纳意味着我们愿意去体验，真实地面对自己，不否认也不逃避，思考我们所思考的，感受我们所感受的，渴望我们所渴望的，承认我们所做过的，并且坦然面对真实的自己。它意味着我们不再把自己的任何部分（包括身体、情感、思想、行动、梦想等）看作外来之物与"非我"。它意味着我们愿意去体验，而不是否认自己在某一特定时刻存在的事实，去思考自己的想法，承认自己的感觉，对自己的行为保持临在。

我们愿意去体验和接纳自己的感受，并不意味着情绪决定我们的行动。我今天可能没有心情工作，那么我可以承认这种感受，体验并接纳这种感受，然后还是去工作。我会更加清醒地投入工作，因为我并非以自我欺骗的方式开始新的一天。

通常，当我们充分体验和接纳消极情绪时，就能将其释放出来；一旦获得释放空间，这些情绪就不再占据我们内心，而是逐渐消退。

自我接纳就是愿意表达自己的任何情绪或行为："这是我的一种表达，我不一定喜欢或欣赏这种表达，但至少是在某种情绪出现或某种行为发生时我的表达。"自我接纳是现实主义的美德，即尊重现实，尊重自我。

心烦意乱就是心烦意乱，我完全接纳自己的现实体验。我心存痛苦、愤怒、恐惧或不合时的欲望，那我就是在体味这种感觉，如其所是，我不合理化，不否认，也不试图辩解。我感受着我所感觉到的，并且我接纳自己的现实体验。如果我采取了一些将来令我感到羞愧的行动，那么我已经采取了这些行动，这就是现实，我不会绞尽脑汁让事实消失。我愿意在我所知道的现实面前伫立并承认：事实就是事实。

"接纳"不仅仅是"认识"或"承认"。接纳需要去体验，站在现实面前思考现实，并将其纳入自我意识。我需要敞开心扉，充分体验那些我并不想要的情绪，而不是敷衍了事地承认其存在。例如，妻子问我："你感觉怎么样？"我紧张而心烦意乱地回答："糟透了。"她同情地说："你今天真的看起来很低落。"然后我长叹一声，紧张感随之从我的身体里释放出来，接着我会用一种完全不同的语调、一种真实面对自我的声音，对她说："是的，我感觉很糟糕，真是糟透了。"之后我开始对妻子诉说困扰我的事情。如果我紧绷身体，拒绝去体验自己的内心感受并回答说"糟透了"，那么此时我只是在嘴上承认自己有负面情绪，但在心里抗拒它。妻子同情的话语帮助我体验了这种情绪，也能让我更好地应对它。体验自己的情绪有直接的治愈力量。

我可以承认眼前的事实并迅速去承认下一个事实，想象着自己在践行自我接纳，而其实是在自我否认和自我欺骗。假设我的上司试图阐明我在工作中犯的错误。她讲话时和蔼可亲并无指责之意，但我却很生气，很不耐烦，期望她别再说下去，快些走开。她说话时，我不得不面对犯了错误的现实。她走开后，我就能把现实从意识中驱逐出去，心想"我已经承认错误了，难道还不够吗"，这样会增加我再次犯同样或类似错误的可能性。

自我接纳是改变和成长的前提。因此，如果我面对自己曾犯下的错误，接受这是自己犯的错误，那么我可以从中吸取教训并在未来做得更好。反之，如果不能面对自己曾犯下的错误，我就不能从错误中吸取教训。

如果我拒绝接纳自己经常无意识地生活这一事实，又怎能学会更有意识地生活呢？如果我拒绝接纳自己常常不负责任地生活这一事实，又怎能学会更负责任地生活呢？如果我拒绝接纳自己常常被动地生活这一事实，又怎能学会更积极地生活呢？

如果我否认恐惧，就无法克服恐惧。如果我不承认自己存在问题，就无法纠正与同事相处的方式。如果我坚持认为自己不具有某些人格特质，就不能改变它们。如果我不愿承认自己做过错事，就无法原谅自己的行为。

如果我不愿承认自己做过错事，就无法原谅自己的行为。

有一次，当我试图向一位来访者解释这些观点时，她对我很生气。"你怎么能指望我接纳自己极度低微的自尊呢？"她气愤地问道。"如果你不能接纳现实的自我，"我回答，"你怎么能知道自己可以做出改变呢？"要理解这一点，我们必须提醒自己，"接纳"并不一定意味着"喜欢""享

受"或"宽恕"。我可以接纳事实并决心从此开始改变。让我陷入困境的不是接纳，而是拒绝。

如果不能接纳自己，我就不能成为真正的自己，就不能建立自尊。

第三层含义

自我接纳需要有同情心，需要成为自己的朋友。

假如我做了某件令我后悔或感到羞耻的事，并为此而自责，自我接纳就意味着不否认现实，也不把本身错误的事强说成正确的，而是探究这种行为的来龙去脉，了解其中的原因，了解为什么当时我把错误或不恰当的事情当作可取的、适当的甚至是必要的。

如果仅仅知道一个人做了错误的、不好的、破坏性的或诸如此类的事情，我们其实并不理解这个人。我们需要知道产生这种行为的内在原因。在某些情况下，最具攻击性的行为也可能有其自身意义。但并不意味着这些行为是正当的，只是说它们是可以理解的。

我为自己做过某件事而感到自责，但我仍然能理解该行为的动机，仍然可以做自己的朋友。这与开脱、找借口或逃避责任无关。对自己做过的事情承担责任之后，我就能更深入地了解当时的情况。一个好朋友可能会对我说："这件事不值得你这么做。现在你告诉我，是什么让你觉得这是个好主意，或者至少是一个站得住脚的主意？"这也是我能和自己说的话。

======

自我接纳并富有同情心不是助长不良行为，而是减少它再次发生的可能性。

======

我发现，无论是对来访者还是对我自己，自我接纳并富有同情心不是助长不良行为，而是减少它再次发生的可能性。

当责备或纠正他人时，通常我们不希望因此而损害对方的自尊（因为未来的行为将由自我概念决定），所以我们对自己也应该同样仁慈宽容。这是自我接纳的美德。

训　练

为了向来访者介绍自我接纳这个观念，我常常喜欢从简单的训练开始，这能给来访者带来深度的学习体验。

请站在一面全身镜前端详自己的面庞和身体。自我观察的同时，注意体会自己的感受。请不要只关注自己的衣服或妆容，而是要关注你自己。去感受这样做是否困难或让你感觉不适。最好赤裸着身体做这个练习。

你可能会特别喜欢自己所看到的身体某些部位。大多数人会发现自己很难长久注视某些身体部位，因为它们会令人不安或不快。在你眼里，也许有一种痛苦是你不想面对的。也许你太胖或太瘦了；也许你非常不喜欢自己身体的某个部位以至于难以忍受一直注视它；也许你看到了自己衰老的迹象，无法忍受这些迹象所引发的想法和情绪。于是，你此时的冲动就是逃避、摆脱意识，拒绝、否认、排斥自己的某些方面。

不过，既然这是一个实验，那么我还是请你多关注一会儿自己在镜中的形象，并对自己说："无论我有什么缺点或不足，我都会毫无保留地完全接受自己。"保持专注，深呼吸，一遍又一遍地说一两分钟，不要急于做完这个训练。请充分体会你所讲的这些话的意思。

你可能会发觉自己在抗议："我都不喜欢自己身体的某些东西，又怎能毫无保留地完全接受它们呢？"但请记住，"接纳"并不一定意味着"喜欢"。"接纳"并不表示我们不能想象或希望对其进行改变。它意味着体验而不是否认或回避事实。在前文所说的情况下，它意味着接受镜子里的脸庞和身体，这就是自己的脸庞和身体，如其所是。

如果坚持下去，屈服于现实，或者屈服于意识（这就是"接纳"的基本含义），你可能就会注意到自己变得放松了一点，也许你会感觉更自在，也更真实。

即使你可能不喜欢、不欣赏自己从镜子里看到的一切，你仍然可以说："现在，镜中的那个人就是我。我不否认这一事实，我接纳它。"这是对现实的尊重。

当来访者坚持每天早上花两分钟做这个练习，每天晚上再做一次，持续两周，他们很快就能体会到自我接纳和自尊之间的关系：尊重自己的所见，就是尊重自己。更重要的是，如果我们与自己的身体处于敌对排斥的关系，自尊怎么可能不受伤害呢？想象一下，我们一边说爱自己一边又鄙视镜子里的自己，这样现实吗？

他们还有一些重要的发现。一方面，他们和自己进入一个更和谐的关系，开始产生自我效能感和自我尊重；另一方面，如果他们有能力改变自己不喜欢的某些方面，那么一旦接纳了眼前的事实，他们就会更有动力去做出改变。

我们无力改变那些不为我们所接纳的现实。

对于那些无法改变的事情，当我们接纳它们的时候，我们会变得更强大、更专注；当我们咒骂和抗拒它们的时候，自我的力量就会削弱。

聆听感受

接纳与否认都是通过心理和生理过程的结合来实现的。

体验与接纳情绪的方法有：①关注感觉或情绪；②轻柔地深呼吸，让肌肉放松，如实地感受自己的感觉；③确认这就是自己的感觉（我们称之为拥有）。

相反，否认与拒绝情绪的表现有：①避免意识到情绪的现实存在；②屏住呼吸，收紧肌肉，切断或麻痹自己的感觉；③脱离自己的体验（在这种状态下，我们往往无法认识自己真实的感受）。

当我们允许自己体验并接纳自己的情绪时，我们可能会进入一种更深层次的意识状态，此时重要的信息就会显现出来。

有一天，一位来访者自责地说自己不该因为丈夫要出差两周就跟他生气。她称自己很不理智、很愚蠢，她告诉自己这样的感觉很荒谬，但她依然很生气。没有人能用辱骂或道德说教的方式说服自己（或他人）去摆脱负面情绪。

我让她描述一下自己愤怒的感觉，描述她身体的哪个部位体验到愤怒，以及她是如何感受到愤怒的。我的目的是让她更深入地体会这种感觉。她被我的要求惹恼了，问道："那有什么好处？我不想感到愤怒，我想摆脱它！"我坚持要她这样做，渐渐地她开始描述自己胸口的紧张感、胃部的痉挛感。然后她喊道："我很气愤，我真的气得发疯了！我在想，他怎么能这样对我！"随后，令她惊讶的是她内心的愤怒开始消退，取而代之的是又一种情绪——焦虑。我让她进入焦虑状态并加以描述，同样地，她的第一反应还是抗议，又问这样做能有什么用。我引导她体验焦虑，将自己沉浸其中，同时提醒她像一个旁观者一样描述自己所注意到的一切，并聆听自己内心的声音。"我的天啊！"她喊道，"我害怕一个人待着！"接着她又开始自责："我是谁呀，小孩子吗？我难道就不能独自在家待两周吗？"我让她继续深入地体会对独处的恐惧。她突然说："我担心他走后我可能会做出什么事。你知道的，和其他男人。我也许会和别的男人有什么瓜葛。我不相信自己。"

至此，她的愤怒消失了，焦虑消失了，对孤独的恐惧也消失了。当然，问题还未完全解决，但这个问题已进入意识层面，因而就变得易于处理了。

个人实例

十几岁的时候，我只知道要"征服"情绪，而对处理负面情绪的艺术不甚了解。我常常以为强行否认或拒绝就是有"力量"的表现。

记得我有时会感到极度痛苦、孤独，渴望有人能与我分享想法、兴趣和感受。到了 16 岁，我已经认同了这样的观念：孤独是一种弱点，渴望与人亲近代表缺乏独立性。我并非一直这么认为。有时我这么想的时候，就无法应对痛苦，只好绷着身体对抗它、屏住呼吸、自我责备或寻找可以分散注意力的东西。我试图说服自己不要在意。实际上，我一直认为保持距离是一种美德。

我没有给别人太多靠近我的机会。我觉得自己与众不同，并将这种差异视为我与别人之间的一道深渊。我告诉自己，我有自己的思想，有书可以阅读，这就足够了，或者说应该够了，只要我能够独立自主。

如果接纳了与人交往的自然需求，我就会在自己和他人之间寻找理解的桥梁。如果能让自己充分体验孤独的痛苦而不自责，我就会去交朋友（无论是男性或女性），也会看到人们对我的关心和善意。如果我能让自己自由地度过正常的青春发育期，走出与世隔绝的牢笼，就不会陷入一桩不幸的婚姻，就不会因为与第一个和我有共同兴趣的女孩交往而深受伤害。

我主要想说的是否认自尊对我的影响。毋庸置疑，在有些方面我确实有"理由"不接纳自我，但这不是现在的重点。不管我接纳与否，我的感受就在那里。我大脑的某个部分知道自己正在谴责并否定自我的一部分，即对他人陪伴的渴望。我与自身的一部分处于敌对关系中。不管自我的其他部分能给我带来怎样的自信和快乐，我都在伤害自尊。

因此，当我后来学会拥抱被我抛弃的那部分自我时，我的自尊水平也得到了提升。

作为一名心理医生，我认为没有什么比认识并接纳被抛弃的那部分自我更能提升一个人的自尊水平了。疗愈与成长的第一步是认识与接纳，即意识与整合——这是个人发展的根本。

一项实验

我发现以下练习对来访者非常有用，可以加深他们对自我接纳的理解。

花几分钟想想那些你难以正视的感受或情绪，例如，不安全感、痛苦、嫉妒、愤怒、悲伤、羞辱、恐惧等。

当你孤立这种感受时，看看是否可以靠思考或想象，唤醒与它相关的任何事情来使它变得更加清晰。然后深呼吸，进入这种感受，也就是专注于你的感觉，想象你正在让空气流进或流出这一感受。想象一下，如果不予抗拒而是完全接纳这种感受，你会感觉如何。探索这种体验，慢慢来。

学着对自己说："我现在感到这样或者那样（不管什么样），我完全接纳它了。"起初，这也许很难做到，你可能会发现自己绷着身体以示抗议。但是你一定要坚持：专注于呼吸，想象肌肉放松，提醒自己"事实就是事实，如果感觉存在，它就存在"。继续关注这种感觉，试着允许这种感觉的存在（而不是希望它消失）。也许你会像我一样发现对自己这样说很有效："我正在探索这个充满恐惧、痛苦、嫉妒或困惑（诸如此类）的世界。

欢迎来做自我接纳的训练。

自我接纳障碍

如果我们对某种体验的消极反应非常强烈，以致难以接纳这种感受，那么该怎么办呢？

在这种情况下，相关感受、想法或记忆太令人痛苦不安，以致我们难以接纳。要是不对这种痛苦加以阻隔或压制，我们会感觉无能为力。这时的解决办法并不是去对抗这种抗拒心理，墙上建墙，徒劳无功。相反，我们必须更巧妙地采取行动。如果不能接纳一种感受（或一种思想，或一种记忆），我们就应该接纳自己对痛苦的抗拒。换句话说，要从接纳现状开始，对当下保持临在，充分体验当下。如果我们能持续用意识照亮这种抗拒心理，通常它就会瓦解消散。

> 当我们对抗障碍时，它会变得更加难以逾越；当我们承认、体验并接纳障碍时，它便土崩瓦解。

如果能够接纳此刻对内心嫉妒、愤怒、痛苦、渴望（或者我们曾做过或相信过的事情）的抗拒，如果能够认识、体验并接纳内心的抗拒，我们就会发现一个看似矛盾但极其重要之处：这种抗拒已开始瓦解。当我们对抗障碍时，它会变得更加难以逾越；当我们承认、体验并接纳障碍时，它便土崩瓦解，因为障碍的存续依赖于其对立面。

有时在心理治疗中，当来访者难以接纳某种感受时，我会问他是否愿意接受一个事实：自己在拒绝接纳这种感觉。我曾这样问过一位来访者（他是一位牧师），他在承认或体验自己的愤怒上存在障碍，而且他是个很容易动怒的人。我的提问让他不知所措。"我要接纳我不愿意接纳自己感到愤怒这一事实吗？"他问我。当我回答"是的"时，他咆哮起来："我拒绝接纳我的愤怒，还拒绝接纳我的拒绝！"我问他："你愿意接纳你拒绝接纳你的拒绝吗？我们总得从哪里着手吧，不如就从这儿开始。"

我让他面对团体成员，一遍又一遍地说"我很生气"。

很快，他真的很生气地说出这句话。

我让他说"我拒绝接纳我的愤怒"，他这么喊着，声音越来越大。

我让他说"我拒绝接纳我对接纳自己愤怒的拒绝"，他恨恨地重复着。

我让他说"但我愿意接纳我拒绝接纳我的拒绝"，他不断重复着这句话，最后他终于控制不住，跟大家一起大笑起来。

他说："如果你不能接纳这种体验，那就接纳这种抗拒吧。"我回答说："你说得对。如果你不能接纳这种抗拒，那就接纳你抗拒接纳抗拒的事实吧。最终你会走到一个自己可以接纳的点上。然后，你就可以从那里出发，继续前进……那么，你愤怒吗？"

"我内心充满了愤怒。"

"你能接纳这个事实吗？"

"我不喜欢它。"

"你能接纳吗?"

"我可以接纳。"

"很好。现在让我们来弄清楚你因什么而愤怒。"

两个谬误

人们难以接纳自我的背后,通常存在两个错误的假设。一是认为如果我们接纳了自己是谁、是什么样的人,就必须认可自己所有的一切。二是认为如果我们接纳了自己是谁、是什么样的人,就会无力改变自己。"我不想接纳自己!我想学着与众不同!"

但问题是,如果不能接纳现状,我们去哪儿寻找改善的动力?如果我否认现状,又怎能有成长的动力?

此处有一个悖论(是悖论,不是矛盾):接纳现状是改变的前提。拒绝接纳现实会让我深陷其中。

练习补全句子以促进自我接纳

接下来是一个为期五周的句子补全练习,旨在促进自我接纳。该练习比为其他支柱提供的练习更为详细,因为多年的工作经验告诉我,与本书其他练习相比,人们往往更难完全领会自我接纳练习。

请注意,我还加入了一些句子主干以解决我尚未明确讨论过的问题,比如接纳冲突或接纳兴奋感。例如,如果能接纳眼前的冲突,我就能处理冲突并朝着解决冲突的方向前进;如果不能接纳冲突,那我就不能处理问题。如果能接纳兴奋感,我就能体验它,并为它寻找合适的释放出路;如果我害怕兴奋感,并试图压制它,就会扼杀自己最宝贵的部分。这些句子主干中包含相当复杂的思想。它们所蕴含的意义比我在这里所能探讨的要多得多,值得研究和思考。

第一周

早晨：

自我接纳对我来说意味着_____。

如果我能更多地接纳自己的身体，_____。

当我否认并拒绝自己的身体时，_____。

如果我能更好地接纳自己的冲突，_____。

晚上：

当我否认或拒绝自己的冲突时，_____。

如果我能更多地接纳自己的感受，_____。

当我否认并拒绝自己的感受时，_____。

如果我能更多地接纳自己的想法，_____。

当我否认并拒绝自己的想法时，_____。

周末的时候，把你写的东西仔细读一遍。然后为这句话写6~10个结尾：如果我所写的都是真的，那我可以_____。在整个练习过程中，每个周末你都要这样做。

第二周

早晨：

如果我能更多地接纳自己的行为，_____。

当我否认或拒绝自己的行为时，_____。

我开始意识到_____。

晚上：

如果我愿意实事求是对待自己的优点和缺点，_____。

如果我能更多地接纳自己的恐惧，_____。

当我否认并拒绝自己的恐惧时，_____。

第三周

早晨：

如果我能更多地接纳自己的痛苦，_____。
当我否认并拒绝自己的痛苦时，_____。
如果我能更多地接纳自己的愤怒，_____。
当我否认并拒绝自己的愤怒时，_____。
晚上：
如果我能更多地接纳自己的性欲，_____。
当我否认并拒绝自己的性欲时，_____。
如果我更能更多地接纳自己的兴奋感，_____。
当我否认并拒绝自己的兴奋感时，_____。

第四周
早晨：
如果我能更多地接纳自己的快乐，_____。
当我否认并拒绝自己的快乐时，_____。
如果我愿意正视自己所见与所知，_____。
晚上：
如果我能更敏锐地觉察到自己的恐惧，_____。
如果我能更敏锐地觉察到自己的痛苦，_____。

第五周
早晨：
如果我能更敏锐地觉察到自己的愤怒，_____。
如果我能更敏锐地觉察到自己的性欲，_____。
如果我能更敏锐地觉察到自己的兴奋感，_____。
如果我能更敏锐地觉察到自己的快乐，_____。
晚上：
不接纳自我的后果可能是_____。
如果我接纳事实就是事实，不管我是否承认，_____。
我开始明白_____。

探索这一领域的其他有用的句子主干可以在《如何提升自尊》(*How to Raise Your Self-Esteem*)和《自我发现的艺术》(*The Art of Self-Discovery*)中找到。

对自己的终极犯罪：否定积极因素

在我们的记忆中，任何体验都可能遭到我们的否认，也许在现在，也许在将来。正如哲学家尼采所写："'我做过这件事。'记忆说。'我没做过。'骄傲毫不留情地说。最终记忆会缴械投降。"

我可以反抗我的记忆、想法、情绪和行动。实际上，我可以拒绝而不是接受任何一种自我体验和自我表达。我可以宣称："那不是我，也不是我的。"

我可以拒绝接纳自己的肉体，也可以拒绝接纳自己的精神；可以否认自己的悲伤，也可以否认自己的快乐；可以压抑记忆中的羞愧难当，也可以压抑记忆中的春风得意；可以否认自己的无知，也可以否认自己的智慧；可以拒绝接纳自己能力有限，也可以拒绝接纳自己前途无量；可以隐藏自己的弱点，也可以隐藏自己的优点；可以否认自我憎恶，也可以否认自我爱惜；可以假装强大，也可以假装弱小；可以否认自己的身体，也可以否认自己的思想。

我们既害怕自己的缺点，也害怕自己的优点；同样，我们既害怕自己的无知、被动、沮丧或缺乏吸引力，也害怕自己的天赋、抱负、兴奋或美丽。缺点会显得我们不够格，优点会使接受挑战成为我们的责任甚至负担。

我们既害怕自己的缺点，也害怕自己的优点。

我们不仅可以逃离内心的黑暗，也可以逃离内心的光明，逃离任何可能使我们脱颖而出的事物，或者逃离那些能够唤醒我们内心英雄的号召，或者逃离要求我们突破自我、达到更高意识水平或更高境界完整性的东西。我们对自己犯下的最大罪行不是否认并拒绝自己的缺点，而是否认并拒绝自己的伟大，因为它让我们感到恐惧。如果完全的自我接纳不能让我们避开内心最阴暗的一面，那么它也不能让我们避开内心最光明的一面。

自我接纳的实践是自尊的第二大支柱。

第 8 章　自我负责的实践

要感受自己有能力生活、有资格享有幸福，我需要体验对自我存在的控制感。这就要求我愿意为自己的行为和实现目标承担责任。这意味着我要为自己的生活和幸福负责。

自我负责对自尊至关重要，也是自尊的反映或表现。自尊与其支柱之间相互作用。自尊的六大支柱也是自尊的自然表现和结果，后面的章节将对此进行讨论。

自我负责的实践包括以下几点认识。

- 我要对实现自己的愿望负责。
- 我要对自己的选择和行为负责。
- 我要对自己工作中的意识水平负责。
- 我要对自己人际关系中的意识水平负责。
- 我要对自己与他人（比如同事、合伙人、客户、配偶、孩子、朋友等）相处时的行为负责。

- 我要对自己如何安排时间负责。
- 我要对自己与他人沟通的质量负责。
- 我要对自己的幸福负责。
- 我要对选择并接受自己的人生价值观负责。
- 我要对提升自尊负责。

从行为的角度来看，以上每一项都意味着什么？

自我负责的行动含义

我要对实现自己的愿望负责 除了我，没有人该为我的愿望成真承担责任。我也不依赖于他人的人生和精力。我的愿望，就该由我自己去探索实现愿望的办法。我要为制订并实施行动计划负责。

> 没有人该为我的愿望成真承担责任。

如果我的目标需要他人参与，我有责任了解他们与我合作的条件，我也必须尽到自己应尽的合理义务。我尊重他人利益，而且我知道，我必须意识到自己所需的协助，并向对方讲明。

如果我不愿为实现自己的愿望承担责任，那么这就不是真正的愿望，而只是白日梦。对于任何一个我决心实现的愿望，我都必须准备好用现实的方式回答这个问题："我愿意做什么来得到我想要的？"

我要对自己的选择和行为负责 "负责"在这里的意思，不是指要承受道德谴责或内疚，而是要为自己的人生和行为承担主要责任。如果是我做出的选择、采取的行动，那么我就是源头。我必须承认这个事实。当做出选择并采取行动时，我就应当考虑到这个事实。这会有什么区别呢？如果你想自己找到答案，就尽快为下面这个句子主干"如果我要为自己的选择和行为负全部责任，＿＿＿＿＿＿"写出 6 个结尾。

我要对自己工作中的意识水平负责　这是我前面所讲关于选择的一个例子。别人无法对我在日常活动中的意识水平负责。我可以尽我所能把工作做好，也可以在不知不觉中逃避工作，或者介于两者之间。如果能在这方面承担相应的责任，我就更有可能在高水平的意识状态下工作。

我要对自己人际关系中的意识水平负责　上述原则也适用于人际关系——适用于我对同伴的选择，也适用于我在交往过程中是否投入意识。我是否完全临在于与他人的接触？我是否临在于交谈的内容？我是否思考过自己的话语的含义？我是否注意到自己的言行对他人的影响？

我要对自己与他人（比如同事、合伙人、客户、配偶、孩子、朋友等）相处时的行为负责　我要对自己说话和倾听的方式负责。我要对自己的承诺负责。我要对自己处理问题的合理性或不合理性负责。当我试图因自己的行为而责怪他人时，比如说"她快把我逼疯了""他让我抓狂""如果她能……我就会表现理智"，我其实是在逃避责任。

我要对自己如何安排时间负责　我对时间和精力的分配是否符合我的价值观，这是我的责任。如果我坚称自己把家庭放在第一位，然而很少陪伴家人，把大部分的空闲时间都花在与朋友打牌或打高尔夫球上，那么我需要正视自己的矛盾并认真思考其中的含义。如果我声称工作中最重要的任务是为公司发掘新客户，却把 90% 的时间都花在毫无效益的办公琐事上，那么我需要反思自己的精力分配情况。

在心理咨询工作中，当我让企业管理者补全"如果我要对自己如何安排时间负责"时，我会得到以下结尾，诸如"我要学会更经常地说'不'""我会取消当前 30% 的活动""我会更有效率""我会更喜欢我的工作""我会为自己如此失控而吃惊""我会发挥更多潜能"。

我要对自己与他人沟通的质量负责　我负责尽可能清楚地表达自己的想法；观察听者是否理解了我说的话；我负责大声清晰地说话，使人听得见；我负责以尊重或不尊重的方式表达自己的思想。

我要对自己的幸福负责　不成熟的特征之一是相信让我快乐是别人

的工作，就像我父母曾经的工作是养活我一样。只有别人爱我，我才会爱我自己。只有别人照顾我，我才会满足。只有别人替我做决定了，我才会无忧无虑。要是有人能让我幸福就好了！

这里有一个简单有效的句子主干可以唤醒人们去面对现实：如果我对自己的幸福负全部责任，_____。

对自己的幸福负责会增强自身力量，它使我重新掌控自己的人生。在承担这一责任之前，我也许会将其想象为一种负担，然而后来我发现它让我感到了自由。

======

> 对自己的幸福负责会增强自身力量，它使我重新掌控自己的人生。

======

我要对选择并接受自己的人生价值观负责 如果我被动地、未加思索地接受或采纳了某些人生价值观，就很容易误以为它们只是"我的本性"，只是关于"我是谁"的思考，就会避免承认这其中也包含了选择。如果我愿意承认，选择与决定对于采纳价值观至关重要，那么我就会重新审视自己的价值观，对它们进行质疑，并在必要时修正自己的价值观。这里要再次强调，是承担责任让我感到了自由。

我要对提升自尊负责 自尊不是我从别人那里得到的礼物。自尊产生于每个人的内心。被动地等待能够提升自尊的事情发生，就等于把自己判给了一种无奈的人生。

有一次，当我为一些心理医生讲授自尊的六大支柱时，其中一人问我："你为什么强调个人必须做些什么才能提升自尊？我们是神的孩子，这难道不是自尊的源泉吗？"我已经多次遇到这个问题了。

无论一个人是否相信神，无论一个人是否相信自己是神的孩子，都与自尊需要什么无关。让我们想象的确存在一个神，我们是他的孩子。在这方面，我们都是平等的。这是否意味着每个人的自尊都是或应该是平等的，不管人们是有意识还是无意识地、负责任还是不负责任地、诚实地还是不诚实地生活？在本书的前面章节中，我们了解到这是不可能的。我们的大脑必然记录下我们在行事方式上所做的选择，我们的自我意识也必然受到影响。如果我们是神的孩子，那么问题仍然是："我们将怎样做？我们将实现什么？我们会尊重自己的天赋还是背叛天赋？"如果我们背叛了自己和自己的力量，如果我们毫无思想、毫无目的、没有诚信地生活，我们能通过声称自己是神的亲戚来换取出路、获得自尊吗？难道我们以为这样就可以免除应承担的个人责任吗？

当人们缺乏健康的自尊时，他们通常认为自尊就是"被爱"。如果他们感觉不到家人的爱，有时他们会用神爱他们的想法来安慰自己，并设法把自尊与这种想法联系起来。怀着世界上最美好的愿望，我们除了把这种策略理解为被动的表现，还能如何理解呢？

我不相信我们愿意一直做不能自立的孩子。我相信我们的目标是长大成人，这意味着我们要对自己负责，在心理上和经济上都要自立。无论对神的信仰在我们的生活中扮演什么角色，它肯定无法为意识、责任和正直的缺失辩护。

一点说明

在强调我们需要对自己的人生和幸福负责时，我并不是说一个人永远不会因为变故或他人的过错而遭受痛苦，也不是说一个人要为可能发生在他身上的一切事情负责。

我不赞同这种浮夸的说法："我要对人生的每个方面以及遇到的每件事都负责。"有些事情我们已经掌控了，有些事情还没有。要对自己无法掌控的事情负责，自尊就会受到威胁，因为我们必然会辜负自己的期望。拒绝对自己能够掌控的事情负责，也会伤害自尊。因此，我们需要弄明白由自己决定的和不由自己决定的事之间的区别。我们唯一可以自主控制的意识就是自我的意识。

案 例

在工作环境中,我们很容易观察到那些践行自我负责的人与那些不践行自我负责的人之间的区别。自我负责表现为工作和生活上的主动取向,而不是被动取向。

如果存在问题,有自我责任感的人会问:"我能做些什么?我可以采取什么行动?"如果出了错误,他们会问:"我忽略了什么?我在哪里算错了?我该如何纠正这种情况?"他们不会申辩说"但是没有人告诉我该怎么做啊"或"但这不是我的工作呀"。他们既不找借口,也不责怪他人,而是表现出典型的以解决问题为目的的态度。

在每个组织中,我们都会遇到两种类型的人:有人等待别人提供解决方案,有人负责寻找解决方案。幸亏有第二种类型的人,才使该组织能够有效地运作。

以下是来自个人领域的案例,以句子补全练习的形式进行阐释。

> 一个46岁的"孩子"说:"如果我不把自己的不幸归咎于父母,就要对自己的行为负责。我就要面对这样一个事实,我总是自怨自艾,并乐在其中;我就要承认自己仍然幻想着让父亲来拯救我;我就要承认喜欢把自己看成一个受害者;我就要以新的方式行事;我就要走出家门去找工作;我不能仅仅沉浸在自我痛苦中而无所作为。"

> "如果我接纳要对自己的幸福负责,"一个酗酒的老人说,"我就不会再埋怨是我妻子驱使我喝酒的;我会远离酒吧;我不会整天在电视机前消磨时间抱怨这个'体制';我会去健身房开始健身;我要对得起老板给的薪酬,多为他工作;我也许不应该再这样自怨自艾;我不能再像现在这样继续摧残自己的身体了;我会脱胎换骨成为一个完全不同的人;我会更加尊重自己;我可以重新启动自己的人生。"

> "如果我对自己的情绪负责,"一个女人说,她的家人和朋友

都被其抱怨弄得疲惫不堪,"我就不会那么沮丧,我会明白为何总是让自己闷闷不乐,我会发现自己否认了多少愤怒,我会承认自己的不快乐中有多少是怨恨,我会更多地关注生活中的美好事物,我会意识到我正试图博得别人的同情,我会发现自己能更加快乐。"

个人实例

在我的一生中,我认为自己一直以高度的自我责任心来行为处事。我不指望别人来满足我的需求或愿望。但我想起曾经有一次我未能践行自己的原则,结果令人痛苦。

在我 20 岁左右的时候,我与小说家兼哲学家安·兰德有着一段不寻常的关系。在这 18 年的时间里,我们的关系经历了几乎所有可以想象到的形式:从师生关系,到朋友和同事关系,再到恋人和伙伴关系,最后我们变成了冤家对头。我俩这段故事就是《审判日》中最富戏剧性的中心话题。在我们交往的最初几年里,这种关系在很多方面对我都是有益、有启发且有价值的。我学到了很多,也成长了很多。但最终这种关系却变得紧张、有害,变成我在心智上进一步发展的障碍。

我并没有主动提出在新的基础上重新确立我们的关系。我告诉自己,我不想引发痛苦。我等着她去认识我所明白的事情,指望她凭理性和智慧来做出对我们双方都正确的决定。实际上,我是在与一个抽象的概念(《源泉》(*The Fountainhead*) 和《阿特拉斯耸耸肩》(*Atlas Shrugged*) 的作者)而不是与我面前的这个活生生的女人交往。我没有面对这样的事实:她的日程表与我的非常不同,她完全专注于自己的需求。我迟迟没有面对这个事实:除非我能改变关系,否则一切都不会改变。我的迟疑给双方带来了痛苦和羞愧。我逃避了自己应该承担的责任。不管怎样解释,我的自尊都不可能不受影响。只有采取主动,我才开始找回自己失去的东西。

我们经常在婚姻中看到这种模式:一方先于另一方发觉关系已结束。但他不想做那个结束两人关系的"坏人"。于是,他开始操纵一切,引导对方先迈出那一步。这种做法很残忍、有辱人格，让彼此失去尊严，并且对双方都有害。这是一种自我贬低、自我轻视的行为。

如果我逃避责任，我的自尊就会受到伤害；如果承担我应负的责任，我就建立了自尊。

成效性

没有设立成效目标的人，不能说是在负责任地活着。通过工作，我们维持着自己的生存。通过发挥聪明才智以实现有益的目标，我们成为更加完整的人。没有富有成效的目标和努力，我们永远是孩子。

诚然，我们在特定的时间和地点所拥有的机会是有限的。但是在任何特定的情况下，独立性和自我责任感的标志是提问的角度，例如提出这样一些问题，"我可以采取什么行动""我需要做些什么""我怎样才能改善现状""我怎样才能打破僵局""在这种情况下，我怎样才能最有效地利用我的全部精力"。

自我责任感体现在对生活的积极取向上，也体现在时刻意识到：在这个世界上，没有人能让我们免于独立自主；没有劳动与付出，独立自主就无从谈起。

独立思考

与被动地依从于他人的信念相反的是独立思考，积极生活需要独立思考。

独立思考是有意识地生活和自我负责的必然结果。有意识地生活就是运用自己的思维来生活，践行自我负责就是独立思考。

一个人不可能通过另一个人的大脑进行思考。诚然，我们可以互相学习，但知识意味着理解与消化，而不是单纯的模仿或重复。我们既可以运用自己的思维，也可以把获取并判断知识的责任推给他人，或多或少不加批判地接受他人的判断。我们所做的选择对体验自我以及创造生活的方式都至关重要。

======

人们通常所说的"思考"只不过是在重复利用他人的观点。

======

有时候我们会不自觉地受到他人的影响，但这并不能改变一个事实，即那些试图理解事物、独立思考与判断的人与那些很少这样做的人，二者在心理上存在本质的区别。这里最重要的是意图，即个人目标的本质。

"独立思考"这一说法很有益，因为"独立"一词强调了思考的本质。人们通常所说的"思考"只不过是在重复利用他人的观点。因此，我们可以说，独立思考有助于增强自尊，我们可以对工作、人际关系、人生价值观、设定的目标进行独立思考。健康的自尊会让人自然地倾向于独立思考。

道德原则

拥有自我责任感不仅是一种个人偏好，而且是一种哲学原则，它包含一个人对重要道德观念的接纳。在为自我存在负责的过程中，我们内心明白，他人不是我们的奴仆，也不是为了满足我们的需要而存在的。在道义上，我们无权把别人当作达成自己目标的工具，正如我们也不是达到别人目标的工具一样。我在前面说过，自始至终地践行自我负责蕴含以下人际关系原则：永远不要要求一个人做违背他所理解的自身利益的事。如果我们希望人们采取某种行动或给予相应重视，我们就应该提供符合对方利益和目标的、有意义且有说服力的理由。这个原则是人们相互尊重、亲和友善、宽厚仁爱的道德基础。它反对将某些人视为他人目标的牺牲品。

补全句子以促进自我负责

在我的治疗实践和团体自尊训练中，我使用了大量的句子主干以便来访者去探索他们自我负责的心理状态。下面是一组有代表性的例子。练习将分为以下几部分，每周一次。

第一周
自我负责对我来说意味着_____。
一想到要为自我存在负责我就_____。
如果我为自我存在负责，那就意味着_____。
当我逃避为自我存在负责时，_____。

第二周
如果我为实现自己的目标多承担 5% 的责任，_____。
当我逃避为实现自我目标负责时，_____。
如果我为成功的人际关系承担更多责任，_____。
有时我会通过_____，让自己处于被动。

第三周
如果我为如何理解母亲所说的话负责，_____。
如果我为如何理解父亲所说的话负责，_____。
如果我为接纳或拒绝某些观点负责，_____。
如果我更深刻地认识自己动机背后的观点，_____。

第四周
如果我为自己的个人幸福多承担 5% 的责任，_____。
如果我逃避为自己的个人幸福负责，_____。
如果我为自己选择伴侣多承担 5% 的责任，_____。
当我逃避为自己选择伴侣而负责时，_____。

第五周
如果我为自己所说的话多承担 5% 的责任，_____。
当我逃避为自己所说的话负责时，_____。

如果我对自己所说的话有更深的认识，_____。
如果我为我对自己所说的话负责，_____。

第六周
当我_____时，我让自己很无助。
当我_____时，我让自己很沮丧。
当我_____时，我让自己很焦虑。
如果我要为造成自己无能为力的行为负责，_____。

第七周
如果我要为造成自己沮丧的行为负责，_____。
如果我要为造成自己焦虑的行为负责，_____。
当我准备好去理解自己一直在写些什么时候，_____。
我不会轻易承认_____。
如果我为自己目前的生活水平负责，_____。

第八周
当_____时，我觉得自己最有责任感。
当_____时，我觉得自己最不负责任。
如果我来到世上不是为了满足别人的期望，_____。
如果我的人生属于我自己，_____。

第九周
如果我不再谎称自己无法改变，_____。
如果我从现在开始为自己的人生负责，_____。
如果没有人来拯救我，_____。
我开始意识到_____。

这种练习方法的作用在于，它能使个人的意识和取向发生转变，而不需冗长的"讨论"或"分析"。问题的解决方案主要是由内部产生的。

如果你坚持写日记，过一段时间就为每一个不完整的句子写 6~10 个不同的补充，那么你不仅会学到很多东西，而且肯定会在自我负责的实践中成长。最好的练习办法是从周一至周五完成本周的句子主干，然后在周末完成这个句子主干："如果我写的内容都是事实，那么如果_____，就会对我有益。"然后从周一开始继续做下一周的练习。

没人会来

多年来我一直致力于帮助来访者建立自尊，我一直在寻找心理治疗中的决定性时刻，比如当某种东西突然"咔嗒"一声出现在来访者的脑海中时，问题的解决便有了进展。

其中一个最重要的时刻是当来访者领会了"没人会来"这句话的真正内涵时。没人会来拯救我，没人会来为我选择正确的人生道路，没人会来为我解决问题。如果我不采取行动，一切都不会好转。

梦想着有人来拯救我们，也许能让我们感到一丝安慰，但也会让我们变得被动且无力。我们也许会觉得，只要我受苦的时间够长，只要我的渴望够强烈，奇迹就会发生。但这其实是一种以生命为代价的自我欺骗，因为生命之河终将跌入万丈深渊，随着无法挽回的岁月而流逝枯竭，一天天，一月月，一年年。

几年前，在我的团体治疗室里，我们在墙上挂了一些我在工作中发现很有教益的格言。一位来访者将格言做成刺绣装裱在镜框里，作为礼物送给我。其中一条格言是"重要的不是别人想什么，而是你知道什么"。另一条是"没人会来"。

有一天，一个很有幽默感的团体成员就"没人会来"这句话向我提出质疑。

"纳撒尼尔，这句话不对，"他说，"你来了呀。"

"没错，"我答道，"但是，我是来对你说'没人会来'的。"

自我负责的实践是自尊的第三大支柱。

第9章　自我肯定的实践

几年前，我在给一个班的研究生讲授心理学，我想让他们明白，人们对自我肯定的恐惧会如何微妙地显现出来。

我问在场的人是否相信自己拥有生存的权利。每个人都举起了手。然后我请了一位志愿者协助我做示范。一个年轻的小伙子走到讲台前，我对他说："请你面向全班同学，大声地说几遍'我有生存的权利'。你要慢慢地说，注意你说话时的感受。当你这么做示范时，我希望班上的每个同学都想一想自己是否相信他说的话，是否认为他真的体会到他所说的。"

这个男生两手叉腰，带着挑衅的口吻宣称："我有生存的权利。"他说话的口气就好像在准备战斗。每重复一次，他就显得更加好斗。

"没人在跟你争论，"我指出，"没人在质疑你。你能用不带抗拒或防卫的方式说话吗？"

他还是做不到。他的声音总是充满了攻击性。尽管他一直在重复那句话，但是没人相信他。

一个女生走上前来，用恳求的声音说："我有生存的权利。"她说话时脸上带着一种乞求原谅的微笑。当然，也没有人相信她。

接着又有一个学生走上前来。他说话听起来很傲慢、目中无人、装腔作势，就像一个演员在扮演一个令人尴尬的蹩脚角色。

一个学生抗议道："这个测试不公平。他们几个人都很害羞，不习惯在众人面前讲话，所以听起来他们都很紧张。"我让他走到前面来，简单地说一句"二加二等于四"。他轻松而笃定地照说了一遍。然后我让他说"我有生存的权利"。这时候，他听上去也很紧张、漫不经心、令人难以信服。

全班人哄堂大笑。他们明白了。站在全班同学面前说"二加二等于四"，这并不难。然而坚称自己有生存的权利却很难。

"'我有生存的权利'这句话对你来说意味着什么？"我问道，"显然，在这种情况下，我们不会像《独立宣言》那样，主要把它当作一种政治声明。这里，我们指的是心理上的，它到底意味着什么？"一个学生说："意味着我的生命属于我自己。"另外一个学生说："意味着我可以做自己的事情。"又有一个学生接着说："意味着我不必满足父母对我的期望，我可以满足自己的期望。"还有一个学生说："意味着我可以在我想说'不'的时候说'不'，意味着我有权维护自己的利益。"接下来，学生们一个个地给出了更多的答案，"意味着我想要的东西很重要""意味着我可以说也可以做自认为是对的事情""意味着我可以追随自己的命运""意味着我的父亲无法告诉我该怎样过好我的生活""意味着我不必把整个生活都建立在不让母亲失望的基础上"。

这些都是"我有生存的权利"这句话在个人层面的含义，而面对全班的同学们，他们却无法从容而自信地大声说出来。在阐明这一点后，我开始和他们谈论自我肯定和自尊。

什么是自我肯定

自我肯定意味着尊重自我的愿望、需求和价值观，并在现实中寻找合适的表达方式。

与之相反的则是屈服于内心的胆怯，也就是把自己交给一个永久的地下世界，在这个世界中，真实的自我被隐藏起来或者被扼杀，以避免与价值观不相同的人发生冲突，或者去取悦、安抚、操纵他人，或者只是为了寻求"归属感"。

自我肯定并不代表好斗或不适当的攻击性，不代表必须挤到队伍前面或撞倒其他人，不代表在维护自身权利的同时无视或漠视他人的权利。自我肯定意味着愿意为自己挺身而出，公开地维护自己，在所有人际交往中都尊重自我。它意味着拒绝假装自己是受欢迎的人。

=====

自我肯定意味着愿意为自己挺身而出，公开地维护自己，在所有人际交往中都尊重自我。

=====

实践自我肯定就是真实地生活，一言一行都发自内心深处的信念和情感，将其作为一种生活方式，作为一种生活准则。（在某些情况下，我可能有理由选择不按照上述准则行事，例如当遭遇到拦路抢劫时。）

适当的自我肯定意味着关注情境。与孩子一起在地板上玩耍时的适当的自我表达方式显然不同于在员工会议上的表达方式。尊重差异不是要"牺牲一个人的真实性"，而只是要关注现实。在任何情况下，都会有适当和不适当的自我表达方式。有时，自我肯定表现为主动提出一个想法或给予赞扬；有时，表现为用礼貌的沉默来表示不同意；有时，表现为拒绝对一个索然无味的笑话展露笑容。在工作场合中，一个人不可能说出自己全部的想法，也不必这么做。必要的是要知道自己的想法并保持真实。

尽管适当的自我表达会因情境而发生变化，但是在任何情况下，我们都会在可信与不可信、真实与不真实之间做出选择。如果不愿面对这一事实，我们当然会否认自己有这样的选择权。我们会断言自己无依无靠，而事实上，选择一直都在那里。

什么是自我肯定，什么不是自我肯定

1）在阶级社会中，当地位高的人和地位低的人说话时，后者总是低垂双眼。俯首垂目的人一定是奴隶，而不是主人。在美国南部，曾经有一段时间，一个黑人男性如果敢直视一个白人女性，就会因冒犯白人而挨打。众所周知，目视本身就是一种自我肯定的行为。

自我肯定首要且基本的表现是对意识的肯定。这包含有选择地去看、去思考、去认识，让意识之光向外照亮世界，向内照亮内心。提出问题、挑战权威是自我肯定的表现。独立思考并坚持自己的想法是自我肯定的基础。不承担这种责任，就是最基本层面上的自我缺席。

请注意，不要把自我肯定与无意识的叛逆混为一谈。没有意识的"自我肯定"不是真正的自我肯定，而是"酒后驾车"。

有时那些本质上具有依赖性和恐惧感的人会选择一种自我毁灭式的自我肯定。当说"是"会更符合自身利益时，他们会条件反射性地说"不"。他们唯一表达自信的形式就是抗议，不管此举是否有意义。我们经常在青少年身上看到这种反应，那些心智尚未成熟、意识水平仍停留在少年时期水平的成年人也会出现这种反应。其目的是保护自己的领地边界，这在本质上并没有错，但是他们采用的方法使他们的发展停滞。

虽然健康的自我肯定需要我们具备说"不"的能力，但最终证明它存在与否的不是我们反对什么，而是我们支持什么。由一连串否定构成的人生是一种浪费，也是一场悲剧。自我肯定要求我们不仅要抗拒自己强烈反对之物，而且要去践行并表达个人价值观。从这方面讲，自我肯定与对自己诚实密切相关。

自我肯定始于思考，但绝不止于思考。它意味着融入这个世界。胸怀大志算不上自我肯定，或仅仅勉强算是；把愿望变成现实才是真的自我肯定。拥有个人价值观算不上是自我肯定，或仅仅勉强算是；贯彻并坚守自己的价值观才是自我肯定。一个最大的自我错觉是把自己视为"评价者"或"理想主义者",却不在现实中贯彻自己的价值观。只凭梦想虚度一生不是自我肯定,能够在走到生命的尽头时说"在我有生之年,我曾在世上好好地活过"才是真正的自我肯定。

2)要合乎逻辑且始终如一地实践自我肯定,就需要忠于自己的生存权利,这源于这样一种认识:我的生命不属于别人,我活在世上不是为了满足别人的期望。对许多人来说,认识到这一点,会带来一种可怕的责任。这意味着他们的生命掌握在自己手中;这意味着不能把父母和其他权威人士视为可以依赖的保护者;这意味着他们要为自己的存在负责,要为让自己感到安心负责。他们不是惧怕这种责任,而是屈服于这种恐惧本身,这种屈服是破坏自尊的主要因素。然而,如果不捍卫自己生存的权利,即自我归属权利,我怎能感受到个人尊严呢?我又怎能感受到像样的自尊呢?

========
我的生命不属于别人,我活在世上不是为了满足别人的期望。
========

为了不断实践自我肯定,我就需要坚信自己的想法和需求举足轻重。不幸的是,人们往往缺乏这种信念。年轻时,我们中有许多人都收到过这样的信号:表达自己的想法、感受或需求并不重要,事实上,我们接受的教导是"你想要的并不重要,重要的是别人想要什么"。当我们试图为自己辩护时,也许会被"自私"这样的指责吓得胆战心惊。

尊重我们的需求并为之奋斗往往需要很大的勇气。对许多人来说,自动投降或自我牺牲要容易得多,因为这样做不像充满智慧的"自私"那样,要求诚信和责任。

有一位48岁的男人,为了供养妻子和三个孩子,多年来一直辛辛苦苦地工作。他梦想着在50岁时辞去现在那份要求高、压力大的工作，另找一份收入较少但能给他更多业余时间的工作。他一直希望能有更多的时间读书、旅行、思考，而不必承受工作压力，不必总担心自己忽略了什么紧急的事情。有天晚上吃饭时，他向家人宣布了自己的打算，结果每个人都突然变得焦躁不安，其实他们只关心一件事：如果他接受一份薪水较低的工作，那么每个人的生活水平会受到怎样的影响。没有人对他的处境、需求或感受表现出兴趣。"我怎么能与家人的需求对立呢？"他暗自思忖，"一个好男人的首要职责不就是养家吗？"他希望家人能把他看成个好男人，如果这样做的代价是放弃自己的渴望，他愿意付出。对此他甚至不必多加思考。习惯性地履行自己的责任在他的一生中已根深蒂固。这次晚餐谈话之后，他迈过了一道时光的门槛开始步入老年。然而他无法掩藏梦想破灭带来的痛楚，只能安慰自己说："至少我不自私。自私是邪恶的，不是吗？"

非常可悲且颇具讽刺意味的是，当人们不再尊重甚至不再关注自己最深层的需求和愿望时，从狭义而非高尚的意义上来讲，他们有时会变得很自私。他们放弃了更深切的渴望后，就只会关注鸡毛蒜皮的小事，甚至很少明白他们自己背叛、放弃了什么。

3）一个组织中需要有自我肯定，这不只为了产生好的创意，还要促使人们去发展这个创意，为它奋斗，为它赢得支持者，尽一切努力使它变成现实。正是由于缺乏自我肯定的实践，许多潜在的重大贡献尚未成形就夭折了。

当我作为一名顾问，受邀参与一个在某个项目上很难有效运作的团队的工作时，我发觉这种功能障碍的原因之一是，团队中有一人或多人没有真正参与、没有真正全身心地投入工作，因为有些人觉得他们没有能力对这个项目产生多大影响，他们也不相信自己能做出多大贡献。他们的被动使自己成了破坏者。一位项目经理对我说："我宁愿费脑筋去对付一些极端利己、狂妄自大的家伙，也不愿与那些才华横溢但缺乏自信的人打交道，这些人的不安全感让他们无法施展自己的才能。"

缺乏适当的自我肯定，我们就成了旁观者，而不是参与者。健康的自我肯定要求我们纵身跃入竞技场，亲身投入，大干一场。

======
健康的自尊要求我们纵身跃入竞技场，亲身投入，大干一场。
======

4）自我肯定还意味着愿意直面而不是逃避生活的挑战，并且要努力掌握控制权。扩展自己应对能力的边界能够增强自我效能感和自我尊重。当投身于新的学习领域时，当承担能拓展自我的任务时，我们就能提升个人能力。我们迈进了更广阔的天地。我们确立了自我的存在。

当我们试图理解某件事却碰壁时，坚持下去是一种自我肯定的表现。当我们致力于获得新的技能、吸收新的知识、在陌生领域扩展思维范围时，当我们努力使个人能力达到更高水平时，我们正是在实践自我肯定。

当我们学会建立亲密关系而不放弃自我意识时，当我们学会心怀善意而不自我牺牲时，当我们学会与他人合作而不违背自己的标准和信念时，我们正是在实践自我肯定。

自我肯定的恐惧

美国的传统是个人主义，在美国，某些自我肯定的表达相比在其他一些文化中更容易被接受。并非所有的文化都认可自我表达的价值。即使在美国，男性也比女性更容易接受多种形式的自我肯定。女性在行使她们与生俱来的自我肯定权时，仍然常常受到惩罚。

无论在哪种社会中，如果一个人认为墨守成规比脱颖而出更可取，那么他就不具有自我肯定这个美德。如果一个人获得安全感和保障的主要来源是部落、家庭、团体、社区、公司、集体等，那么即使是自尊也会被视为威胁和令人恐惧的东西,因为它象征着个体化(自我实现,展示个人身份),意味着独立。

个体化给那些尚未实现这一目标的人带来了对被孤立的恐惧,他们不明白,个体化远远不是社会的敌人,而是其必要前提。一个健康的社会是众多自尊个体的联合体,而不是一片珊瑚丛。

一个有良好个人意识的人可以沿着两条相辅相成的发展道路成功前进,一条是个体化的道路,另一条是人际关系的道路。一方面要有自主性,另一方面要具备与人建立亲密关系和人际交往的能力。

个体意识发展得不够充分的人常常告诉自己:"如果我表达自己的想法,可能会招致他人反对。如果我爱自己并肯定自己,可能会激起他人不满。如果我对自己太满意,可能会引起他人嫉妒。如果我脱颖而出,可能会被迫特立独行。"面对诸多可能性,若他们仍然无动于衷,那么终将为此付出惨痛代价——丧失自尊。

在美国,心理学家能够理解这些普遍存在的恐惧,但一些人往往把这些恐惧视为不成熟的表现。我们说:要有勇气做自己。有时这会使我们与其他文化视角的发言人发生冲突。当我在《尊重自我》一书中写到个体化带来的挑战时,一位夏威夷心理学家表示反对,他说:"这太美国化了!"他认为他的文化更重视"社会和谐"。

虽然"个体化"一词是现代的说法,但它所表达的思想至少与亚里士多德一样古老。人类对完整性的努力追求是自我觉悟与实现的内在推力,这让人联想到亚里士多德关于"生机"(entelechy)的哲学思想。人类自我实现的动力与艺术家和科学天才的极致表现形式密切相关。在现代社会中,它也与人类从数百年的奴役中解放出来逐渐形成各种族群密切相关。

案 例

有些人的一举一动似乎都表明他们无权拥有自己所占据的空间。有些人一开口说话就好像故意不让你听见，因为他们说话要么含糊不清，要么声音极其微弱，要么两者兼而有之。有些人明显表现出他们认为自己没有生存的权利。这些人极端缺乏自我肯定。很显然，他们的自尊水平较低。在心理治疗中，当这些人学会更自信地行动和说话时，他们总是（在最初的焦虑之后）说自己的自尊水平得到了很大提升。

===

有些人的一举一动似乎都表明他们无权拥有自己所占据的空间。

===

并非所有缺乏自我肯定的表现都那么显而易见。普通人的生活中充斥着成千上万种不为人知的沉默、投降、屈服，以及对情感和信念的歪曲，这些都有损自尊。如果不表达自己的心声、不支持我自己的存在、不在适当场合捍卫自己的价值观，我们就会对自我意识造成创伤。这个世界不会伤害我们，是我们在自我伤害。

一个年轻人独自坐在漆黑的电影院里，深深地被展现在眼前的戏剧性情节所感染。这个故事深深地打动了他，让他热泪盈眶。他知道，大约一周以后，他还会回来重看这部电影。在大厅里，他遇到一个朋友，那人也来看同一部片子。于是他们互致问候。他望着朋友，想在对方脸上寻找某种迹象来了解其观影感受，但是那张脸毫无表情。朋友问他："你喜欢这部影片吗？"这个年轻人突然感到一阵恐惧，他不想表现得"不够冷静"，尽管内心在说："我超喜欢这部电影！它太感人了！"但是他不想说出自己的真实感受。于是他漫不经心地耸耸肩说："还行。"他不知道这其实是在自扇耳光，或者更准确地说，他根本没有意识到这一点，但是他受损的自尊心意识到了。

在一次鸡尾酒会上，一个女人听到有人进行恶毒的种族诽谤，这让她深感厌恶。她想说："我觉得那样做很无礼。"她知道，如果没有人提出异议，邪恶就会不断积聚。但她害怕引起争执，于是尴尬地把目光移向别处，什么也没说。后来，为了抚平心中的不安，她告诉自己："就算我跟他辩论又有什么用？那个家伙就是个傻瓜。"但她的自尊知道这样做会有什么不同。

一位大学生去听一位作家的演讲，他非常欣赏这位作家的作品。演讲结束后，他挤进了围着作家提问的人群。他真想告诉这位女作家，她的书对他来说意义非凡，使他获益匪浅，而且让他的生活发生了巨大的改变。但是他一言不发，心想："我的阅读反应对这么著名的作家来说能有多重要？"女作家期待地望着他，但他一直尴尬地沉默不语。他感觉如果此时开口……谁知道会发生什么？也许她会在意，但恐惧还是占了上风，他告诉自己："我可不想出风头。"

一位已婚妇女听到丈夫就某事提出了一些既具有误导性又令人反感的观点，她很想提出异议，表达自己的想法，但她害怕因此破坏他们的婚姻现状，担心如果自己表达了不同意见，以后可能再也无法得到丈夫的赞许。她想起母亲曾教导她："无论对错，一个好妻子都应支持自己的丈夫。"记忆中的声音仍然回荡在她的脑海中。于是，就像过去许多类似场合下她都保持沉默那样，她一声不吭。她没有意识到，自己内心产生了隐约的罪恶感，因为她知道这样做是自我背叛。

个人实例

前面我已经提到过，在我20岁生日的1个月前我开始与安·兰德交往，然而18年后，这段感情突然破裂。在我们相处的最初几年中，我从她那里受益颇多，其中之一便是对可见性的深刻体验。她对我的理解和欣赏对我而言是前所未有的。她的反应对我至关重要，因为我非常尊重她、仰慕她。

后来我渐渐意识到，她很难容忍不同意见，即便在密友之间也不例外。她不要求熟人之间意见完全一致，但是对于任何想要真正亲近她的人来说，她渴望双方对每件事和每句话都投入极大的热情。我不知道自己是如何一步步对她的某些行为开始产生消极反应的。例如，我是什么时候发觉她太过自吹自擂的？什么时候因她缺乏同情心而心感不安的？什么时候发觉她过于自以为是的？每个人都需要时不时地得到纠正性的信息反馈，可是我却没有给她反馈；缺少这种反馈，我们就会像她那样变得与现实隔绝。

在分手后的几年里，我经常反思为什么我没有更多地表达自己的看法，至少相对于我们圈子里的其他人来说，我能更自由地对她表达意见。原因其实很简单，我太看重她的自尊了，不会让其受到任何威胁。实际上，我已沉溺于其中。现在回想起来，她似乎有一种天分，能微妙且具有艺术性地以惊人的洞察力激发人们对她的痴迷，她能让人感到比以往任何时候都更被理解和欣赏。我承认我也有责任，因为若非自己同意，任何人都不可能受他人诱惑。安·兰德让我体验到了一种令人陶醉的满足感，一种像神一样受人崇拜的感觉，而她也是我最珍视的人。因此作为交换，我深深压抑自我肯定，久而久之便伤害了我的自尊。

在最亲密的关系中，自我背叛的诱惑有时是最危险的。

最终，这段感情给我上了宝贵的一课。我知道这种顺从是行不通的，它只是推迟了必然冲突的到来。我认识到，在最亲密的关系中，自我背叛的诱惑有时是最危险的。我知道，无论我们多么崇拜他人，这都不能成为牺牲自我判断力的理由。

补全句子以促进自我肯定

以下句子主干可以帮助我们更深入地理解自我肯定，并激发这方面的实践。

第一周
对我来说，自我肯定意味着_____。
如果我能在今天的生活中增加 5% 的自我肯定，_____。
如果曾有人告诉我，自己的需求很重要，_____。
如果我有勇气看重自己的需求，_____。

第二周
如果我能更多地意识到自己内心深处的需求和愿望，_____。
当我忽视自己内心深处的渴望时，_____。
如果我愿意在我想说"是"的时候说"是"，在我想说"不"的时候说"不"，_____。
如果我愿意更多地表达自己的想法和观点，_____。

第三周
当我压抑自己的想法和观点时，_____。
如果我愿意去索取我想要的东西，_____。
当我想要某种东西却保持沉默时，_____。
如果我愿意让他人听到我的心声，_____。

第四周
如果我愿意让自己听到我的心声，_____。
如果我今天能多展现出 5% 的自我，_____。
当我隐藏真正的自我时，_____。
如果我想活得更完整，_____。

周末，请重读一周的句子主干，再为下面这个句子主干写 6~10 个补充部分："如果我写的结尾中有一个是真实的，那么我_____（怎么做）可能会有帮助。"

当然，还有其他方法来处理这些句子主干。例如，在我的团体自尊训练中，我们可能会在一个历时 3 小时的会谈中处理上述所有的句子主干，大声说出自己的结尾，然后讨论这些结尾及其在行动上的含义。

勇　气

我们再次认识到，维护健康自尊的行为也是健康自尊的表现。自我肯定既维护自尊，又是自尊的表现。

看到一个充满自信的人，我们便说"他很容易做到自我肯定，他有着很健康的自尊"，这是错误的。建立自尊的方法之一是在不容易做到的时候敢于自我肯定。总会有一些时候是自我肯定唤起了我们的勇气。

自我肯定的实践是自尊的第四大支柱。

第 10 章　有目的地生活的实践

我有一个快 70 岁的朋友，他是美国最聪明、最受欢迎的商界演讲者之一。几年前，他邂逅了多年前就认识并深爱的一个女人，之前两人已经有 30 年没有联系了。这个女人现在也 60 多岁了。他们坠入了爱河。

一天我们共进晚餐时，朋友告诉我这件事，他从未这么高兴过。和他在一起，看到他欣喜若狂的神情，真是太好了。也许是想起了过去的两次离婚，他伤感而焦切地说："老天爷啊，希望这次我能把事情处理好。我非常希望这段感情能够成功。我期望，我的意思是我很想……我希望，你知道，我别再把事情搞砸了。"我沉默不语，他问道："你有什么建议吗？"

"有。"我答道，"如果你想让好事成真，就必须把做成这件事当作你的自觉目标。"他向前探了探身子，聚精会神地听着。我接着说道："我可以想象，如果你在 IBM 公司工作，某位高管对你说'嘿，我希望我们能做好这种新产品的营销工作,我真的希望我们能在这方面取得成功',你可能马上就会问他'那么您说的希望到底是什么意思'。所以,我的建议是,将你所知道的目标和行动计划的重要性落实到你的个人生活中。把'希望'和'期望'留给孩子们吧。"

他笑了起来,很显然他明白我的意思。

由此,我想到了有目的地生活这个话题。

没有目的地生活就是任由机缘摆布,例如偶然的事件、偶然的电话、偶然的遇见,因为我们没有标准来判断什么是值得做的,什么是不值得做的。外部力量推动着我们前进,我们就像漂浮在水面上的软木塞,没有主动设定自己具体的航向。我们对生活的定位是被动的,而不是主动的。我们只能随波逐流。

与此相反,有目的地生活就是发挥我们的力量去实现我们所选择的目标:学习、养家、谋生、创业、推销新产品、解决科学问题、建造度假屋、维持幸福的浪漫关系。正是我们的目标引领我们前进,召唤我们发挥才能,给我们力量。

成效与目的

有目的地生活,其中一层意思就是有成效地生活,这是我们有能力生活的必要条件。有成效是一种行动,是指通过将想法转化为现实来支持我们的存在,是指设定目标并为实现它而努力奋斗,也是指将知识、商品或服务转化为实体。

自我负责的人不会把维持自己生存的重担转嫁给他人。在这里,重要的不是一个人的效能有多大,而是一个人对是否运用其能力的选择权。只要一个人从事的工作不是有违道德和法律的,那么选择什么样的工作并不重要,重要的是如果有机会,一个人是否会寻找能让自己发挥聪明才智的工作。

有决心的人会根据自己的能力设定富有成效的目标,或至少试着这样做。其自我概念体现在他们所设定的目标中。当然，鉴于个人背景的复杂性，对一些隐私问题进行解密也许是必要的。如果知道人们选择什么样的目标，我们就能深刻了解他们对自己的看法，了解他们认为什么是可能的，什么是适合他们的。

效能与目的

如果自尊的建立需要个体体验到一种胜任感（或效能感），那么这种感觉与特定领域中更狭义、更具体的能力之间有什么关系呢？

通过完成特定任务，我们充分体验了相应的特定效能形式，从而建立起基本效能感。

基本效能感不可能凭空产生，它必须通过成功完成一些具体的任务来建立和体现。并不是成就"证明"了我们的价值，而是取得成就的过程让我们体验到对人生的胜任感或效能感。仅靠抽象的概念，而不投身于具体事务中，我们便无法体验到效能感。因此，富有成效的工作可能成为一种强有力的建立自尊的活动。

要实现目标，我们就必须让驱动我们的目标具体化。如果我的目标仅仅是"尽力而为"，就不能最优化地安排自己的行动步骤，因为任务目标太模糊。我的目标应该是，每周在跑步机上锻炼 4 次，每次 30 分钟；在 10 天内完成（具体规定的）任务；在下次会议上向我的团队传达任务细则；在年底前赚取一定数额的钱；以具体的方式在设定好的时间节点占有特定的利基市场；等等。有了这样具体的目标，我就能监控自己的进程，比较意图与结果，根据新的信息改进我的策略或战术，并对由我产生的结果负责。

有目的地生活就是要关注下列问题：我要努力实现什么目标？我要如何实现目标？为什么我认为这些方法合适？来自环境的信息反馈表明我在走向成功还是失败？我是否需要考虑新的信息？是否需要在我的行动步骤、策略或具体行动上做出调整？是否需要重新考量我的目标？由此可见，有目的地生活意味着更有意识地生活。

相比于个人关系领域，这种观念应用于工作领域会让人更易理解。这也许就是为什么有更多的人在工作中而不是在婚姻中获得成功。大家都知道，仅仅说"我热爱工作"是远远不够的，一个人必须到办公室去干点实事，否则他的事业将不复存在。

======
> 相比于个人关系领域，这种观念应用于工作领域会让人更易理解。这也许就是为什么有更多的人在工作中而不是在婚姻中获得成功。

======

然而，在亲密关系中，人们很容易认为只要"爱情"足够，幸福就会到来。幸福没有到来，就说明彼此不合适。人们很少问自己："如果我的目标是拥有一段成功的感情，那么我必须做什么？我需要采取什么行动来建立和维系彼此信任、亲密无间且充满激情的关系？如何让这段关系中的双方愿意坦诚相待且不断成长？"

当一对新婚夫妇正处于幸福甜蜜的爱情中时，不妨问问自己："我打算采取什么行动来维持这种感觉？"这将对他们大有裨益。

如果一对夫妇闹了矛盾并希望解决问题，不妨问问自己："如果我的目标是言归于好，我准备采取什么行动来实现它？我希望伴侣做些什么？我看到我们各自做了些什么来让情况好转？"

与行动计划无关的目标是无法实现的，只是一种毫无意义的渴望。

白日梦不会给人带来效能感。

自 律

有目的、有成效地生活需要我们在内心培养自律。自律是一种为完成具体任务而组织个人行为的能力。一个缺乏自律的人不会感觉自己有能力应对生活中的挑战。自律意味着人们能够为实现一个长远目标而推迟即时满足。这是一种将结果投射到未来的能力，即着眼未来进行思考、计划和生活的能力。缺少这种能力，无论是个人还是企业都无法有效地运作，更不用说蓬勃发展了。

就像所有支持自尊的美德或实践一样，自律是一种生存美德，这意味着自律是人们成功应对人生起伏的必要条件。良好的亲子关系或有效的教育所面临的挑战之一是，如何在尊重现在的同时不忽视未来，在尊重未来的同时不忽视现在。把握好这种平衡对所有人而言都是一项挑战。要想掌控个人命运，这一点举足轻重。

或许我应该提一下，有目的、自律的生活并不意味着我们没有时间或空间去休息、放松、娱乐或者做些随意甚至无聊的事，而只是表明我们会有意识地选择自己要做的事，并且我们知道做这些事是安全且恰当的。不管怎样，无论我们是否有意，暂时放下目标本身就是为了实现另一个目标，即再生。

有目的地生活所包含的内容

作为一种生存之道，有目的地生活的实践包含以下核心内容。
- 自觉承担制定个人目标的责任。
- 关注并确定实现个人目标所必须采取的行动。
- 监控行为以检查其是否与目标一致。
- 关注行动结果，了解行动是否为自己指明了前进方向。

自觉承担制定个人目标的责任　如果要主宰自己的命运，我们就需要明白自己想要什么、欲往何方。我们应该关心这些问题：5年、10年、20年后，我想要什么？我希望生活上有哪些变化？我希望事业上有何成就？我希望人际关系方面有哪些收获？如果我想结婚，原因和目的是什么？在某段特殊关系中，我的目标是什么？对于我的孩子，我的培养目标是什么？如果我有学识或精神上的追求，那会是什么？我的目标是清晰明了还是模糊不清的？

关注并确定实现个人目标所必须采取的行动 如果我们的目标确确实实是目标而不是白日梦，那么我们有必要问问自己：我如何成功到达彼岸？我需要采取什么行动？在达成最终目标的过程中，我必须完成哪些子目标？如果需要新的知识，我将如何获取？如果需要新的资源，我将如何获取？长期目标的行动计划一般都会包含行动子计划，即实现子目标的具体行动计划。

我们是否有责任思考这些行动步骤？

人生的成功属于那些善于思考的人。

监控行为以检查其是否与目标一致 我们可以拥有明确的目标和合理的行动计划，但是出于许多原因（诸如出现意料之外的问题、受其他价值观的影响、无意识地调整行动顺序、精神不集中或拒绝履行对自己的承诺），我们可能偏离正确方向。有意识地监控与既定目标相关的行动，有助于我们解决此类问题。有时，解决办法是以自己的初衷为基点进行调整；有时，我们需要反思最重要的目标到底是什么，或许还要重新制定目标。

关注行动结果，了解行动是否为自己指明了前进方向 我们的目标可能非常明确，我们的行动也可能前后一致，但我们最初对正确步骤的预测可能不准确。也许我们没有考虑到某些因素，也许事态发展改变了状况。因此，我们需要不断地问自己：我的战略和战术奏效吗？我达成设定的目标了吗？我的行动是否产生了预期结果？

我们很少看到职场中的人做到这一点，他们只是盲目地说："我们现在的做法过去一直奏效。"在动态变化的经济环境中，过去的战略和战术未必适用于今日。

例如，几十年前，通用汽车公司所面临的问题尚未被大家认识到。当时公司还处于成功发展的巅峰时期，管理顾问彼得·德鲁克（Peter Drucker）就曾警告说：过去行之有效的政策在未来几年中将失效，如果通用汽车公司不重新考虑其方针，就将陷入危机。他因此而遭受公司高管的嘲笑和敌视。然而，事实证明他的分析是正确的。

我们的行动可能无法产生我们所预期的结果，也可能产生我们未曾预见或不愿面对的其他后果。某种行动可能在一个层面起作用，但在另一个层面却不尽人意。例如，无休止的唠叨和叫嚷可能短期见效，却会引发长期的怨恨和反抗。一家公司可能通过出售劣质商品而迅速获利，但是不出一年就会随着客户流失而毁掉生意。如果关注结果，我们不仅能了解自己是否正在向目标迈进，而且能看到是否出现了意料之外且自己不愿接受的结果。

再次说明，有目的地生活意味着有意识地生活。

有目的地生活到底是什么

1）人们对有目的地生活这件事有很多困惑，精神病学家欧文·亚隆（Irvin Yalom）在《存在主义心理治疗》（*Existential Psychotherapy*）中的精彩论述便体现了这一点。他写道："没有实现目标的人生就是不完美的，这种观点与其说是人生的一个悲剧性事实，不如说是一种西方神话或文化产物。"

我们确切知道的是，没有"实现目标"，生活将难以为继，就连从变形虫到人类的每一个进化阶段都不可能存在。"实现目标"既不是一个"悲剧性事实"，也不是一种"西方神话"，而是生活的简明本质，并且常常令人振奋。

作为一种生活态度，"实现目标"的反面是被动且毫无目的地生活。这种状态不会产生取得成就时的快乐，这是不是悲剧呢？

另外，请记住，"实现目标"并不仅仅是"世俗"意义上的，学习或冥想式的生活也有其自身目标。没有目标的生活很难称得上是人类的生活。

2）有目的地生活的实践对于充分实现自尊至关重要，但我们不应把这一点理解为衡量一个人价值的标准就是其外在成就。我们赞赏他人和自己所取得的成就，这很自然，也很正常，但这并不是说个人成就是衡量自尊的标准或依据。自尊并非来自个人成就，而是来自那些内心的实践，正是这些实践使我们可能获得自尊。

======

自尊并非来自个人成就，而是来自那些内心的实践，正是这些实践使我们可能获得自尊。

======

钢铁工业家安德鲁·卡内基（Andrew Carnegie）曾经说过："你可以夺走我们的工厂、生意、交通线、金钱，但是只要留下我们的组织机构，四年后我们就能恢复如初。"他认为，力量在于财富的来源，而非财富本身，在于原因，而非结果。这个道理也适用于自尊与外部成就之间的关系。

3）成就颇丰可能是高自尊的表现，但不是其主要原因。一个才华横溢、事业成功，但在个人生活中缺乏理性、不负责任的人也许愿意相信：衡量美德的唯一标准是富有成效，而其他任何领域的行为都与道德或自尊无关。这样的人可能会以工作为借口来逃避来自生活其他领域（或痛苦的童年经历）的羞耻感和内疚感，这时，富有成效的工作与其说是一种健康的激情，不如说是一种逃避策略，是一个让自己免于面对可怕现实的避难所。

此外，如果一个人错误地将自我等同于他的工作（而不是等同于成就工作的内在美德），并主要依据成就、成功、收入或是养家糊口的能力等因素来衡量自尊，这就很危险：超出个人控制能力的经济环境可能会让一个人失业，进而使他陷入抑郁，自暴自弃。当一家大型飞机制造公司关闭了设在小镇上的一家工厂时，自杀热线便响个不停。这种问题主要出现在男性身上，因为他们的个人价值和男子气概在社会化的过程中已经与养家糊口的能力挂钩。女性不太容易将赚钱能力当作个人价值（更不用说女性特质）的体现。

几年前，我在底特律就此话题发表过演讲，不少听众来自汽车制造业。我谈道："目前，美国政府正在考虑是否通过担保一笔巨额贷款来救助克莱斯勒公司。暂时先不要考虑该决策是否符合政府职能；反正我不这么认为，但这与我们讨论的问题无关。关键是，如果你为克莱斯勒公司工作，并且将你的自尊与成为该公司的杰出员工或获得丰厚收入联系起来，那实际上就意味着你甘愿让美国政府那些人操纵你的灵魂、掌控你的价值观。这种说法冒犯你了吗？我希望如此。至少这让我感到不舒服。"

在经济萧条时期，我们不得不担心金钱、家庭的福祉和未来生活，这已经够糟糕的了，但更糟糕的是，在此过程中我们让自尊受到伤害：告诉自己我们的效能感和价值与收入密切相关，是金钱决定一切。

有时，我会给一些大龄失业男女提供咨询，他们的工作机会被年轻人抢去，而这些年轻人根本不具备良好的条件或实力来胜任某项工作。我也曾经为一些才华横溢的年轻人提供咨询，他们所遭受的偏见正好相反，因为年轻而受到歧视，外界并不将其客观的才干和能力作为判断标准。在这种情况下，他们常常会感到个人效能丧失。这种感觉与自尊受损的感觉只有一步之遥，而且很容易转化为自尊水平下降。只有非同寻常的人才能不落入这种错误的陷阱，这种人能够很好地关注自我，并且明白某些力量的运作超出了个人控制范围，严格地说，这些力量与自尊没有（或不应该有）关系。并不是说这样的人不会对未来感到痛苦或焦虑，而是他们并非从个人价值的角度来阐释问题。

当涉及自尊问题时，我们要问：这个问题是否在我的直接意志控制范围内？或者它是否与我意志控制范围内的事情有直接的因果关系？如果不是，不管在其他方面它多么令人痛苦、多么具有破坏性，这个问题就应视作与自尊无关。

总有一天，这种教育理念将被纳入父母正确的养育观。总有一天，学校会教授这种理念。

4）我曾经问过我的一个朋友（一个年近六旬的商人），他的余生有什么目标。他答道："我没有任何目标。我一生都在为未来而活，却牺牲了现在。我很少停下脚步享受家庭的欢乐、欣赏自然美景乃至这个世界所展现的一切美好事物。现在我不再想太多了，也不想筹划什么。当然，我还是会理财，偶尔也会做些生意，但我的首要目标是享受生活中的每一天，尽我所能欣赏眼前的一切。从这个意义上讲，你也可以说我仍然在有目标地生活着。"

我告诉他，听起来他好像从未学会在规划未来目标与享受当下生活之间取得平衡。"这对我来说一直是个问题。"他表示同意。

正如我们所见，这并不是有目的地生活的意义或要求。漠视未来和无视现状都不妥当，我们应该把两者融入对人生的体验与认识。

在某种程度上说，我们的目标不是"证明"自己，就是逃避对失败的恐惧，这种平衡便很难实现。紧迫感太强，结果是焦虑而不是快乐在驱动着我们。

假如我们的目标是自我表达而不是自我辩护，那么就会更自然地达到平衡。我们仍然需要考虑如何在日常生活中达到这种平衡，如果害怕失去自尊，满怀焦虑，那么我们几乎无法完成这项任务。

案　例

杰克一辈子都梦想成为一名作家。他想象着自己坐在打字机前，想象着已经写完的一章章作品，仿佛看到自己的照片登上了《时代》杂志的封面。然而，他自己也不清楚到底要写什么东西，思绪太多，难以表达。然而这并未影响他愉快遐想。他从未想过如何去进修写作。事实上，他什么也没写，只是做着写作的白日梦。他换了一份又一份低薪工作，告诉自己不愿受到束缚，也不愿分心，因为他"真正"的职业是写作。岁月流逝，生活似乎变得越来越空虚。他对动手写作的恐惧与日俱增，因为他现在已经40岁了，他实在觉得自己应该开始写作了。"总有一天我会开始写的，"他心想，"等我准备好了的时候。"看着周围的人，他告诉自己，这些人的生活和我的相比真是太庸俗了。他暗自思忖："他们没有伟大的愿景，没有伟大的梦想。我的志向可比他们的远大多了。"

玛丽是一家广告公司的经理。她的主要职责是市场开发，即发展新客户。她是一个极富同情心的人，非常喜欢帮助身边的人。她很愿意同事们到她的办公室来讨论遇到的各种问题，既有工作上的问题，也有个人问题。她乐意被人戏称为"办公室心理医生"。但是她没有意识到自己把大量时间都花在了职责以外的活动上。当考评结果反映出她的业绩不佳时，她开始焦躁不安。然而她发现很难改变自己的工作模式，"帮助他人"以获得自我满足感已经让她上瘾了。因此，在她有意识设定的工作目标和实际行为之间，她所设定的目标和时间分配就产生了错位。她无意识地选择的目标超越了有意识地选择的目标。由于她没有对自己的行为进行监督，所以直到被解雇，她也没有意识到自己的过失。

马克想做一个称职的父亲。他想教会儿子自我尊重和自我负责。他认为实现这个目标的一个好办法就是教导儿子。然而他没有注意到，他说教得越多，儿子就变得越胆怯，越不自信。当儿子稍显怯懦，马克就会说："不要害怕！"当儿子试图隐藏情感以避免挨骂时，马克又说："说话呀！如果你有话要说，就说出来！"当儿子越来越沉默寡言时，马克又说："一个真正的男人应该参与生活！"马克心里纳闷："这孩子到底怎么回事？他为什么不听我的？"在职场上，如果马克尝试做某件事却劳而无功，他就会另辟蹊径。他不会责怪客户或怨天尤人，而会寻找更有效的做法，并且关注自己行动的效果。然而在家里，当教导、责备和喊叫都不起作用时，他偏要更频繁地、更执拗地做这些事。在这种情况下，他没有想到要追踪观察自己行动的效果。他在专业领域熟知的一切，到了个人领域却被他忘记了：不起作用的事情做得再多也没用。

个人实例

在思考有目的地生活对于人生的意义时,我首先想到的是要承担责任,采取必要的行动来实现目标。有目的地生活与自我负责在很大程度上交叉重叠。

我想起曾经有段时间我想要某个东西,它可以代表我的生活方式有了很大改善,可是我买不起,那样东西需要一大笔开支。连续几年我都处于被动状态,没有去寻找解决方法。后来我突然有了一个想法,虽说这算不上什么新主意,但惊醒了我:如果我不行动起来,什么都不会改变。这使我摆脱了拖延的毛病,虽然我早就隐约意识到了这个问题,但从未正视它。

======
如果我不行动起来,什么都不会改变。
======

我开始构思并实施一个计划,这个计划充满刺激、富有挑战、让人很满意且极具价值。最后,计划带来了额外收益,满足了我的需要。

从理论上讲,好几年前我就应该这么做了。可是,直到我对自己的拖延感到厌烦和恼怒时,直到我决定"未来几周内我一定要找到解决方案"时,直到我把有目的地生活这个认识应用到自身实际时,我才开始采取行动并朝着解决问题的方向前进。当这么做时,我发现自己不仅更快乐了,而且自尊也提升了。

当我把这个故事讲给一个自尊训练团体时,有人问道:"这对你来说当然没什么,但并不是每个人都有机会意识到这些并行动起来。我们该怎么办呢?"我请他谈谈自己的拖延症和未实现的愿望。"如果你有意识地把实现这个愿望当作目标,"我问,"你会怎么做?"经我一番温和鼓励,他开始向我诉说。

还有一个与自律有关的个人实例。

我的妻子德弗斯对人们，尤其是对我，都特别仁慈、慷慨、善良。她在生活中的这方面一直都很有心。虽然我的出发点总体上是好的，但我在上述方面缺少妻子那种自律。我的善良往往像一种冲动，也就是说，有时我会因为自己先入为主的判断而待人不够友善、缺乏同情心，但这并非我本意，而且我自己也没有意识到。

有一天德弗斯对我说了一些话，非常耐人寻味。"你很善良、慷慨，富有同情心。如果你在做一件事情的时候能够停下来多等一等，这些优秀品质就会展现出来。你一直没有学会对善良加以约束。其实善良并不是一种情绪，也无法为你带来便利，而是一种基本的行为方式。它是你身上的一种潜能，如果缺少自觉和自律，它就不会显现，这一点你也许从未考虑过。"

我们不止一次地讨论过这方面的问题。当我把这些讨论与有目的地生活这个原则结合起来时，善良就不仅仅是一种意向，而成了一种有意识的目标。这是我在成长道路上迈出的重要一步。

对于自尊来说，持续且有意识的善良与因冲动而表现出的善良，是截然不同的体验。

句子补全练习以促进有目的地生活

我的来访者认为下面的句子主干有助于加深对上述讨论内容的理解。

有目的地生活对我来说意味着_____。

如果我在今天的生活中增加 5% 的目的性，_____。

如果我在工作中增加 5% 的目的性，_____。

如果我在交流中增加 5% 的目的性，_____。

如果我在工作关系中增加 5% 的目的性，_____。

如果我在婚姻中增加 5% 的目的性，_____。

如果我在与孩子相处时增加 5% 的目的性，_____。

如果我在与朋友们相处时增加 5% 的目的性，_____。

如果我对自己最深层的渴望增加 5% 的目的性，_____。

如果我对满足自己的需求增加 5% 的目的性，_____。

如果我对实现自己的愿望有更强的责任感，_____。

如果我写的内容都是事实，那么我_____（怎么做），就会对我有益。

有目的地生活是一个基本目标，会影响人们生活的方方面面。这意味着我们依据意图生活和行动。这是对生活享有高度把控力的人所具备的显著特征。

有目的地生活的实践是自尊的第五大支柱。

第11章　个人诚信的实践

随着日渐成熟，我们形成了自己的价值观和标准（或吸收他人的价值观和标准），个人诚信问题在自我评价中变得越来越重要。

诚信是指理想、信念、标准和行为的统一。当行为与价值观一致、理想与实践契合时，我们就具备了诚信。

请注意，在提出诚信问题之前，我们需要确定一些行为准则，即关于什么是恰当的、什么是不恰当的道德信念，以及对正确行为和错误行为的判断。如果我们此时仍没有明确的标准，我们的发展水平就显得太低了，甚至别人会指责我们虚伪。在这种情况下，我们面临的问题将非常严峻，不能仅仅用缺乏诚信来形容。大部分人都有着明确的标准和价值观，这时诚信便具有重要意义。

当行为方式与判断准则发生冲突时，我们就会觉得丢脸，就不再那么尊重自己。如果这种情况经常发生，我们对自己的信任就会减少，或者完全不再相信自己。

> **当行为方式与判断准则发生冲突时，我们就会觉得丢脸。**

当然，我们不会放弃实践自我接纳（前文讨论过其基本意义）的权利，如前面章节提到的，自我接纳是改变或改进的先决条件。但自尊必然因违背判断准则而受到伤害。当一种违背诚信的行为伤害自尊时，只有诚信的实践才能治愈它。

在最简单的层面上，个人诚信涉及：我是否诚实、可靠、值得信赖？我遵守诺言吗？我是否会做令自己钦佩的事情？我是否不会做自己认为该谴责的事情？我公平公正地对待他人吗？

有时，我们可能会发现自己在特定情况下陷入不同价值观之间的冲突，其解决方案也扑朔迷离。诚信并不保证我们会做出最佳选择，它只要求我们努力去发现，基于真实性的最佳选择，即保持清醒，贯通知识，唤醒最佳理性思维，为我们的选择及其后果承担责任，不试图逃避现实而陷入混乱思维。

一致性

诚信意味着一致性。言行要一致。

大家知道，我们往往会信任一些人，不信任另一些人。如果要问其中的原因，我们会发现一致性是最基本的因素。我们相信一致性，质疑不一致性。

研究表明，组织机构中有许多人并不信任他们的领导。为什么？因为领导缺乏一致性。他们只许下美丽的诺言却未付诸实践，尊重他人的信条并未体现在行动中，墙上贴的服务客户的标语与日常业务中的实际情况不符，用欺骗的行为嘲弄着人们对诚实美德的宣扬，承诺了公平却偏袒徇私。

然而，在大多数机构中，还是会有一些领导能得到他人信任。为什么？因为他们信守诺言，遵守承诺。他们不只是口头承诺维护员工，更是实实在在履行承诺；他们不只是宣扬公平，更是做到公平；他们不只是提倡诚实和正直，更是身体力行。

我给一些主管领导提供了这样一个句子主干：如果我想让别人认为我值得信赖，_____。他们给出了一些典型的结尾，如"我就必须信守诺言""我就必须公平地对待每个人""我就必须言行一致""我就必须履行承诺""我就必须关照下属，不让他们受领导欺负""我就必须始终如一"。对于任何一个希望得到别人信赖的管理者来说，他们应具备什么品质其实清楚明了。

有些家长得到孩子的信任，也有些家长得不到孩子的信任。为什么？原理同上：是否言行一致。孩子们也许无法明确表达自己所了解的东西，但他们心里都明白。

当我们背弃了自己的标准时

要理解为什么缺少诚信会损害自尊，我们不妨考虑一下缺乏诚信会带来什么后果。如果我的行为违背了别人的而不是我自己的道德价值观，我可能错了，也可能没错，但我不会因为坚持自己的信念而受到指责。然而，如果我的行为违背我自认为正确的理念，并且与我认定的价值观发生冲突，那么我就违背了自己的判断，背叛了自己的思想。从本质上讲，虚伪就是自我否定，是内心的自我排斥。缺乏诚信会动摇我的信心，有损于我对自己的感知。它对我造成的伤害是任何外界的指责或排斥都无法企及的。

如果我教育孩子们诚实守信，却对朋友和邻居撒谎；如果有人不履行对我的承诺，我就愤愤不平，但我对自己向他人许下的诺言漠不关心；如果我一味强调质量，却向顾客推销劣质商品；如果我明知债券将跌，却为了脱手而将其转给信任我的客户；如果我主意已定却还假装在乎员工的意见；如果我投机取巧，盗窃同事的成果；如果我要求大家诚实反馈意见却又惩罚与自己意见相左的员工；如果我在困难时期要求别人做出牺牲却给自己一大笔奖金——总之，我可以遮掩自己的虚伪，可以给出许多合理化解释，但事实仍然是，我对自尊发起了猛烈攻击，这是任何合理化解释都无法消除的。

提升自尊或者降低自尊，如同一个岔口。

最大的一种自我欺骗方式是告诉自己"只有我才知道"。只有我才知道我是一个骗子，只有我才知道我昧着良心地对待那些信任我的人，只有我才知道我无意兑现承诺。言外之意是，我的判断并不重要，重要的是别人的判断。但说到自尊，我更害怕自己的判断，而不是别人的判断。在我内心的法庭上，我的判断才是唯一重要的。自我，即意识中心的"我"，是一位明察秋毫的法官。我可以避开那些了解我的丑事的人，但我无法逃避自己。

我记得几年前读过一篇新闻报道，一位声名显赫的医学研究人员长期以来一直在伪造数据，其间不断地获得研究资助与多项荣誉。即使在造假行为被揭露之前，他这种行为也必然对自尊造成伤害。他故意选择生活在一个虚幻的世界中，在那里他的成就和声望同样都是虚幻的。早在别人知道之前，他其实已心知肚明。这种行骗者生活在别人的错觉中，他们认为别人的错觉比自己对真相的了解更重要，因此行骗者并不具备良好的自尊。

我们面临的诚信问题大多不是大问题，而是小问题，然而我们累积做出的各种选择会影响自我感知。我每周都会为那些因某个特定目的而聚集起来的人举办一次"团体自尊训练"，以增强其自我效能感和自我尊重。有天晚上，我给这个小组写了一个句子主干：如果我在生活中增加5%的诚信，_____。随后大家围坐成一圈，逐一补充句子。

如果我在生活中增加5%的诚信，_____。

以下是大家补全的结尾：

- 当人们做出让我烦恼的事情时，我就会告诉他们。

- 我就不会虚报开支账目。
- 我会如实告诉我丈夫买衣服的花费。
- 我会告诉父母我不相信鬼神。
- 我会承认自己是在调情。
- 我不会去讨好我不喜欢的人。
- 我不会再为那些我认为愚蠢和庸俗的笑话发笑。
- 我会更加努力工作。
- 我会践行承诺,多帮妻子做些家务。
- 我会对正在购物的顾客讲真话。
- 我不会专说别人爱听的话。
- 我不会为了出名而出卖自己的灵魂。
- 当我想说"不"的时候,我会说"不"。
- 我会对自己曾伤害过的人承担责任。
- 我会赔礼道歉。
- 我会信守诺言。
- 我不会假装同意。
- 我生气的时候不会否认自己的愤怒。
- 我会更努力地做到公平,而不是一走了之。
- 当别人帮了我时,我就会承认。
- 当我知道自己做错时,我会向孩子们承认错误。
- 我不会把公家的东西带回家。

大家轻松而迅速的回答说明了这样一个事实:人们试图逃避上述事情的动机无可厚非,这些事情就浅浅地隐藏在意识的表层之下。(我发现句子补全练习非常有用,其中一个原因是它能够跨越大多数障碍和逃避。)许多人的生活悲剧在于,他们大大低估了伤害自尊的代价以及伪善和不诚实守信所带来的后果。他们以为最坏的结果也只是感觉有些别扭,但实际上是精神被玷污了。

> 我们面临的诚信问题大多不是大问题,而是小问题,然而我们累积做出的各种选择会影响自我感知。

处理内疚

无论大小,内疚的本质都是道德上的自责。我本可以做好的事情,却做错了。内疚总是带有选择和责任的含义,无论我们是否已清醒地认识到这一点。因此,我们必须了解什么是能力范围内的事情,什么是符合诚信原则的行为。否则,我们可能忍受着不必有的内疚感。

假如我们所爱的某个人(丈夫、妻子、孩子)在事故中不幸遇难。我们可能会告诉自己"不管怎样,我本该阻止这件事发生的",即使我们知道这种想法荒谬无稽。也许在某种程度上,这种内疚感可能源于在死者生前我们对他做了或未做的事。在那些看起来毫无征兆的意外死亡案例中,例如某人被粗心的司机撞死,或死于一个小手术,活着的人可能会体验到一种无法忍受的失控感,一种任由无常摆布的感觉。那么自责或内疚便可以帮他们减轻痛苦,减少无能感。他会觉得:"如果我当初这样或那样做了,这场可怕的事故就不会发生了。"因此,"内疚"可以提供一种效能错觉来满足个体对效能的渴望。孩子因父母的过错而自责,也是同理。("如果我不这么差劲,爸爸就不会打妈妈了""如果我不这么坏,妈妈就不会喝醉酒点火烧房子了"。)这个问题在《尊重自我》一书中已有探讨。

保护自尊需要清楚地认识个人责任的范围。没有权力就没有责任,没有责任就没有合理的自责。我们可以后悔,但不要内疚。

从本质上说,原罪观念(即人不可能无罪、不应有选择自由、不该有选择余地)是反自尊的。认为毫无选择能力或责任的个体有罪,本身就是对理性和道德的攻击。

> **从本质上说，原罪观念是反自尊的。**

让我们仔细思考，什么是内疚感，并且如何消除自己责任范围内的内疚感。一般来说，一个人违背了诚信，若想再重建诚信感，须遵循以下五个步骤。

1）我们必须承认是自己采取了具体行动。我们必须面对并接纳自己行为的全部事实，而不能否认或逃避。我们要承认事实，接纳事实，承担责任。

2）我们要设法弄明白当初自己为什么那样做，带着同情心（正如在自我接纳实践中所讨论的那样），但不要给自己找借口。

3）如果涉及他人（常常如此），我们就要明确地向相关的人承认我们所造成的伤害，承认我们已认识到自己的行为所带来的后果，承认自己造成的影响，并告诉对方我们理解他们的感受。

4）我们要尽一切可能，采取实际行动来补偿对方或减少伤害。

5）我们要切实承诺今后将改变自己的行为。

如果做不到上述几点，我们可能会继续为过去的错误行为感到内疚，即使是多年以前发生的事，即使我们的心理医生告诉我们每个人都会犯错，即使受害者也许原谅了我们，但是这些都不能彻底解决问题，我们的自尊感仍然无法恢复。

有时我们试图弥补过失，却从不承认或面对自己所做的一切；有时我们不停地说"对不起"；有时我们对受害者特别友善，却并未坦承并改正错误；有时我们可以采取一些具体行动来弥补我们造成的伤害。当然，有时我们无法挽回，那么就必须接受事实并与之和平相处。我们无法做到自己能力之外的事，但是如果我们没能尽应尽之力，内疚感就会压在心头，挥之不去。

如果内疚由缺少诚信造成，那么只有诚信的行为才能弥补过错。

如果我们的价值观不合理呢

虽然在常识层面上，我们很容易认识到自尊和诚信之间的关系，但达到我们的标准却并非易事。如果我们的标准不合理甚至是错误的呢？

我们也许会接受或采纳有损自己本性和需求的价值准则。如果给孩子们灌输这些准则，那么他们在生活中践行"诚信"将意味着什么？某些"虚伪"的核心概念也许会成为他们赖以生存的全部。

======

一旦我们发现，遵守自己的标准似乎会让我们走向自我毁灭，那么就应反思这些标准。

======

一旦我们发现，遵守自己的标准似乎会让我们走向自我毁灭，那么就应反思这些标准，而不是简单地放任自己缺乏诚信地生活。我们必须鼓起勇气，挑战内心深处的假设，那些我们一直被教导要视之为善的假设。做下列句子补全练习也许就需要足够的勇气，这是我在心理治疗时常用的练习。任何一个心理医生，只要愿意尝试这种练习，就会发现下面补全的句子结尾非常典型。

一想到要违背父母的价值观，_____。
- 我就感到害怕。
- 我就感到迷茫。
- 我就会感觉自己是个弃儿。
- 我就再也不属于这个家庭。
- 我就感到孤单。
- 我就得独立思考。
- 我就必须依靠自己的头脑。
- 我该怎么办？
- 我就会失去父母的爱。

- 我就必须长大。

如果我要独立思考自己想要践行的价值观，_____。

- 妈妈就会伤心。
- 我就会获得自由。
- 我就不得不告诉父母，我认为他们在很多事情上都是错的。
- 这就是成年人要做的事吗？
- 我就要有很大的勇气。
- 这难道不是狂妄自大吗？
- 我将不得不自食其力。
- 我就不再是爸爸的小女孩了。

人们对于在日常生活中践行诚信可能感到困惑和冲突，以下是一些例子。

　　某些政府机构的雇员对同事和上级之间的官僚腐败感到震惊，他们觉得自己陷入了矛盾：一方面是爱国主义和好公民的意识观念，另一方面是个人良知的要求。

　　某些妻子认为传统的女性为男性服务的观念是一种可能使女性彻底失去自我的道德观，但她们却不得不履行自己在家庭中的职责。

　　某些年轻人在是否服兵役的两难境地中苦苦挣扎。

　　某些年轻人背弃了父母的价值观，却不知该以什么样的美好愿景继续生活。

从这些矛盾冲突中我们看到，诸如有意识地生活、自我负责之类的实践，对诚信而言是多么重要。我们不能在智识的真空中实践诚信。

要解决上述冲突，或者无数类似的冲突，人们必须重新（也可能是第一次）审视最深层的价值观、承诺及优先事项，并愿意在必要时挑战权威。

有意识地生活和诚信有着明显的共同点，二者都需要反思外界灌输的价值观、家庭或文化的共同假设以及个体的社会角色，还需要审视它们是否符合个人看法和理解，是否损害了个体内心最深层、最优秀的品质，也就是"本性"。在我看来，女权运动最具积极意义的一个方面，就是坚持让女性独立思考自己是谁、想要什么（而不是别人想要她们争取什么）。和女性一样，男性也应具有这种独立思考的精神。无论对男性还是对女性来说，无意识地生活的一种惩罚是，为了自我麻醉而忍受单调乏味的一生，但当事人从未有意识地审视或选择过这样的生活。

=====

女权运动最具积极意义的一个方面，就是坚持让女性独立思考自己是谁、想要什么。和女性一样，男性也应具有这种独立思考的精神。

=====

意识水平越高，我们就越能依据明确的选择来生活，诚信也会随之产生。

追随自己的幸福

曾经，我在讲座中讨论道德决策的复杂性时，有人问我对约瑟夫·坎贝尔（Joseph Campbell）提出的"追随自己的幸福"有何看法，问我是否相信这种提法合乎道德。我回答说，虽然我喜欢坎贝尔的基本意图，但如果脱离理性的背景，他的说法则是很危险的。如果必须将自己的道德观浓缩成一句话，我会这样说："有意识地生活，为自己的选择和行为承担责任，尊重他人的权利，追随自己的幸福。"我又补充了一条我喜欢的西班牙谚语作为道德忠告，"上天说'拿走你想要的，但须付出代价'"。尽管这些说法有时可能非常有益，但我们也不能简单地基于这些说法就做出复杂的道德决策。合乎道德的生活需要严肃的反思。

案　例

菲利普是一位著名演员的密友。每当他的演员朋友给他打电话（有时是半夜），连续几个小时跟他谈论个人和工作上的糟心事，他都会认真地倾听。菲利普的自我价值感从这位名人所分享的隐私中得到滋养。当与其他朋友相处时，菲利普常常忍不住发表一些言论来强调他与这位演员朋友之间的密切关系。"我知道有成千上万的女人倾慕他，但你真想不到他是多么没有安全感。他总是问'她们想要的是我，还是我的名声'。""他有一种冒名行骗的感觉。这是不是很可悲？他真是一个好人。""他有时很难保持勃起，当然这一点要保密。"菲利普坚称自己爱他的朋友，对朋友绝对忠诚。然而因为渴望在其他朋友眼中拥有较高的地位，他无数次地出卖了自己的好友。那么凌晨三点钟的时候他会对自己说些什么呢？他是否注意到每一次背叛都会降低他的自尊水平而不是相反呢？他有没有在背叛和自尊之间建立起联系呢？

　　萨莉是一个读书俱乐部的会员，积极参加俱乐部每月一次的读书见面会。她对知识的渴求得到了大家的支持。俱乐部主席是一位富有魅力、知识渊博的女士，大家都很敬佩她。大多数女会员都因自己的文学评论被她分享给其他会员而感到骄傲，想要得到她的表扬，因为这会增强她们的个人价值感。有一天，这位女主席和俱乐部的一个成员发生了争执，而这个成员是萨莉多年的好朋友。谁也不知道她们为什么争论。女主席不愿细述争论内容，只是轻描淡写地带过，但她设法让大家都知道这个已经退出俱乐部的人是个不受欢迎的人。现在谁也不愿意让别人知道自己在和这个不受欢迎的人说话。当这个女人打电话给萨莉，急切地想要讨论她对这场争论的看法时，萨莉找了个借口回绝了。她担心如果自己听到朋友的申诉并为之所动，她就会卷入一场可怕的冲突。她不想打破与其他朋友或女主席的现有关系状态，所以她没回朋友的电话。同时，她在心里开始对这位朋友越来越挑剔。很快，她公开表达了对朋友的诸多不满，而之前她从未说过。她因此得到的回报是女主席脸上赞许的微笑，以及随后日渐加深的关系。她意识到了回报，却没意识到为此付出的代价：自尊严重受损。

在欧文的电子产品公司遭受国外竞争对手威胁之前，他一直是自由贸易的倡导者。他鄙视那些寻求政府援助以获取特权、优惠等各种保护的商人。"那不是真正的资本主义。"他说道。他说得对。但是现在，他很害怕，他知道自己的产品不如国外竞争对手的好，对方不断地将创新产品引入市场。他聘请了一家公关公司帮他撰写演讲稿，支持政府限制进口，因为进口产品对他构成了威胁。他雇用了华盛顿的一家公司进行立法游说以保护他的利益。当同事们试图指出，那些受保护的都是长期处于弱势的企业时，他置之不理。他不愿去想这些，同事们对这个问题的看法也让他很恼火。他断言"这是不同的"，但并不解释如何不同或以何种方式不同。当别人告诉他人们理应有用金钱购买最佳产品的自由时，他理直气壮又答非所问地说："资本主义必须兼顾共同利益。"当有人质疑他为何也购买优于国产商品的进口商品时，他答道："难道我没有权利花钱买最好的东西吗？"当他受邀到母校参加毕业典礼发表演说时，他选择的主题是"诚信地生活"。

个人实例

我曾说过，做出道德抉择并不容易。有时候，无论是对是错，我们的选择都极其复杂和困难。

许多年前，一个女人深深地吸引了我，我和她结了婚，却不爱她；同时我和安·兰德的浪漫爱情也正在降温，但尚未"正式"结束。在这两段令人痛苦的感情都还没有结束时，我又遇到了第三个女人并疯狂地爱上了她。这个女人叫帕特西娅，后来成了我的妻子，但她在37岁时去世了。在很长一段时间里，相互冲突的婚姻忠诚观搅得我脑子一片混乱，事情也处理得非常糟糕。我没有把真相及时告诉我的妻子或安·兰德，更别说解释原因了。"原因"不能改变事实。

=====
谎言行不通。
=====

这是一条漫长的道路，在路的尽头，我在痛苦中明白了一开始就知道的道理：必须说出真相，而拖延只会给每个人造成更大的伤害。我没能保护好任何人，尤其是我自己。我的初衷是不让我在乎的人受伤，而实际上我给她们造成的痛苦比其他情况下她们经受的还要多。如果当初尽力避免两性关系上的价值观和忠诚之间产生冲突是为了保护我的自尊，那么我损害的恰恰是我的自尊。谎言是行不通的。

补全句子以促进诚信的实践

如果审视自己的生活，我们就可能发现，在践行诚信上，有些领域我们践行得多，有些领域我们践行得少。我们与其回避这一事实，不如去探索它。是什么阻碍了我们在生活的各个方面践行诚信？如果我们坚持自己的价值观，会发生什么？

以下是一些有助于探索过程的句子主干：

诚信对我来说意味着_____。
如果我考虑到那些难以完全践行诚信的领域，_____。
如果我对那些难以完全践行诚信的领域增强意识，_____。
如果我在生活中增加 5% 的诚信，_____。
如果我在工作中增加 5% 的诚信，_____。
如果我在人际关系中增加 5% 的诚信，_____。
如果我忠于自己坚信其正确性的价值观，_____。

如果我拒绝按照自己反对的价值观生活，_____。

如果我把自尊放在第一位，_____。

第一周完成前四个句子主干，第二周完成后四个句子主干。周末补全以下句子主干：如果我写的内容都是事实，那么我_____（怎么做），就会对我有益。如果你高度重视自己填写的内容，你就会发现更诚信地生活确实可以实现。

应用实例

"你觉得我虚报开支的行为真的很糟糕吗？"一个来访者问我，"每个人都是这么做的。"

"我想，"我对他说，"在这个问题上肯定有什么事让你心烦意乱，否则你不会提起这件事。"

"我一直在做这些句子补全练习，其中一个是'如果我在生活中增加5%的诚信'，那天我在报销单上填写虚报项目时，不知道怎么回事，我突然感觉不舒服，感觉有什么不对。"

"那是撒谎让你感觉不好。"我说。

"是的，所以我如实填写了报销单，后来我又想我是不是个笨蛋。"

"你是在想，别人都不在乎自己的诚信，我为何要那么在意自己诚信与否呢？"

"见鬼，不是的，如果我当时那样想的话，我就——"他突然停住了，若有所思地望着天空。

"怎么了？"

"你刚才说的确实是事实。"

"如果是这样，那么随后产生的问题自然是，你是否要对自己认为可接纳的行为进行判断。"

"但我认为谎报开支是不对的！"他有些不知所措地说。

"那么，问题出在哪儿呢？"

"当我做了一件自认为错误的事情时，你知道，它会留下一种不好的感觉。"

"我想知道你之后会怎么做。"

"当选择诚信时，我感觉自己更干净了。"

"所以你是说，从自尊的角度来讲，诚信是上策？"

"应该是这样的。"

"我认为这是一个相当重要的发现。"

在复杂的世界里做到诚信

在一个重视对自我行为负责的世界里，践行诚信相对来说比较容易，而在一个人人都缺少责任感的世界里，情况则不然。一种负责任的文化往往有利于我们的道德追求。

> 今天人们所面临的一个巨大挑战，就是要在感觉生活于道德的阴沟里的同时，仍保持高度的个人道德标准。

如果我们生活在这样一个社会——商业伙伴、企业领导、宗教领袖等都坚持高度的道德标准，那么一个普通人要践行诚信相对来说比较容易。在一个以玩世不恭、缺乏道德为常态的社会中，践行诚信则比较困难。在后一种社会中，个人很可能会觉得追求个人诚信是徒劳的、不切实际的，除非这个人特别独立自主。

今天人们所面临的一个巨大挑战，就是要在感觉生活于道德的阴沟里的同时，仍保持高度的个人道德标准。复杂环境中的黑暗面会衬托出个人诚信的孤独和英勇。

如果诚信是自尊的一个来源，那么它也是自尊的一种表现，尤其是在如此多元化的今天。

互为因果原则

事实上，这引出了一个重要的问题。关于自尊的六大支柱，人们可能会问："要实践它们，难道不是人们先拥有自尊吗？它们怎么能成为自尊的基础呢？"

要回答这个问题，我必须介绍一下互为因果原则。我的意思是，带来良好自尊的行为本身也是良好自尊的表现。有意识地生活既是自我效能感和自我尊重的来源，也是其结果。自我接纳、自我负责等实践也是如此。

我越能有意识地生活，就越相信自己的心智，越尊重自己的价值；如果我相信自己的心智，尊重自己的价值，那么有意识地生活就水到渠成。我越是诚信地生活，就越能享有良好的自尊；如果我享有良好的自尊，就会感觉诚信地生活非常自然。

这种相互作用的机制还有一个方面值得注意：随着时间推移，践行这些美德往往会让人产生对它们的需求。如果我习惯性地在较高的意识水平下行事，那么我意识中存在的混沌和迷雾就会让我感觉不适，我时常感觉想要驱散黑暗。如果我还要践行自我负责，那么被动性和依赖性将成为令我头痛的问题。想要重新掌控自我存在感的压力重重，只有通过独立自主才可能实现。如果我始终坚持诚信，那么我的不诚实行为就会令我不安，驱使着我去消除这种失调感，从而恢复内心在道德感上的宁静。

一旦理解了我所说的这六大实践，我们就有力量（至少在某种程度上）选择它们。这一力量正是提高我们自尊水平的力量，无论我们从哪里开始，无论问题在早期阶段有多么棘手，我们都可以进行实践。

把这比作锻炼身体也许很贴切。如果我们的身体状况很差，运动通常比较困难；随着身体状况得到改善，运动就会变得更容易、更令人愉悦。我们从自身实际出发，增强自我力量。提升自尊也是同理。

这些实践是指导性的理念。毫不夸张地说，我们不必为了对自己的生活产生有益影响而时时刻刻完美地进行这些实践。小小的改进也会产生令人意想不到的变化。

经过对这一系列自尊实践的反思,读者可能会觉得这些实践听起来很像一种道德准则,至少是其中的一部分。确实如此。自尊要求我们具备的美德,也是生活对我们的要求。

个人诚信的实践是自尊的第六大支柱。

第 12 章　自尊的哲学

当自尊的六种实践融入我们的日常生活时，自尊就得到了支持和增强。否则，自尊就会被削弱和破坏。这是到目前为止第二部分的中心论题。一个人的信念和思想对自尊有影响吗？

答案是，信念也很重要，因为情绪和行为（实践）出自信念。信念是个人自尊发展的关键因素。人们思考什么，相信什么，和自己说些什么，这些都会影响他们的感受和行为。反过来，人们对自己的感觉和行为的体验对于自我认知也具有深刻意义。

第二部分开篇一章题为"关注行动"。行动决定一切，没有行动就无法实现或持续感受到生活的价值。真空中的信念、脱离行动的信念，都毫无意义。但是，既然信念确实影响行动，我们就需要认真审视信念的本质。

有些信念会导向我所阐述的自尊实践，也有一些信念使人们远离实践。此处我所说的"信念"，是指那些深深扎根于我们内心的信念，而不是那些嘴上说说而已的观念,也不是那些自我鼓励的话。所谓信念,是那些令人振奋并能够激励和指导我们行为的信念。

我们并非总能充分意识到自我信念的存在。它们可能并不是以显性命题的形式存在于我们头脑中的。它们可能隐含在我们的思维中,我们很少甚至完全没有意识到它们的存在。然而,它们确实是我们行动的背后推手。

我们可以把这些信念理解为"自尊的哲学",一套体系化的前提观念,它能让人行动,让人产生强烈的效能感和价值感。我们也可以从中看到驱使我撰写此书的基本信念体系的大致轮廓。

我将影响自尊的信念分为两类:关于自我的信念和关于现实的信念。在每一类中,信念与自尊的相关性都是显而易见的。

关于支持自尊的自我信念

总体信念
- 我有生存的权利。
- 我对自己来说极为重要。
- 我有权尊重自己的需求和愿望,有权认真地对待它们。
- 我活在世上不是为了满足别人的期望,我的生命属于我自己。(他人也是如此,每个人都是自己生命的主人;别人活着也不是为了满足我的期望。)
- 我不把自己当作别人的财产,也不把别人当作我的财产。
- 我是可爱的。
- 我是可敬的。
- 我爱并尊重他人,也会得到他人的爱和尊重。
- 我应公平公正地对待他人,他人也应公平公正地对待我。
- 我应该被他人以礼相待,受人尊重。
- 如果他人以不礼貌或不尊重的态度待我,那是对他们自身的反映,而不是对我的反映。如果我接受他人对待我的方式,那才是对我自身的一种反映。

- 如果我喜欢的人没有给予我情感回应，也许我会因此感到失望甚至痛苦，但它不是对我个人价值的反映。
- 其他任何个体或群体都不能决定我如何思考，如何感受自己。
- 我相信我的心智。
- 明白我所见，了解我所知。
- 了解真相对我更加有益，而不是以否认事实为代价来保证自己"正确"。
- 如果坚持下去，我就能明白需要理解的事。

======

其他任何个体或群体都不能决定我如何思考，如何感受自己。

======

- 如果我的目标符合实际情况，并且我坚持不懈，那么我就有能力实现目标。
- 我有能力应对生活中的基本挑战。
- 我值得拥有幸福。
- 我"足够好"。（这并不意味着我没有更多学习和进步的空间，而是意味着我有基本的自我接纳的权利，正如前文所述。）
- 我能从失败中振作起来。
- 我有权犯错，这是我学习的方式之一。犯错并不意味着我必须自责。
- 我不会牺牲自己的判断力，也不会为了博取他人的好感或认可而假装自己的信念与众不同。
- 重要的不是他人的想法，而是我知道什么。对我来说，我所知道的比错误地相信别人的想法更重要。
- 任何人都无权将我不接受的思想和价值观强加于我，我也无权将我的思想和价值观强加于他人。
- 如果我的目标是合理的，我就应该靠自己的努力取得成功。

- 对我而言，幸福和成功就像健康一样是自然状态，而不是一时偏离事物发展规律的状态；同理，生病和灾难才是反常之事。
- 自我发展与自我实现是恰当的道德目标。
- 我的幸福与自我实现是崇高的目标。

有意识地生活
- 我越能清晰地认识自己的兴趣、价值观、需求和目标，我的生活就会越好。
- 锻炼我的心智是一种快乐。
- 纠正错误比假装错误不存在更有益。
- 有意识地而不是无意识地坚持自己的价值观，也就是说，要审视价值观而不是不加批判地将其视为不容置疑的"公理"，对自己更有益。
- 我需要警惕逃避不愉快事实的诱惑；我需要控制自己逃避事实的冲动，而不是被冲动支配。
- 如果能理解生活和行动的来龙去脉，我行事的效率将会更高；我所处的环境和广阔世界值得我花时间去了解。
- 为了保持高效，我需要不断拓展知识；学习应该成为一种生活方式。
- 我越了解自己，就越能创造更好的生活。自我反省是对自己满意的必要条件。

自我接纳
- 从最根本的层面上说，我为自己而活，我接纳自己。
- 我接纳自己的想法，即使不赞同这些想法或不愿依它们行事，我也不会否认或拒绝它们。
- 我可以接纳自己的感觉和情绪，而不必喜欢、赞同它们或被它们控制；我不会否认或拒绝它们。
- 我可以接纳我做过的事，即使感到后悔或自责，我也不会否认自己的行为。

- 我接纳自己的想法、感觉或行为,这是一种自我表达,至少在事情发生的那一刻如此。我不受任何我无法认可的想法、感情或行为所束缚,但我也不逃避它们存在的现实或假装它们不属于我。
- 我接纳自己有很多问题的事实,但不会被这些问题所束缚。这些问题并不是我的本质。我的恐惧、痛苦、困惑或错误都不是我的核心。

======
从最根本的层面上说,我为自己而活。
======

自我负责

- 我为自己的存在负责。
- 我为实现自己的愿望负责。
- 我为自己的选择和行为负责。
- 我为自己在工作等活动中的意识水平负责。
- 我为自己在人际关系中的意识水平负责。
- 我为自己与他人相处的行为负责,比如同事、合伙人、客户、配偶、子女、朋友等。
- 我为自己对时间的分配负责。
- 我为自己与他人的沟通质量负责。
- 我为自己的个人幸福负责。
- 我为自己选择或接受的人生价值观负责。
- 我为提升自己的自尊负责,任何人都不能给予我自尊。
- 从终极意义上说,我接纳我的孤独。也就是说,我接受这样的事实:没有人来纠正我的生活,没有人能拯救我,没有人能补救我的童年,没有人能把我从自己的选择和行为的后果中拯救出来。在具体的问题上,人们也许能帮助我,但是没有人能为我的存在承担最基本的责任。就像没有人能代替我呼吸一样,没有人能替我生活，比如获得自我效能感和自尊。
- 对自我负责的需求是自然的，我不认为这是一种不幸。

自我肯定
- 一般来说，我可以适当地表达自己的思想、信念和情感，除非在某种场合下我觉得不说为好。
- 我有权在适当的场合以适当的方式表达自己。
- 我有权捍卫自己的信念。
- 我有权将自己的价值观和感受当作重要的事情来对待。
- 让别人认识并了解我，这符合我的利益。

有目的地生活
- 只有我才能为自己选择合适的生活目标，没有人能恰如其分地设计我的生活。
- 如果我要取得成功，就需要学习如何实现自己的目标。我需要制订并实施行动计划。
- 如果我要取得成功，就需要关注自己行动的结果。
- 为了自己的利益，我要对现实进行高度核查，也就是要寻找与我的信念、行动和目标相关的信息与反馈。
- 我不把实践自律当作一种"牺牲"，而是视之为愿望实现的自然前提。

个人诚信
- 我应该言行一致。
- 我应该信守诺言。
- 我应该履行自己的承诺。
- 我应该公平、公正、仁慈、富有同情心地对待他人。
- 我应该努力保持道德上的一致性。

═══

我不会为了眼前的利益而背弃宝贵的自尊。

═══

- 我应该努力使自己的生活反映自己内心的美好愿景。
- 我不会为了眼前的利益而背弃宝贵的自尊。

支持自尊的现实信念

- 是即是，事实即事实。
- 视而不见并不能使假成真，也不能把真变假。
- 尊重我所了解到的事实比无视事实更能产生令人满意的结果。
- 生存和幸福取决于适当的意识锻炼。不愿为意识负责的人难以适应生活。
- 从原则上讲，意识是可靠的，知识是可得的，现实是可知的。
- 鼓励并支持个人生活和成就的价值观胜过危害或威胁它们的价值观。
- 人本身就是目的，而不是他人达成目的的手段，事实本应如此。人不是财产。
- 人们有权自愿选择加入社会组织。
- 我们不应为他人牺牲自我，也不应为自我而牺牲他人；我们应该抛弃把牺牲作为道德理想的想法。
- 建立在价值交换基础上的人际关系胜过建立在相互牺牲基础上的人际关系。
- 一个人人都为自己的选择和行动负责的世界，要比一个人人否认责任的世界更加美好。
- 拒绝承担个人责任不利于任何人的自尊发展，尤其对当事人无益。
- 经理性理解的道德便具有实用性。

评 论

对于上面所谈到的任何一个观点，如果我们仅仅表示同意，还不能说明它已融入我们的信念体系。如前所述，只有我们经过深层次的体验，认为这些观点正确真实并且在行为上表现出来，这些观点才能被称为我们的信念。

这个信念清单并不是详尽无遗的，也许还有其他因素也同样影响着健康自尊的发展。我所列举的是那些我认为明显支持这六种实践的因素。在真实体验的过程中，它们往往会让人们产生自我意识、自我接纳、自我负责、自我肯定、有目的地生活以及诚信正直等美德。

我认为这些信念显然是合理的，而不是武断的"假设"。但是我不打算在此为每一种假设进行严格的辩护，因此我只是想说，对于支持心理健康的行动来说，信念是非常强大的动力。从六大支柱的角度看，它们显然有实际功效。它们具有适应性，是自尊的动力。

价值标准

正如六大支柱为我们研究信念提供了参考框架一样，它们也为思考以下问题提供了一个标准：育儿实践、教育实践、组织政策、不同文化的价值体系以及心理医生的诊疗活动。在每种情况下我们都可以问问自己："这种实践、政策、价值观或教育是支持、鼓励自尊的六大支柱，还是阻碍、破坏自尊的六大支柱？它更有可能增强自尊还是削弱自尊？"

我并不是说自尊是评判问题的唯一标准。但是，如果培养自尊是我们的目的，那么我们就应该知道，自尊很可能会受到不同政策和言论的影响。

我们前面讨论的实践和信念涉及影响自尊的"内在"因素，也就是说，它们存在或产生于个体内部。接下来我们将讨论"外部"因素，即源自外部环境的因素。

他人的作用和贡献是什么？父母、老师、经理、心理医生，以及人们所处的文化对个体有什么潜在的影响？这些问题我将在第三部分中详细论述。

THE SIX PILLARS OF SELF-ESTEEM

第三部分

外部影响：自我与他人

第13章　培养孩子的自尊

父母培养孩子的正确目的是为孩子成年后独立生存做好准备。婴儿一开始就完全依赖父母。如果成功把孩子养育成人，成年后的子女会摆脱原来的依赖状态而发展为一个自我尊重、自我负责的人，能够有力且热情地应对生活的挑战。他就可以"自足自立"，不仅在经济上，而且在心智上。

新生儿还不具备个人身份感，也没有个体化的意识，至少不像我们成年人有这样的意识体验。发展进化为自我是人类的首要任务，也是人类面临的主要挑战。成功地成为自己并非囊中之物，在这一进化过程中，我们的发展随时都可能中断、受挫、受阻或偏离轨道，我们可能会因此支离破碎、日渐分裂、疏离，被困在某个层面上，难以达到心智或情感的成熟。不难看出，大多数人都被困在这条发展道路的某个地方。正如我在《尊重自我》一书中所讨论的，成熟过程的核心就是逐步提高自主性。

有一句古训说得好：成功的父母教育包括两个步骤，首先给孩子根基以助其成长，然后给孩子翅膀让他飞翔。也就是说，要为孩子营建坚实稳固的安全基础，以及有朝一日离它而去的自信。孩子不是在真空中长大的，而是在社会环境中成长的。事实上，只有通过与他人接触，他们才能逐渐展现出个体化和自主性。在最初的人际接触中，孩子可以体验到促进自我形成的安全与保障，也可以体验到自我尚未完全形成就被打破的恐惧与不安。在随后的各种人际接触中，孩子会体验到被接受和尊重，也可以体验到被拒绝和贬低。孩子可以体验到保护和自由之间的适度平衡，或者体验到两种极端情况：①过度保护以致影响孩子自我的发展；②保护不足，过早要求孩子展现尚不存在的自我。随着时间的推移，这样的经历，以及下文将要讨论的其他经历，会对孩子发展自我及自尊产生重大影响。

======
发展进化为自我是人类的首要任务，也是人类面临的主要挑战。成功地成为自己并非囊中之物。
======

自尊的前提

心理学家在自尊方面所做的最有成效的研究工作都是在亲子关系方面的。斯坦利·库珀史密斯的里程碑式研究著作《自尊的前因》就是一个典型的例子。他的目标是找出家长的哪些行为能让孩子在成长过程中表现出健康的自尊。我想提炼出他报告的精髓，作为随后讨论的序幕。

库珀史密斯发现，家庭财富、受教育程度、居住区域、社会阶层、父亲的职业或母亲是否赋闲在家等因素与孩子的成长并无显著关联。他发现，孩子与生活中重要成年人之间关系的好坏对其成长具有重要意义。

具体地说，他发现有五种情况与孩子的高自尊有关：

1）孩子会体验到他人对自己的思想、情感和个人价值的完全接纳。

2）孩子在一个有明确界限和限制的环境中生活，这些限制是公平、非压迫性且可协商的。孩子没有无限的"自由"。因此，孩子体验到安全感，而且外界有明确的依据来评估儿童的行为。此外，这些限制通常包含较高的标准以及对孩子能够达到这些标准的信心，这样孩子就会按标准行事。

3）孩子会感受到自己的尊严受到他人尊重。父母不使用暴力、羞辱或嘲笑来控制和操纵孩子，不管父母是否在具体事项上同意孩子，父母都会认真对待孩子的需求和愿望。父母愿意在精心划定的范围内协商家庭规则。换言之，这种家庭环境体现的是权威而不是独裁主义。

作为这种整体态度的体现，父母不太倾向于采取惩罚性的管教方法（而且往往也不太需要），而是倾向于奖励并强化孩子的积极行为。父母关注的是对孩子的期望，而不是对孩子的否定，关注的是积极的方面，而不是消极的方面。

父母对孩子、对他的社交生活和学业都表现出兴趣，而且当孩子需要并愿意讨论时，父母都非常乐于同孩子交流。

4）父母对孩子的行为和表现坚持高标准和高期望。他们的态度不是"随便怎样都行"，而是对孩子怀有道德和行为上的期望，并表现出尊重、仁慈、宽容的态度，要求孩子尽其所能做到最好。

5）父母本身往往具有高自尊。他们是自我效能感和自我尊重的楷模，是孩子活生生的学习榜样。在详细解释了其研究可能揭示的自尊成因后，库珀史密斯接着说："我们应当注意，高自尊孩子的父母的行为模式和态度实际上并不完全相同。"

最后这一观察结果强调了我们的认识，即父母的行为本身并不能完全决定孩子的心理发展历程。有时候孩子生命中最重要的影响因素来自教师、祖父母或邻居，除此之外，外部因素只是起到部分作用而不能决定一切，这一点我曾反复强调。我们是原因，是行动者，而不是仅能接受结果的人。作为人，我们的意识具有主动性，从童年开始贯穿于我们的一生，我们所做的选择对我们成为什么样的人以及达到怎样的自尊水平都会产生影响。

说父母会使孩子较容易或更难以培养健康的自尊，其实就是说父母会促进或阻碍一个年轻人学习自尊的六大支柱，并使之成为其生活中自然的、不可分割的一部分。这六大支柱为评估父母的育儿方案提供了一个标准：这些方案是鼓励还是阻碍自我意识、自我接纳、自我负责、自我肯定、有目的地生活或诚实正直？这些方案是提高了还是降低了孩子学习支持自尊的行为的可能性？

基本的安全与保障

孩子的生命始于完全依赖父母的状态，他们对父母的最基本需求是安全和保障。这包括满足孩子的生理需要，使他们免受各种因素的影响，以及在各方面给予基本的照顾。这就需要创造一个环境，让孩子感觉得到了父母养育，感觉到安全。

在这样的环境下，孩子逐渐与成年人分离并开始形成自己的个性，随后开始萌发思想并渐渐学会相信自己的思想，再后来发展为拥有独立思想、充满自信的人。

要让孩子学会信任他人、对美好生活充满信心，那么事实上基本的安全与保障就是基础。

当然，对安全感的需求并不局限于婴幼儿时期。在青春期，自我仍处在形成阶段，混乱、焦虑的家庭环境会在青少年正常发展的道路上设置重重障碍。

在对成年人的研究中我常常发现，因儿童时期的需求未能得到满足而造成某种形式的创伤会对孩子的发展产生长期影响。比如，一个孩子反复受到成年人恐吓。某些来访者表现出的恐惧或焦虑似乎可以追溯到他们生命的最初几个月，并已侵入其心灵的最深处。这类来访者的特点不仅在于他们有强烈的焦虑，或者说他们的焦虑无处不在，而且在于这样一个事实：他们感觉经历焦虑的那个人不是成年人，而是成年人身体里的一个孩子甚至是婴儿，或者更准确地说，是成年人心理中的一个孩子。这些来访者声称，他们从记事起就已经产生了根本性的恐惧感。

有一种可能是他们出生时便受到创伤，除此之外还有两个因素需要考虑。第一是他们所处的客观环境以及在儿童时期所受到的待遇。第二是他们具有易感焦虑的先天特质：某些人的临界值明显低于他人，对一个孩子来说并非创伤的东西，对于另外一个孩子来说就成了创伤。

这种恐惧也可能源于一个常常体罚孩子的父亲，一个喜怒无常、难以捉摸、情绪失常的母亲，一个面目狰狞的家庭成员，他们阴沉的脸色往往使人联想到各种酷刑折磨——一种无法逃脱的恐惧让孩子陷入难以忍受的无助感。

======

一个孩子越是感到恐惧，越早经历恐惧，就越难建立强大而健康的自我意识。

======

索尼娅是一位38岁的护士，在我们谈话时如果我不经意地提高嗓门，尤其在移动椅子时，她会不由自主地退缩。她说，自己最早的记忆是父母天天争吵不休，全然不顾她躺在婴儿床里啼哭。她感觉这个世界是一个充满敌意和危险的地方，这种感觉几乎充斥了她的每个细胞。她所做的几乎所有的选择和行动都是出于恐惧，这对她的自尊产生了负面影响。我猜想，她自降生于世便有一种比常人更容易感受到焦虑的性格，而她的父母缺乏理性的行为使这种情况进一步恶化。

埃德加是一位34岁的哲学教授，他说自己最早的记忆是被罚站在床上，而他的父亲，社区里一位杰出而受人尊敬的医生，用皮带狠狠地抽打他。"我拼命哭喊也无法让他停下来。他就像疯了一样，能杀死我，而我却无能为力。这种感觉从未离开过我。我现在已经34岁了，但仍然觉得面对任何危险我都无法保护自己。我害怕，我一直很害怕。我无法想象没有恐惧我会是什么样子。"

一个孩子越是感到恐惧，越早经历恐惧，就越难建立强大而健康的自我意识。要在无所不在的无助感（创伤性无助）的基础上学习自尊的六大支柱，无疑是非常困难的。与这种破坏性的感觉相反，良好的养育方式旨在保护孩子。

用抚摸养育孩子

今天我们知道，抚摸对孩子的健康成长至关重要。没有它，即使其他需要得到满足，孩子也会死亡。

通过抚摸，我们发出有助于婴儿大脑发育的感官刺激。通过抚摸，我们表达出爱、关怀、安慰、支持。通过抚摸，我们建立人与人的联系。研究表明，按摩之类的抚摸可以极大地影响健康。在某种程度上，人们似乎直觉上知道这一点，在许多国家，人们都会给婴儿按摩。

父母表达爱的最好方式之一就是抚摸。早在孩子能理解语言之前，他就懂得抚摸的含义。没有身体接触，爱的宣言是那么空洞无物、难以让人信服。我们的身体渴望客观真实的东西。我们希望感受到自身被关爱、被珍视、被拥抱，而不是某种空洞抽象的东西。

======
早在孩子能理解语言之前，他就懂得抚摸的含义。
======

那些在成长过程中几乎没有被抚摸过的孩子，内心深处常常隐含一种永远无法完全消除的痛苦。他们的自尊心存在缺陷。"为什么我从未在我父亲的腿上坐过？"来访者说。"为什么母亲对身体接触表现得如此不情愿，甚至厌恶？"这句话的潜台词是："为什么他们不够爱我，不想拥抱我？"有时来访者说："如果我自己的父母都不想抚摸我，我怎么能指望别人愿意抚摸我呢？"

这种童年便缺乏关爱的痛苦是令人难以忍受的，通常它是被压抑的，由此产生的意识水平降低、精神麻木其实是一种生存策略，使生存变得可以忍受。自我意识被隔绝，通常个体便由此开启了一种持续终生的模式。

基于其他心理因素，我们可以在以后的生活中看到对缺少抚摸的两种不同反应。一方面，它们似乎是对立的，但两者都表现出疏离感，而且都对自尊有害。另一方面，我们可能看到成年人的某种逃避行为——避免与他人亲密接触、避免与他人交往，这表明他们内心恐惧、感觉自己毫无价值，同时说明他们缺乏自我肯定。我们还可能看到有些人强迫性的滥交行为，这是一种无意识的尝试，他们想要借此治愈缺乏抚摸造成的创伤，但这种方式既不能解决问题又会令人蒙羞，并且个人诚信与自尊也受到伤害。这两种反应都会使当事人与真实的人际交往隔绝。

爱

一个得到关爱的孩子往往会内化这种情感，并由此感到自己是值得被爱的。爱有很多表达方式，包括语言表达、养育行为，以及我们对孩子的存在由衷地表现出快乐与喜悦。

称职的父母有时也会表现出愤怒或失望，但并不让孩子觉得自己不再被爱。称职的父母能够不通过拒绝来教育孩子，孩子作为人，其价值不容置疑。

当爱总是与表现、与满足父母的期望联系在一起时，就会让人感觉不真实，它会时不时地作为一种操纵和顺从的手段而消失。当孩子收到诸如"你还不够好"之类隐约或明显的信息时，他就会发觉爱不那么真实。

不幸的是，我们很多人都收到了此类信息。你可能很有潜力，但真实的你不被接纳，你还需要不断改进自己。也许有一天你能达到他人的期望，但不是现在。只有当你达到了人们的期望，你才足够好。

"我足够好了"并不意味着"我不需要学习和成长"，而是意味着"我接纳自己的价值"。我们不能把自尊建立在"我不够好"的基础上。向孩子传达"你还不够好"的信息会从根本上破坏孩子的自尊。接收到这类信息的孩子无法感受到爱。

接　纳

如果一个孩子的想法和感受得到接纳，他就会把这种反应内化，并学会自我接纳。接纳并不表示要同意（不是所有时候都同意），而是要倾听并承认孩子的想法和感受，不接纳则表现为责难、争论、训诫、心理暗示或侮辱等。

如果反复告诉孩子不该有这样或那样的感觉，那么我们实际上就是在鼓励他否认、拒绝自己的感受或情绪以取悦或安抚父母。如果孩子正常的兴奋、愤怒、快乐、渴望、恐惧等情绪的表达被父母视为不可接纳的、错误的、有罪的或令人反感的，那么孩子可能就会自我放弃，越来越多地否认和拒绝自我以获得归属感、以换取爱、以逃避被抛弃的恐惧。让孩子以自我否定为代价来换取我们的爱，不利于孩子的健康发展。

=====

让孩子以自我否定为代价来换取我们的爱，不利于孩子的健康发展。

=====

只要孩子感觉到他的天性、性格、兴趣和愿望都能被人接纳（不论父母是否赞同），父母的这种态度都会对孩子的健康发展大有裨益。要想父母对孩子的每一次自我表现都喜欢并认可是极为不现实的，本书所说的接纳并不要求父母因此而高兴、欣慰或赞同。

父母可能是运动型的，而孩子可能不是，反之亦然。父母可能有艺术细胞，而孩子可能没有，反之亦然。父母的生活节奏可能很快，而孩子的可能很慢，反之亦然。父母可能事事井然有序，而孩子可能处处杂乱无章，反之亦然。父母可能性格外向，而孩子可能性格内向，反之亦然。父母可能非常"合群"，而孩子可能不合群，反之亦然。父母可能争强好胜，而孩子可能谦让温和，反之亦然。如果这些差异能为人所接纳，那么孩子的自尊就能建立起来。

尊 重

得到成年人尊重的孩子往往能学会自我尊重。以对待成年人的礼貌方式同等礼貌地对孩子说话，可以表达我们对孩子的尊重。（正如儿童心理学家海姆·吉诺特（Haim Ginott）曾经观察到的，如果来访的客人不小心弄洒了饮料，我们不会说："哦，你怎么这么粗心！怎么回事啊？"如果孩子做了同样的事情，为什么我们认为可以这样讲话呢？孩子对我们来说难道不比客人更重要吗？所以更为合适的做法应该是对孩子说："你刚才把饮料弄洒了，可以从厨房拿些纸巾来吗？"）

我记得一位来访者曾对我说："我父亲跟任何一个餐馆服务生说话都比对我客气。""请"和"谢谢"是表达尊严的词语，无论是对说话者还是对听者。

有必要告知家长："对孩子说话要小心，他们可能会认同你的看法。"在说一个孩子"愚蠢""笨拙""糟糕"或"令人失望"之前，家长应先考虑一个问题："这是我希望孩子体验自我的方式吗？"

如果一个孩子在一个人人都以自然、善意的礼貌对待他人的家庭中长大，他就能学会适用于自己和他人的原则。尊重自我和他人，对他而言就像事物的正常秩序一样，或者准确地说，事实就是如此。

我们爱孩子，但这并不能保证我们会自然而然地尊重他们。不管我们感觉多么爱自己的孩子，也有可能存在意识上的疏忽。我孙女阿什利

5岁的时候，有一次我抱着她转圈，跟她一起嬉笑，我觉得非常开心，所以当她说"爷爷，我想要下来了"时，我却并没有停下。过了一会儿，她一本正经地说："爷爷，你没在听我说话。"我连忙回答"对不起，宝贝"，随后把她放了下来。

可见性

对于培养孩子的自尊来说，尤其重要的是我所说的心理可见性体验。我在《浪漫爱情心理学》(*The Psychology of Romantic Love*)中写到人类对可见性的需求，因为它适用于所有的人际关系。这里我只想谈一些基本问题，因为它们涉及孩子与父母的互动。首先我们来看看可见性的一般特征。

如果我说了某些话，或做了某些事，而你的反应让我感到与我的行为一致（例如，如果我在闹着玩儿，你也跟着打趣儿；如果我笑逐颜开，你也开心快乐；如果我悲伤沮丧，你便报以同情；如果我做了值得骄傲自豪的事情，你微笑表示赞赏，如此等等），那么我就会感觉被你关注、被你理解，我会感觉自己是"可见的"。相反，如果我说了某些话或做了某些事，你的反应却让我感觉自己的行为毫无意义（例如，如果我只是开个玩笑，你的反应却好像我对你怀有敌意；如果我喜形于色，你却显得很不耐烦，告诉我别再犯傻；如果我垂头丧气，你却指责我装腔作势；如果我对自己的所作所为引以为傲，你的反应却是横加指责），那么我就无法感受到被人看见、被人理解，我会感觉自己是"不可见的"。

需要你感觉我是"可见的"，并非要求你同意我所说的话。我们可能会进行哲学或政治讨论，可能会持有不同观点，但如果我们对彼此所说的话表示理解，如果双方的反应契合一致，我们就可以继续感到彼此可见，甚至在争论中度过一段愉快的时光。

当觉得自己可见时，我们就会觉得自己和其他人同在一个现实中、同在一个宇宙中。否则，我们就好像处在不同的现实中。所有令人满意的人际交往都需要在这个层次上达到一致。如果不能体验到彼此处于同一现实中，我们就不能以一种令双方满意的方式进行交往。

对可见性的渴望是对客观性的渴望。仅仅从内在且独特的个人视角出发，我无法"客观地"感知自我，也无法感知作为人的存在。但是，如果你的反应对我的内在感知具有意义的话，你就会成为一面镜子，让我体验到自己的客观存在。我会在你的（适当的）反应中看到自己。

可见性是一个程度的问题。从孩提时代起，我们就从他人那里得到某种程度的适当反馈；没有反馈，我们就无法生存。在我们一生中，总会遇到这样一些人，他们的反应会让我们感觉自己只是表面上"可见"；幸运的话，我们也会遇到一些人，与之相处让我们感觉自己以更为深刻的方式被他们"看见"。

说句题外话，在浪漫的爱情中，人在心理上的可见性往往最容易得到充分实现。那些充满激情地热恋着我们的人，与那些与我们只是普通关系的人相比，更想要深入地了解我们。相爱的人们经常会说："他理解我，而从前我从未感到被人理解。"

孩子天生就渴望被看到、被听到、被理解，并希望对方做出适当的反应。对于一个仍在形成过程中的自我来说，这种需要特别迫切。这就是孩子做完某事之后会向父母寻求回应的原因之一。如果一个孩子发觉兴奋感是令人愉悦且有价值的，却受到成年人的惩罚或指责，那么他就会体验到一种令人困惑的"隐形"而无所适从。若一个孩子总被称赞为"永远的天使"而自己深知这并不是真实，那么他也会感到自我隐形并迷失方向。

给成年人进行心理治疗时，我发现小时候在家庭生活中"隐形"常常给他们带来痛苦，这显然是他们的发展问题和成年关系中不安全感的核心所在。因此，请思考下面的句子补全练习及相应补充内容。

如果我感到自己对于父母来说是"可见的"，那么_____。

- 我今天就不会感觉与人们如此疏远。
- 我就会觉得自己是人类的一员。
- 我就会感到安全。

- 我就会觉得自己是"可见的"。
- 我就会感到被人爱着。
- 我就会感到有希望。
- 我就会觉得自己是家庭的一员。
- 我就会觉得自己与他人密切相连。
- 我就会很理智。
- 我就能了解自己。
- 我就会感觉我有一个家。
- 我就会感觉我属于这个家。

如果一个孩子不高兴地说"我没能得到学校演出的角色",母亲非常同情地说"那一定让你很伤心吧",那么孩子就会感觉到自己是可见的、受母亲关注的。如果母亲尖刻地说"你以为自己总能得到想要的东西吗",那么孩子会有什么感受?

如果一个孩子充满喜悦和兴奋地冲进屋子,母亲微笑着说"你今天很开心哦",那么孩子就会感觉到自己是可见的、受母亲关注的。如果母亲厉声呵斥"你非要这么吵闹吗?你太自私、太不体谅人了!你到底怎么回事",那么孩子会有什么感受?

如果一个孩子很卖力地在后院搭建一个树屋,父亲赞赏地说"这很难呀,你要坚持哦",那么孩子就会感觉到自己是可见的、受父亲关注的。如果父亲不耐烦地说"天啊,你不能做点别的什么吗",那么孩子会有什么感受?

如果一个孩子和父亲一起出去散步,一路上喋喋不休地评说着自己所见的一切,父亲说"你真的观察到了很多",那么孩子就会感觉到自己是可见的、受父亲关注的。如果父亲不耐烦地说"你不能不说话吗",那么孩子又会有什么感受?

当表达爱、欣赏、同情、接纳和尊重时,我们会让孩子感觉到自己是可见的。当表达冷漠、轻蔑、谴责、嘲笑时,我们会把孩子的自我驱逐到名为"隐形"的、充满着孤独感的深渊。

心理学家和教育学家在反思儿童时期支持自尊的因素时，经常提到要欣赏孩子的独特性，也要让孩子有归属感（找到根的感觉）。在一定程度上，让孩子感觉到自己可见是实现这两个目标的前提。

======
当表达爱、欣赏、同情、接纳和尊重时，我们会让孩子感觉到自己是可见的。
======

可见性不同于表扬。父母看着一个孩子为家庭作业大伤脑筋，说"数学对你来说似乎很难"不是表扬，说"你现在看起来很沮丧，想聊聊吗"不是表扬。在其他情境中，父母说"你希望自己不用去看牙医"不是表扬，说"你似乎真的很喜欢化学"也不是表扬。但这样的话语确实能让孩子感觉被关注、被理解。

如果我们要充分表达爱意，不管对象是我们的孩子、伴侣还是朋友，能够为对方提供可见性体验是至关重要的。这是以有意识地看见对方为前提的。

在给予孩子可见性与意识的同时，我们也为他们树立了可以学习效仿的榜样。

适龄培养

很显然，孩子需要培养。有时不太明显的是，培养方式应适应孩子的年龄，或更准确地说，培养方式需要与孩子的发展水平相适应。

某些适合 3 个月大婴儿的培养方式显然不太适合 6 岁的孩子。婴儿由成年人帮着穿衣服，6 岁的孩子会自己穿衣服。一些适合 6 岁孩子的培养方式用在 16 岁孩子身上会破坏其发展自主性。当一个 6 岁的孩子提出问题时，家长认真对待并回答他的问题，这是一种培养方式。当一个十几岁的孩子提出问题时，家长可以引导他先提出自己的想法，可以给他推荐图书，也可以让他到图书馆做研究，这也是一种培养方式。

我记得有位 26 岁的女人在遇到心理危机时来找我咨询，因为她的丈夫离开了她，而她居然不知道如何为自己购物。在 19 岁以前，她所有的衣服都由母亲购买；当她 19 岁结婚后，她丈夫承担了这一职责，不仅购买衣服，还购买所有的家庭用品以及食物。在情感上，她觉得自己像个孩子，自立能力只达到儿童水平。即使对最简单、最普通的事情，一想到要独立做出选择和决定，她就会感到恐惧不安。

如果父母的目标是支持孩子独立，那么实现这一目标的方法之一就是为孩子提供符合其发展水平的选择。母亲可能认为，询问一个 5 岁的孩子是否想穿毛衣是不可取的，但她可以提供两件毛衣让孩子选择。有些孩子在不必要的时候也想得到大人的建议，那么对孩子有帮助的回应是："你是怎么想的？"

父母想尽快地把选择权和决策权交给孩子，只要他能够自如地处理问题。这是对孩子的判断力的召唤，要求孩子有成年人的意识和敏感。关键是父母要明白这么做的最终目标是什么。

表扬与批评

有爱心的父母可能会认为，关心并支持孩子自尊的方式是表扬。其实，不恰当的表扬和不恰当的批评一样，都对自尊有害。

不恰当的表扬和不恰当的批评一样，都对自尊有害。

许多年前，我从海姆·吉诺特那里学到了一种重要方法，用于区分评价性表扬和欣赏性表扬。评价性表扬对孩子不利。相反，欣赏性表扬在支持自尊和强化期望行为方面都很有效。

在此引用吉诺特的《孩子，把你的手给我（Ⅲ）》(*Teacher and Child*)

中的话。

在心理治疗中，永远不要告诉孩子"你是个好孩子""你做得很好""继续做好你的事情"，此外，还要避免评价性表扬。为什么？因为这没用。它会让人产生焦虑、引起依赖、唤起防御。它不利于培养孩子独立自主、自我指导和自我控制的品质。这些品质意味着个体不受外界评判的影响，它们依靠的是内在的动机和评价。要想做自己，就要摆脱评价性表扬的压力。

如果我们说喜欢并欣赏孩子的行为和成就，就要实事求是地描述；我们可以让孩子自己做评估。吉诺特提供了以下示例以展现这一过程：

12岁的马西娅帮助老师重新整理了班级图书室的书。老师并未对她个人进行表扬（例如，"你做得很好。你是一个勤奋的学生。你是一个很好的图书管理员"），而是描述了马西娅取得的成绩："现在书本排列得井井有条。大家可以轻松地找到他们想要的书。这是一项艰巨的工作，但是你做到了。谢谢。"老师的表扬让马西娅做出了自己的推断："我的老师喜欢我所做的工作。我是一个好帮手。"

10岁的菲利丝写了一首诗，描述了她对初雪的内心感受。老师说："你的诗也反映了我的感受，我很高兴在你的诗句中看到了我脑海里的冬日。"小诗人的脸上掠过一丝微笑。她对朋友说："老师真的很喜欢我的诗。她觉得我很棒。"

7岁的鲁本一直努力想把字写工整。他发现很难把字母写在一条直线上。最后，他终于写完了一页纸，上面的字母排列得很整齐。老师在他的卷子上写道："这些字母很整齐。我很高兴看到你的卷面。"当试卷发下来时，孩子们都急切地读着老师写的评语。突然老师听到了咂嘴声，原来是鲁本在亲吻他的试卷！"我写得真棒！"他大声宣布。

我们的表扬越有针对性,对孩子就越有意义。泛化和抽象的表扬会让孩子纠结对方表扬到底的是什么。这对孩子没有帮助。

表扬不仅要具体,而且要与表扬的对象相称。夸大其词的表扬往往会搞砸一切,并且会引发焦虑,因为孩子知道这与他的自我认知不相符。(我们可以通过描述具体行为并附加赞赏性语言,同时省略不切实际的评价来避免这样的问题)。

有些家长一心想要帮助孩子树立自尊,但他们却只会满口称赞、不分青红皂白、夸大其词。往好了说,这样做行不通;往坏了说,这会适得其反:孩子会感到自己不被看见而产生焦虑。此外,这种做法往往会让孩子变成"赞许成瘾者",也就是说,如果得不到赞许,孩子就无法向前迈进,还会感到被轻视。许多深深爱着孩子的父母,怀着世界上最好的愿望却没有掌握适当的技巧,他们让家庭环境中充满了所谓"爱"的评价,把孩子培养成了"赞许成瘾者"。

要培养孩子的自主性,请在描述行为之后始终为孩子留出自我评估的空间,让孩子免受我们的判断的压力,以便为孩子创造出一个支持独立思考的环境。

对孩子的疑问、描述或思考表现出高兴和欣赏,就是在鼓励孩子锻炼意识。以积极和尊重的态度回应孩子的自我表达,就是在鼓励孩子树立自信。对孩子的诚实行为表示认可和赞赏,就是在鼓励孩子践行诚信。一旦发现孩子在做正确的事情,我们就应立即表达出喜悦之情,也应相信孩子能得出合理的结论。这是一种简单、有效的强化。

至于批评,我们只需要针对孩子的行为,而不要针对孩子:描述孩子的行为(比如,打兄弟姐妹、违背承诺),描述你对此行为的感受(愤怒、失望),描述你想要的结果(如果有的话),并且不要进行人格上的攻击。[1]

"描述感受"是"我感到失望""我感到沮丧"或"我感到生气"之类的陈述,而不是"我认为你是有史以来最差的孩子"这样的说法,这不是对感受的描述,而是隐含着你的想法、判断、评价且带着情绪的话语，其中的情绪是愤怒以及让他人感到痛苦的冲动。

伤害孩子的自尊心是不会有好结果的，这是有效批评的首要禁忌。我们不能通过质疑孩子的价值、智力、道德、性格、意图来激发他们做到更好。没有人会在别人说自己很"坏"的情况下变"好"，也没有人会在别人说"你就像（某个应受谴责的人）一样"时变好。对自尊的攻击往往会增加不良行为再次发生的可能性——"既然我很'坏'，那我干脆再坏一些吧"。

======
没有人会在别人说自己很"坏"的情况下变"好"。
======

许多接受心理治疗的成年人抱怨说，他们至今仍会听到内心深处父母的声音，说他们多么"坏"、多么"糟糕"、多么"愚蠢"、多么"没用"。他们常常设法对抗这些辱骂性语言，追求更美好的生活，不屈服于父母对他们的负面看法。当然他们并非总能战胜这种黑暗力量。自我概念往往会造就个人命运（这正是自我实现预言的体现），所以我们有必要思考自己到底希望改变哪些自我概念。

如果能在不贬损孩子的情况下对其进行批评教育，如果在生气的时候也能尊重孩子，那么我们就拥有了称职的父母所应有的最难得也最重要的一个特质。

家长的期望

我已经就库珀史密斯关于父母期望的观点进行了讨论。对孩子不抱任何期望同样无益。理性的父母坚持道德标准，要求孩子承担责任。他们还坚持行为标准，希望孩子学习并掌握知识和技能，逐渐走向成熟。

父母应根据孩子的成长水平调整期望，并尊重孩子的独特性。不要在不了解孩子具体状况和需求的情况下对其提出过高期望，那会把孩子压垮；也不要以为孩子会完全在情感冲动的影响下"自然"且迅速地成长。

孩子会明显地表现出渴望知道别人对他们的期望是什么，而当答案是"什么期望都没有"时，他们会感到不安。

扩展阅读

在育儿方法的图书中，我个人认为下列几本书非常有用，它们充满智慧，并且清晰地阐释了家庭日常生活中的"小问题"。尽管书中很少提及自尊，但它们是培养年轻人自尊的极佳指南。我之所以在此提到这些书，是因为针对父母等成年人面对的孩子带来的无数挑战，它们巧妙而富有想象力地详细说明了该如何去表达爱、接纳、尊重，以及适度的表扬与批评。

其中有三本书是海姆·吉诺特写的：《孩子，把你的手给我》、《孩子，把你的手给我（Ⅱ）》(*Between Parent and Teenager*)、《孩子，把你的手给我（Ⅲ）》。⊖还有三本书是由吉诺特的两位学生阿黛尔·法伯（Adele Faber）和伊莱恩·玛兹丽施（Elaine Mazlish）所著：《解放父母，解放孩子》(*Liberated Parents, Liberated Children*)、《如何说孩子才会听，怎么听孩子才肯说》(*How To Talk So Kids Will Listen and Listen So Kids Will Talk*)、《如何说孩子才能和平相处》(*Siblings without Rivalry*)。

还有一部优秀著作是托马斯·戈登（Thomas Gordon）博士的《父母效能训练》(*Parent Effectiveness Training*)。它的一大优点是提供了较为详细的原则，并结合了具体技能和技巧以解决各种各样的亲子冲突。戈登的方法大体上与吉诺特的方法一致，尽管表面上似乎有些差异。首先，吉诺特认为父母在某些情况下必须设定限制和规则，但是戈登批评了这

⊖ 我对前两本书的保留意见：①我不同意吉诺特某些评论中的精神分析取向；②对手淫问题的回避性治疗令人费解；③对男女角色过时且传统的看法。然而，从这些书的内容来看，这些问题都不重要。

种观点，似乎认为所有冲突都应该"民主地"解决。在这个问题上，我支持吉诺特。（尽管我不确定这种差异是否真的存在，因为戈登也不允许小孩子在街上随意玩耍。）他们二人（以及法伯和玛兹丽施）的共同之处在于，他们都强烈反对用体罚来进行限制。对此我非常赞同，因为我确信体罚带来的恐惧对孩子自尊的发展是致命的。

对待错误

父母在孩子犯错时的反应可能会对孩子的自尊产生重大影响。

一个孩子在试着做出一系列错误的动作后学会走路。渐渐地，他会淘汰无效的动作，保留有效的动作；犯错误是学习走路的必经之路。犯错是学习中不可或缺的部分。

如果一个孩子因为犯错而受到惩罚、嘲笑、羞辱，或者父母不耐烦地走过来说"来，让我来做吧"，那么孩子就会感觉不能自主地奋斗和学习，自然的成长过程就会受到破坏。对孩子来说，避免错误就会比迎接新挑战更重要。

如果孩子觉得一旦自己犯了错误就不被父母接纳，那么他就可能因犯错而自我否定。于是，自我意识被弱化，自我接纳的能力被破坏，并且孩子无法产生自我责任感和自我肯定。

只要有机会，孩子通常会自然而然地从错误中学习。有时候，不加批判且随意地问"你学到了什么？下次你会有什么不同的做法"，这样反倒很有用。

======
犯错是学习中不可或缺的部分。
======

与提供现成答案相比，鼓励孩子自己寻找答案更为可取。然而，激发孩子开动脑筋，通常需要父母具有更高水平的意识和耐心，而不是一味地传授现成的解决办法。缺乏耐心往往是良好家庭教育的敌人。

有些成年人小时候常常接收到有关错误的破坏性信息，在对他们进行心理治疗时我经常使用一系列的句子主干。以下是一系列典型的句子主干及补全的结尾。

当我母亲看到我犯错时，_____。

- 她变得很不耐烦。
- 她说我无可救药。
- 她说我太幼稚。
- 她生气地说"来，让我给你演示"。
- 她放声大笑，嗤之以鼻。
- 她对着我父亲吼叫。

当我父亲看到我做错时，_____。

- 他很生气。
- 他对我进行了一番说教。
- 他开始骂我。
- 他拿我与优秀的哥哥做比较。
- 他对我嘲讽讥笑。
- 他教训了我半小时。
- 他说自己做事情多么出色。
- 他说"你真是你母亲的亲儿子"。
- 他走出了房间。

当我发现自己犯错时，_____。

- 我骂自己笨。
- 我骂自己是个笨蛋。
- 我觉得自己是个失败者。
- 我感到很害怕。
- 我不知道如果我犯的错被发现会怎样。
- 我告诉自己努力是徒劳的。

- 我告诉自己这是不可原谅的。
- 我感到很自卑。

如果有人告诉我犯错没关系，那么_____。
- 我会是一个不同的人。
- 我就不会犯这么多错误。
- 我就不会那么害怕做出尝试。
- 我就不会这么自责了。
- 我就会更开放。
- 我就会更有冒险精神。
- 我就会完成更多事情。

我听到自己在说_____。
- 我对自己做了父母曾经对我做过的一切。
- 我的父母还在我的脑子里。
- 我并不比父亲更同情我自己。
- 我比母亲更严厉地责备自己。
- 如果不犯错，我就不能成长。
- 我正在扼杀自己。
- 错误摧毁了我的自尊。

如果我有勇气允许自己犯错，那么_____。
- 我就不会犯那么多错了。
- 我会小心，但会更放松。
- 我会享受我的工作。
- 我愿意冒更大的风险去试试新的办法。
- 我会有更多想法。
- 我会更有创造力。
- 我会更快乐。
- 我就不会不负责任。

如果我对自己的错误更有同情心，那么_____。

- 我不会觉得自己注定要失败，而且我会更加努力。
- 我会付出更多。
- 我会更喜欢自己。
- 我就不会意志消沉。
- 我的意识会更加清醒。
- 我就不会在恐惧中挣扎。

当我学会面对自己的错误时，_____。

- 我会感觉不那么紧张。
- 我的工作将会改进。
- 我想我会尝试新事物。
- 我将不得不与自己旧有的思维模式告别。
- 我将成为更好的父母。
- 我会觉得这样做很难。
- 我必须认识到这不是自我放纵。
- 我必须不断练习。
- 这需要慢慢适应。
- 我觉得一切都充满希望。
- 我感到很兴奋。

上面列出的最后六个句子主干指出了改变消极思维模式的方法。在治疗或团体自尊训练中，我会要求来访者在 2~3 周内每天为这些句子主干写 6~10 个结尾，这是一种有效的改变思维模式的方法，其原则是我们要把高度集中的意识不断地"辐射"到那些具有破坏性的想法（这与担忧、焦虑、痴迷、抱怨大不相同）。

理智需求

要了解孩子，也许最重要的是要认识到他们是从自身体验中获得认知的。实际上，他们需要知道宇宙是理性的，人类的存在是可知、可预测且稳定的。在此基础上，他们可以形成一种效能感；缺少它，生存任务就会变得非常难以完成。

======

  要了解孩子，也许最重要的是要认识到他们是从自身体验中获得认知的。

======

  物质现实往往比大多数人更"可靠"。因此，那些在人类社会中感到无能为力的孩子，往往会转而在自然、机械、工程、物理或数学等领域中寻求某种力量感，这些领域会让孩子感受到某种程度的一致性和"理智"（他们在人类社会中却很少能体验到）。

  但是，要实现健康发展，家庭生活中的"理智"是孩子最迫切的需求之一。

  在家庭背景下，理智意味着什么？它意味着大多数成年人要做到言出必行。它意味着规则是可理解的、一致且公平的。它意味着孩子不会因为昨天被忽视甚至被奖励的行为而在今天受到惩罚。它意味着在家庭中，父母的情感生活或多或少是可理解且可预见的；与之相反的是，父母在情感生活中时常无缘无故地出现焦虑、愤怒或兴奋等情绪。它意味着生活在一个尊重现实规律的家庭中；与之相反的是，父亲喝得醉醺醺的，没能坐到椅子上而是摔倒在地板上，而母亲却像什么都没发生过一样继续吃饭、说话。它意味着父母言行一致：当他们犯错时愿意承认错误；当他们知道自己做事不合理时愿意道歉；他们希望一切对孩子而言是可理解的而不是为了逃避痛苦；他们对孩子的自我意识给予奖励和强化，而不是进行打击和惩罚。

  如果想要的是孩子的合作而不是温顺服从，如果想要的是孩子对自己负责而不是循规蹈矩，那么我们可以在一个支持孩子思维发展的家庭环境中实现这一目标。在一个本质上不利于思维锻炼的环境中，我们不可能实现这一目标。

结构需求

适当的结构在一定程度上可以给孩子带来安全感,并满足成长需要。"结构"是指在家庭中执行的隐性或显性规则:什么是可接受或不可接受的,什么是被允许的,什么是受到鼓励的,如何处理各种行为,谁可以自由地做什么,如何做出影响家庭成员的决定,以及维护什么样的价值观。

一个好的家庭结构往往尊重每个家庭成员的需求、个性和理解能力。开放式的沟通受到高度重视。这种结构是灵活的而不是僵化的,是开放且可讨论的而不是封闭、专制的。在这样的结构中,父母提供的是解释而不是命令。他们诉诸信心而不是恐惧。他们鼓励自我表达,赞成被孩子视为个性与自主的价值观。他们的标准能够激励而不是恐吓孩子。

孩子并不渴望无限的"自由"。大多数孩子觉得,一个有点专制性结构的家庭比没有任何专制性的家庭让他们更有安全感、更有保障。孩子需要限制,而缺乏限制会让他们感到焦虑。因此,这是孩子试探界限的原因之一——确定家庭结构中确实存在界限。他们需要知道有人能把控一切。

过度"宽容"的父母往往会养育出高度焦虑的孩子。这样的父母放弃了家庭领导地位,他们在尊严、知识和权威上都平等地对待所有家庭成员,并且他们尽量不输出任何价值观,也不坚持任何标准,以免将自己的"偏见"强加于子女。一位来访者曾经对我说:"我妈妈认为,告诉我别年纪轻轻就怀孕是'不民主的'。你知道在一个没有人知道是非对错的房子里长大,那种感觉有多么可怕吗?"

当孩子了解到合理的价值观和标准时,自尊便得到了滋养。否则,自尊就会"饿死"。

家庭聚餐

由于父母双方都在工作,有时会长时间工作,因此父母很难一直陪伴孩子，甚至有时父母没时间和孩子一起吃饭。我并不想讨论这个问题的复杂性，也不想讨论当代生活方式产生的问题，我只想提一个简单的建议，这个建议曾让我的来访者获益。

我要求咨询过我的父母做出承诺，每周至少安排一次全体成员都出席的大型家庭聚餐。

我要求大家吃饭时要慢且悠闲，每个人都能谈谈自己的活动和关心的问题。吃饭过程中没有居高临下的训诫、说教，只有分享体验，每个人都能得到爱与尊重。主题是自我表达、自我表露以及维系亲情。

许多大致照此建议去做的父母发现，他们在执行过程中必须努力克制自己，否则会难以遏制地表现出盛气凌人、居高临下、夸夸其谈的冲动，在"要求"自我表达的时候，他们也就扼杀了自我表达。然而，如果他们能克服成为"权威"的冲动，如果他们能简单而自然地向孩子表达想法和感受，并以同样的自我表达作为回应，那么就为孩子和自己奉上了一份意义深刻的心理礼物。他们帮助大家创造了一种"归属感"，也就是说，创造了一种家庭的感觉，创造了一个可以让自尊成长的环境。

虐待儿童

说到虐待儿童，我们就会想到那些遭受身体虐待或性侵犯的儿童。人们普遍认为，这种虐待会对儿童的自尊产生灾难性的影响。它会引发一种创伤性的无力感，一种无法拥有自己身体的感觉，以及可能持续一生且令人痛苦的无助感。

然而，要更全面地理解什么是虐待儿童，就必须考虑以下各项，所有这些都对儿童自尊的发展构成严重障碍。父母的下列行为就是在虐待儿童。

- 父母表示儿童"不够好"。
- 因儿童表达"不可接受的"情感而惩罚他。
- 嘲笑或羞辱儿童。

- 让儿童觉得自己的想法或感受没有任何价值或不重要。
- 试图用羞愧或内疚来控制儿童。
- 过度保护儿童，因而妨碍了儿童正常学习并加强自立能力。
- 对儿童保护不足，因而阻碍儿童正常的自我发展。
- 抚养儿童没有任何规则，家庭缺乏支持性结构；或者，制定的规则相互矛盾、令人困惑、不容讨论、令人压抑，总之无论哪种情况都会抑制儿童的正常成长。
- 否定儿童对现实的感知，隐晦地鼓励孩子怀疑自己的思想。
- 用体罚或威胁恐吓儿童，让儿童的内心深处充满了强烈而持久的恐惧。
- 把儿童当作性对象。
- 让儿童觉得自己天生是坏的、无价值的或有罪的。

当儿童的基本需求得不到满足时，他们会产生强烈的痛苦。这种痛苦常常令儿童产生这种感觉——"我肯定哪里出了问题""我肯定有什么缺陷"。于是毁灭性的自我实现预言的悲剧便由此拉开序幕。

紧急问题

就像我之前说的，本章并不是为了教父母培养孩子，而是为了把我在心理治疗中遇到的某些问题分离出来，这些问题往往对年轻人的自尊发展具有重大影响。

聆听来访者的故事，关注他们当时做出悲剧性决定的环境，我们就不难看出他们在儿童时期到底缺少什么、需要什么。通过推断他们的创伤，我们可以加深对保护因素的理解。

在几十年前，我写了《冲破束缚》，其中列出了一份我在心理治疗中使用的问题清单，以便深入探究自卑的童年起源。在此我对该清单做了修订并稍加扩充，作为对上述部分问题的概括总结。它可以促使个人进行自我检查，也会成为父母育儿过程中的启发性指南。

1）当你还是个孩子的时候，父母的行为方式和与你相处的方式让你感觉自己生活在一个理性的、可预测且可理解的世界里，还是一个矛盾、令人困惑且不可知的世界？在家里，你感觉那些显而易见的事实得到了父母的承认和尊重，还是被他们回避和否认？

2）是否有人让你明白学会思考和培养理解力的重要性？父母是否鼓励你提出自己的见解，并让你认识到自主思考就像冒险一样令人兴奋？你的家庭是否表现出对意识的重视？

3）你是受到鼓励去独立思考、培养批判能力，还是被要求服从他人？（另外，你父母是否认为遵从别人的信念比发现真相更重要？当他们想让你做某事时，是寻求你的理解，并在可能的情况下，适时为他们的要求给出理由，还是表明"你必须照我说的做"？）你的父母是夸你听话，还是鼓励你为自己负责？

4）你是否可以自由、坦然地表达自己的观点而不必担心受到惩罚？自我表达和自我肯定对你而言是安全的吗？

5）你父母是否通过调侃或讽刺来表达他们对你的想法、愿望或行为的不满？在父母的教育下，你是否会把自我表达和羞辱联系在一起？

6）你父母尊重你吗？（另外，你父母是否会考虑你的想法、需要和感受？你作为一个人的尊严得到承认了吗？当你表达想法或观点时，他们是否认真对待？你的好恶，不管他们同意与否，是否受到尊重？他们是否会在深思熟虑后回应你的愿望？）他们是否鼓励你尊重自己，认真对待自己的思维活动？

7）你是否觉得自己在心理上为父母所见、所理解？你觉得自己在他们面前真实吗？（另外，你父母是否真的会努力理解你？是否真的对你这个人感兴趣？你能和他们谈论重要的事情并从他们那里得到关心和有意义的理解吗？）你的自我认识与父母对你的看法是否一致？

8）你是否感受到父母的爱和重视？你觉得自己是他们快乐的源泉，还是多余的，是一种负担？你感到自己招人厌恶，还是觉得自己只是受人漠视？是否有人让你觉得自己是可爱的？

9）你父母能公平公正地对待你吗？（另外，你父母会不会用各种威胁手段（包括立即对你进行惩罚的威胁，对你未来生活造成长期影响的威胁，受到超自然惩罚（比如下地狱）的威胁）来控制你的行为？当表现良好时，你能否得到他们的欣赏？或者他们只在你表现不好时批评你？你父母在犯错的时候会及时承认错误，还是认为承认错误有违他们的为人之道？你觉得自己生活在一个理性、公正和"理智"的家庭环境中吗？

10）你父母惩罚或管教你的方式是殴打吗？他们是否有意激起你的恐惧以控制你？

11）你父母表现出的是对你的基本能力和善良品行的信任，还是认为你令人失望、无能、不中用或很差劲？你觉得父母站在你这一边，并认可你内心最美好的部分吗？

12）你感觉到父母是认可你的才智和创造力，还是认为你平庸、愚蠢、不够好？你是否觉得你的思想和能力得到了他们的赏识？

13）在你父母对你的行为和表现的期望中，他们是关注你的知识水平、需求、兴趣和环境，还是提出不切实际的要求，令你不堪重负？你父母是否鼓励你重视自己的愿望和需求？

14）你父母对待你的方式会让你感到内疚吗？有没有人让你觉得自己是个坏人？

15）你父母对待你的方式会让你心生恐惧吗？是否有人让你以为思考是为了避免遭受痛苦或与他人意见相左，而不是为了获得价值感和满足感？

16）你父母尊重你的内心和身体方面的隐私吗？你的尊严和权利受到尊重了吗？

17）你父母是否认为你应该对自己有较好的认识，也就是要拥有自尊？或者告诫你不要自视甚高而要保持"谦虚"？自尊在你家里受到重视吗？

18）你父母是否告诉你，一个人的生活成就尤其是你在生活中取得的成就非常重要？（另外，你父母是否认为人类可以成就伟大的事业，特别是你，可能成就伟大的事业？他们是否给你留下这样的印象：生活是一次激动人心、充满挑战且富有意义的冒险？）你是否对生活中可能发生的事情怀有美好的愿景？

19）你父母是否让你对他人充满了恐惧？你是否感觉这个世界是个充满了恶意的地方？

20）你父母是鼓励你坦然表达自己的情绪和愿望，还是让你害怕接纳自己的情绪，或让你认为这样不合时宜？你情感上的诚实、自我表达和自我接纳得到了支持吗？

21）你所犯的错误被看作学习过程中的正常部分，还是被视为轻蔑、嘲笑、惩罚的前因？你是否受到鼓励，以无所畏惧的态度迎接新的挑战、学习新的东西？

22）你父母是鼓励你对性问题及自己的身体持健康、肯定的态度，还是消极的态度，或者他们权当这些问题不存在？当你以快乐和积极的态度对待自己的身体和不断发展的性欲时，你是否得到了支持？

23）你父母对待你的方式是倾向于发展和加强你对性别的意识，还是阻碍和削弱它？如果你是男性，他们是否表达了对你男性气质的期望？如果你是女性，他们是否表达了对你女性气质的期望？

24）你父母会鼓励你认识到你的生活属于你自己，还是让你相信自己只是家庭资产的一部分，你的成就只有在为你父母带来荣耀时才有意义？（另外，你会被当成家庭资源，还是一个完整的个体？）你是否受到鼓励去弄明白你活在世上并不是为了满足他人的期望？

=====
你的父母是夸你听话，还是鼓励你为自己负责？
=====

策略性分离

众所周知，许多孩子都在发展自尊的道路上遇到过巨大的障碍。孩子可能会觉得父母等成年人的世界令人费解、充满威胁，自我没有得到滋养而是受到非难，自主意识和效能感被破坏。在多次尝试理解成年人的态度、言行失败后，许多孩子只好放弃努力，并为自己的无助感而自责。

通常，他们会痛苦、绝望、莫名地感到长辈、自己或某件说不清的事情出了严重的问题。他们经常感觉："我永远无法理解别人，永远无法满足他们对我的期望。我不知道什么是对的或错的，而且我永远也无法知道。"

具有英雄气概的孩子会坚持不懈地努力探寻世间真谛，然而，无论在这条道路上经历了多么令人痛苦或迷茫的事，他都有着强大的力量源泉。如果陷入特别严酷、具有破坏性且无序的处境，他无疑会感到与周围世界的人们产生隔阂，这也在情理之中。但是，他不会感到与现实脱节，不会从内心深处感到自己完全丧失活下去的力量。在困难面前坚持理解的意志就是意识的英雄主义。

======
在困难面前坚持理解的意志就是意识的英雄主义。
======

通常，那些在极端不利的童年环境中幸存下来的孩子已经学会了一种特殊的生存策略，我称之为"策略性分离"。这里的分离不是逃避令人产生心理困扰的现实，而是在直觉上脱离家庭生活甚至整个世界中的有害部分。他们知道眼前的一切不是生活的全部。他们坚信在某个地方有更好的选择，总有一天他们会找到那个地方。

不知何故，他们知道母亲并不代表所有女人，父亲也不代表所有男人，这个家庭无法代表所有的人际关系——在自己眼下的生活之外还有人生。这并没有让他们免受当下的痛苦，但使他们不会因此而精神崩溃。他们的"策略性分离"并不保证他们不受无力感的困扰，但有助于他们不会深陷其中。

我们钦佩这样的孩子，但是作为父母，我们希望让自己的孩子更幸福。

教养中的个人成长

前文概述了对自尊影响最大的关键思想或信念。由此可见，在一个家庭中，如果这些观念深入人心并在成年人的实践中得到体现，那么孩子的自尊就会形成。在这种家庭观念的影响下成长起来的孩子具有巨大的发展优势。

思想和价值观在融入家庭生活并扎根于父母的思想中时，就会得到最有效的传播。不管我们认为自己在教什么，我们真实的自我都会对孩子产生影响。

这个事实可以从另外一个角度来看。

几乎所有重要的人生任务（工作、婚姻、抚养孩子等）都是个人成长之路。我们可以选择把这些任务中的任何一个作为一种精神训练，一种为我们个人成长服务的训练。我们可以依照建立自尊的原则将工作当作实践的舞台，那么工作业绩和自尊水平都会提高；我们可以依照同样的原则在婚姻中进行实践，那么夫妻关系就会更加融洽，自尊水平也会提高；我们还可以依照这些原则在与孩子的沟通中进行实践。

我们不必在孩子面前假装自己很"完美"，我们可以承认自己有过挣扎、出过错误，家庭中每个人都可能因此而拥有更高的自尊水平。

如果选择与孩子相处时提高意识水平（只需5%），对自己的言行有更高水平的意识，那么我们可能会在行动上有什么改变？

如果选择在生活中更接纳自己，那么在自我接纳方面，我们向孩子传达了什么信息呢？

如果选择以更高水平的自我责任感养育孩子（而不是一味责怪配偶或孩子），那么我们可能会树立什么样的榜样？

如果我们更自信、更真实，那么孩子可能会怎么理解"真诚"？

如果我们行事有更强的目的性,那么孩子在目标达成和积极的生活取向方面会学到什么?

如果我们在为人父母的过程中更加诚实,孩子会从哪些方面受益呢?

如果我们做了所有这些,我们会从哪些方面受益呢?

最后一个问题的答案很简单:在支持和培养孩子自尊的同时,我们也在支持和培养自己的自尊。

第14章　校园里的自尊

对于许多孩子而言，学校代表着"第二次机会"，相较于家庭，学校让孩子有机会形成更好的自我认识和人生观。一个对孩子的能力和美德充满信心的教师，对于一个怀疑孩子或过于信任孩子的家庭来说，可能是一剂良药。一个尊重孩子的教师，可以让那些在家庭中不受尊重的孩子在努力理解人际关系时得到启迪。一个拒绝接受孩子消极的自我认知、坚持不懈地激发孩子潜能的教师，有时甚至可以挽救一条生命。一位来访者曾对我说："是我四年级的老师让我意识到，家庭之外还有一种不同的仁爱之情，是她启发了我。"

但是对于某些孩子而言，学校不过是一个对他们进行合法监禁的地方，那些教师缺乏自尊或专业培训，并不能胜任教学工作。他们不激励学生，反而用嘲笑和讽刺的话语羞辱学生，对学生缺乏礼貌和尊重。他们常常在学生个体间进行令人反感的比较，取悦一个学生的同时却伤害另一个学生。他们缺乏耐心，因而加深了学生对犯错的恐惧。他们训教无方，只会威胁学生。他们不是通过培养正确价值观而是通过激发无端恐惧来调动学生。他们不相信学生充满潜力，只认为学生能力有限。他们非但不设法点燃学生的思想火花，反而将其扑灭。回想一下，谁在学生时代没有遇到过这样的老师呢？

大多数教师都希望为学生提供帮助，以不负家长信任。即便教师有时给学生带来伤害，亦并非故意为之。如今，教师大都认识到，能够有效帮助学生的办法就是培养他们的自尊；那些相信自己并且其潜力得到教师肯定的学生的学业表现，比其他学生更好。事实上，在所有职业群体中，教师对自尊的重要性感受最深，然而他们在课堂教学中却未考虑培养自尊的因素。

=====
在所有职业群体中，教师对自尊的重要性感受最深。
=====

我曾强调过"感觉良好"的观念有害而无益。如果我们研究一下美国社会向教师提出的关于提高学生自尊的建议，就会发现许多建议都是给"自尊"一词抹黑的无稽之谈，比如对孩子做的每件事都予以表扬，否认客观成就的重要性，一有可能就给孩子奖励金色小星星，宣扬所谓的"权利"观念以致在行为上及本质上脱离了自尊的本意。这些都会让整个教育上的自尊运动沦为笑柄。

举例来说，《时代周刊》于1990年2月5日刊发了这样一篇文章。

> 去年，在6个国家中，一些13岁的学生接受了标准化数学测试，其中韩国学生的表现最好，美国学生的表现最差，排在西班牙、爱尔兰和加拿大之后。更糟糕的是，除了三角形和方程式等考题以外，测试中还有一个判断题，即"我擅长数学"，结果68%的美国学生勾选此项，高居榜首。
>
> 美国学生也许不擅长数学，但他们显然接受了最新流行的、教导他们自我感觉良好的自尊课程教育。

某些美国教育家认为，这些数据具有误导性，因为其他国家只考量了排名前 10% 的学生的表现，而美国的数据样本代表范围更广，这拉低了美国学生成绩的平均数。他们还以韩国为例辩称，在韩国文化中，人们进行自我赞美远不如在美国文化中那么容易被接受。尽管如此，也许该文作者对自尊的理解相对有限，但他对"自尊课程"的批评完全是有道理的。实际上，他是在批评培养"良好感觉"的方法，这种批评也是恰当的。

因此，必须再次强调的是，我所阐述的自我效能感或自我尊重产生于现实环境，并非来自他人的愿望、肯定或因表现良好而获得的金色小星星奖励。与教师交谈时，我谈论的是基于现实的自尊。更进一步说，拥有健康自尊的人都有这样一种品质：他们往往更实事求是地评估自己的能力和成就，既不否定也不夸大自我。

有没有这种可能：一个学生在学校表现并不好，却拥有良好的自尊？当然有。一个学生在学业上表现不佳，可能有许多原因，包括阅读障碍或缺乏足够的挑战和激励。考试分数很难作为衡量一个人自我效能感和自尊的可靠指标，但从理性上讲，拥有自尊的学生不会自欺，不会在表现很差的时候觉得自己做得很好。

请记住，自尊与我们凭意志做出的选择有关，而不完全取决于我们的家庭、种族、肤色或祖先的成就。如果我们告诉孩子，要想获得自尊，可以每天大声地说"我很特别"，可以抚摸着自己的脸说"我爱自己"，也可以凭自己所在的特定群体而不是独特人格来确定自我价值，那么孩子无法从这样的教导中汲取健康成长所必需的营养。有时人们为了逃避培养真正自尊的责任而坚持这些价值观，而它们正是伪自尊的来源。这些价值观能让人们从中获得真正的快乐吗？当然能。它们能为脆弱的、成长中的自我提供暂时的支持吗？当然能，但它们不能代替意识、责任或诚信。它们带来的是自我欺骗，而不是自我效能感和自我尊重。

> 自尊与我们凭意志做出的选择有关,而不完全取决于我们的家庭、种族、肤色或祖先的成就。

从另外一个角度说,自我接纳原则也有重要的应用价值。某些来自不同民族背景但渴望"融入"主流群体的学生,可能会否认、排斥他们自己独特的民族性。在这种情况下,我们应帮助这些学生欣赏自己种族或文化的独特之处,或接纳他们的历史,而不是把本族文化遗产视为虚假或可耻的东西。

今天,培养儿童自尊的任务变得尤为紧迫,因为许多学生在情绪低落的状态下来到学校,难以专心学习。美国加州莫兰德学区前负责人罗伯特·里森纳写道:

> 在加州,68%的入学儿童的父母都有工作,这意味着儿童与父母的相处时间较少。超过50%的学生经历过家庭变故,如父母分居、离婚或再婚。在许多地区,68%的学生上高中时已不住在原生家庭。24%的学生是非婚生子女,他们从未见过父亲。24%的学生从出生就受母亲滥用药物的影响。在加州,25%的学生在高中毕业前遭受过性虐待或身体上的残害。25%的学生来自有酗酒或吸毒问题的家庭。30%的学生生活条件恶劣。15%的学生是新移民,要适应新的文化和语言。1890年,90%的家庭中祖父母同堂居住;1950年,只有40%的家庭是这种情况;今天这个数字下降到7%。因此,现在的家庭支持系统也远不及过去强大。至于学生的情绪问题与情感生活,请看数据,30%~50%的学生有自杀念头,15%的学生真的尝试过自杀,41%的学生每2~3周酗酒1次,10%的女生高中毕业前就怀孕了,30%的学生会在18岁之前辍学。[1]

我们不能指望学校为学生生活中的所有问题提供解决方案,但是好学校（也就是有好教师的学校）与坏学校相比则大不相同。要在课堂上提高学生的自尊，教师应思考哪些问题？我想在本章概括阐述一些基本问题。

教育的目标

也许，我们可以从教师对教育目标的构想开始。

学校教育的首要目标是把学生培养成"好公民"吗？如果是，那么，其重点也许不在于培养学生的自主性或鼓励学生独立思考，而在于让学生熟记共享的知识和信念体系，吸收具体的社会"规则"，学会服从权威。在早期美国历史中，这显然是公共教育体系的目标。

乔治·兰德（George Land）和贝丝·贾曼（Beth Jarman）在《断点与超越》(Breakpoint and Beyond) 一书中陈述的观点很有趣，值得引用。

> 早在1989年10月，加州学校管理人员协会就从传统思维的角度宣布"学校系统的目的不是为学生提供教育"。个体教育是"实现教育真正目的的手段，即创造一种切实可行的社会秩序"。一位来自全球大型学校系统的领导人声称：不将教育作为中心目标的学校培养出来的学生可以进入21世纪。[2]

我清楚地记得自己在20世纪三四十年代期间读小学和高中时的经历。那时我获得的两个最重要的价值观是，能够长时间保持沉默、不动，能够与同学们步伐整齐地从一个教室走到另一个教室。学校不是一个学习独立思考的地方，不是鼓励自我肯定的地方，也不是培养并加强自主性的地方。学校是一个让学生学会融入由无名氏创造的无名系统的地方，这个系统被称为"世界""社会"或"生活本应如此"，而且"生活本应如此"是学生不容置疑的。因为我质疑一切，也无法忍受沉默和寂静，所以我很快就被认定为一个麻烦制造者。

许多杰出人士都吐槽过他们在学校里的悲惨经历：学校教育枯燥乏

味，缺乏适当的智力启发与培养，不重视学生的思想修养。学校感兴趣的不是让学生学会独立自主，而是培养学生做"好公民"。

卡尔·罗杰斯在《个人形成论》(*On Becoming a Person*)一书中写道："在教育方面，我们往往会培养出墨守成规、一成不变、受过'完整'教育的人，而不是富有自由独创精神的思想家。"

许多教师和家长把遵守规矩和服从权威作为首要价值观，他们不支持反而阻碍儿童正常而健康的自立进程。针对这种倾向，让·皮亚杰（Jean Piaget）在《儿童的道德判断》(*The Moral Judgment of the Child*)一书中写道："想想人们对独裁专制进行的系统性抵制，想想世界各地的儿童为逃避纪律约束而发挥的聪明才智，我们就不得不说这是一个有缺陷的教育体系，因为它让许多努力都付诸东流而不是促进学生合作。"

我们有理由对这种导向的转变寄予期望。装配线早已不是典型的工作场所，因为我们已经从制造业社会转变到了信息社会，脑力劳动已在很大程度上取代了体力劳动。当今这个知识工人时代所需要的不是机器人式的服从，而是能够思考的人，能够在自我责任感的驱动下革新、创造的人，有自我管理能力的人，在与团队成员有效合作时能保持个性的人，对自己的力量和贡献能力充满信心的人。如今，职场所需要的是自尊，那么，职场所需要的迟早会被纳入学校教育的议程。

======

当今这个知识工人时代所需要的不是机器人式的服从，而是能够思考的人。

======

在早期的工业组织形式中，大量的工作都是重复性的，几乎不需要人们动脑筋，服从也许曾是一种宝贵的品质，但这并不是当今经理最看重的品质。简·布鲁斯坦（Jane Bluestein）是一位优秀教师，也是一位支持自主学习的教育技术专家，她在《21世纪的纪律》(*21st Century Discipline*)一书中说道："有证据表明，过于听话的孩子在当今的工作环境中恐怕难以发挥作用。"³ 今天，进取心和自我责任感受到高度重视，因为这正是瞬息万变、竞争激烈的经济社会所需要的。

如果学校要适应变化，那么教育的目标就不仅仅是让学生掌握在考试中可能需要反复消化的特定知识体系，而是要教育他们如何思考、如何认识逻辑谬误、如何发挥创造力、**如何学习**。之所以强调最后一点，是因为昔日的知识已无法满足今天的需求，现在大多数工作都要求人们终身学习。除此之外，年轻人需要学习利用电脑和图书馆，以获取在职场发展中必不可少的新知识。

目前，很多学校受到诟病，因为可能有学生直到高中毕业还不知道如何写一段连贯的文字，也不知道如何计算餐馆账单。人们理应掌握基本的母语写作或算术技能，但仅有这些知识还远不足以让人完成最简单的工作。

因此，将培养自尊纳入学校课程至少有以下两个原因：其一是支持年轻人坚持学业、远离毒品、避免过早怀孕、克制破坏欲和接受教育；其二是帮助他们为进入社会做好心理准备，在这个社会中，心智是每个人最重要的资本资产。

某些从事自尊教育的同事宣称：教师必须帮助年轻人相信自己的"直觉"，而不是教导他们如何思考、理解逻辑原理或崇尚理性。这就意味着拥有"直觉"便万事俱备。我承认，听到这些论调，我感到有些担心和不安。诚然，"直觉"在大千世界中占有一席之地，但是如果缺乏理性，直觉就是危险且不可靠的。至少，只靠直觉是不够的，建议年轻人凭直觉行事是不负责任的。众所周知，杀人狂魔查尔斯·曼森（Charles Manson）实施犯罪就是完全凭"直觉"的。

如果说教育的正确目标是为学生提供现代社会所需的基础知识，那么将批判性思维艺术列入学校课程则尤为重要。如果说自尊意味着相信自己具备应对生活挑战的能力，那么还有什么比学会运用自己的思想更为重要的呢？

我们是有思想、有创造力的人。对此事实的认识应当置于教育理念的中心。当把思想性和创造力放在课程设置的首要位置时,我们就是在培养自尊。

教师及课程设计者应扪心自问:"我的工作能否促进年轻人成为有思想、有创新力、有创造精神的人?"

教师的自尊

和父母一样,如果教师以身作则,树立健康积极的自我意识典范,那么他就更容易帮助学生建立自尊。实际上,一些研究表明,这是影响教师培养学生自尊的主要因素。[4]

低自尊的教师往往对学生更加严厉、缺乏耐心、独断专制。他们倾向于关注孩子的弱点而不是优点,激起孩子的恐惧和防御心理,让孩子更依赖他人。[5]

低自尊的教师往往过于依赖他人的认可,将他人视为获得"自尊"的源泉。因此,他们很难让学生明白自尊本应产生于自己内心。他们往往利用自己的赞成或反对操纵学生,教导学生遵守规矩并服从权威,因为这正是别人用在他们身上的行之有效的方法。他们教导学生自尊来自"成年人和同龄人的认可",传授的是培养自尊的外在方法而不是内在方法,结果是进一步加剧学生已存在的自尊问题。

低自尊的教师通常是不快乐的教师。

此外,低自尊的教师通常是不快乐的教师,而不快乐的教师往往喜欢运用贬损、破坏性的课堂管理策略。

学生们通过观察教师的部分行为来学习适当的成年人行为。如果教师喜欢讽刺挖苦,学生便会有样学样。如果教师说话粗暴无礼,学生便会恶言恶语。相反,如果看到教师慈祥和善、关注优点,学生可能就会学着将这些特点融入自己的行为。如果见证了教师的公平公正，学生可能就会理解这种态度。如果得到教师同情并看到教师向他人传递此情，学生可能就会学着内化同情心。如果从教师身上看到自尊，学生可能会认为这是一种值得拥有的品质。

此外，正如罗伯特·里纳森（Robert Reasoner）所指出的。

> 高自尊的教师，更倾向于帮助学生制定解决问题的策略，而不只是提建议或否认学生所列问题的重要性。这样的教师会让学生建立一种信任感。他们的课堂管理建立在理解、合作、参与、解决问题、关爱和相互尊重的基础上。这种积极的师生关系促使学生认真学习、增强信心、增强独立行事的能力。[6]

优秀的教师、家长、心理治疗师和教练都有一个共同点，他们对自己所关心之人的潜力充满信心，对其生活和行动能力深信不疑，并且他们会在与对方沟通的过程中传递这种信心。"上学时我的数学成绩总是很差，"一位来访者对我说，"我一直以为自己永远都做不好，直到我遇见了一位老师，她不同意我的想法。她知道我会学好数学，她的态度坚定得让人无法抗拒。"在缺乏自信的教师中，有能力以这种方式激励学生的人并不常见。

拥有良好自尊的教师也许明白，如果想要培养他人的自尊，他们就需要从对方的价值观角度去理解对方，让对方感受到被接纳、被尊重。他们知道并且时刻铭记于心的是，大多数人往往会低估自己的内在价值。实际上，大多数人的能力超出了他们自己的想象。当教师对此保持清醒认识时，其他人会受到感染并从教师那里获得这种认识。

当一个人不相信自己时，他就很难相信别人。教师能给予学生的最好礼物之一，就是拒绝接受学生表面上的不良认知，透过表象看到学生内心更深、更强大的自我，即使那只是一个潜在的自我。（教师可以设法让学生意识到学生本人未曾注意到的选择和机遇，并把问题分解成更小、更容易处理的单元（每个单元都在学生当前能力范围内），从而为解决问题奠定基础。)教师拥有自尊就可以更容易完成这项任务。

=====

> 教师能给学生的最好礼物之一就是拒绝接受学生表面上的不良认知。

=====

因此,在教师会议上发言时,我经常花大量时间谈论教育工作者如何提高自身的自尊水平,而不是谈论如何提高学生的自尊。

期　望

正如我们已经指出的那样,让孩子体验到被人接纳并不意味着"我对你不抱任何期望"。想要孩子们全力以赴搞好学习,教师必须传达自己对他们的期望。

研究表明,教师的期望往往会变成自我实现的预言。如果一位教师期望孩子得到的成绩是 A 或 D,那么他们的期望往往会变成现实。如果一位教师知道如何表达"我绝对相信你能掌握这门学科,我希望你能学好,我也会提供你所需的一切帮助",那么这个孩子就会感觉自己得到了培养和支持,备受鼓舞。

我们所需要和期望的课堂,是能够尽最大努力让学生既发展学习能力又培养自尊的课堂。

课堂环境

如果教育制度的主要目标是影响孩子自尊的第一个因素,第二个因素是教师的自尊,那么第三个因素就是课堂环境,即教师对待孩子的方式以及孩子们相处的方式。

孩子的尊严　令孩子最痛苦的事情莫过于成年人往往不把他当回事。

无论是被无礼地打发走，还是被称赞为"聪明可爱"，大多数孩子都已习惯于自己的人格尊严不受他人尊重。因此，当教师对待所有学生都彬彬有礼、尊重有加时，他就是在向全班发出一个信号：你现在所处环境的规则不同于你可能已经习惯了的规则；在这个世界上，你的尊严和感受非常重要。用这种简单的方法，教师就可以创造出一个支持自尊的环境。

多年前我曾受邀到一所天才儿童学校演讲。在演讲过程中，我邀请学生们谈谈被贴上"天才儿童"标签的感觉。他们热情洋溢地谈到很多好处，但也谈到不少坏处。有些人谈到被视为"家庭珍宝"的不适感；有些人谈到父母对他们的期望过高，而这些期望并不一定与学生自己的兴趣和需要有关。他们谈到，希望自己能受到"跟正常人一样"的对待。他们还谈到，成年人即使爱他们却也不一定会认真对待他们。在场的除了学生以外，还有学校大部分教师、副校长和学校心理辅导员。在讲座结束后，许多学生围过来提问。接着，副校长也加入了，向一个 11 岁左右的男孩提了一个问题。正当男孩回答问题时，学校心理辅导员过来找副校长，于是副校长没等男孩说完就背过身去与辅导员交谈。那孩子站在原地惊讶地看着我，无奈地张开双臂，好像在说："和大人打交道时就是这样，你有什么办法？他们还是不明白如何尊重我们小孩子。"我会意地笑了笑，模仿他的样子张开双臂，好像在说："是啊，你能有什么办法？"假设当时这位副校长是和一个成年人而不是一个孩子谈话，她的同事突然插进来打断她的谈话，而且没有一句道歉或解释，或者假设她背对着正在交谈的成年人转而与另外一人讲话，甚至不说一句"对不起"，那么副校长和她的同事都会被认为粗鲁无礼。话说回来，既然谈话对象是成年人时他们都一定不会那么做，那么为什么针对孩子的无礼行为就可被接受呢？这其中传达了什么信息？是不是只有成年人才适合受到这样的尊重？

课堂中的公正　　孩子们对公平问题极为敏感。一方面，如果他们看到教师对待每个人的规则始终如一，例如，教师以同样的态度与每个人交谈，不管对方是男孩或女孩，白种人、美国黑人、西班牙裔或亚洲人

（这些人都注册了相应的课程），那么学生就会认为这位教师很正直，由此他们的安全感得以增强。另一方面，教师偏袒（或嫌恶）某个学生也会破坏课堂气氛，让其他学生感觉被孤立、排斥，削弱他们面对生活的信心。教师往往会情不自禁地偏爱某个学生，但具有职业素养的教师懂得管理自己的情绪、控制自己遵循客观的行为标准。孩子需要获得这样一种感觉：在课堂上，公正必将获胜。不明白这个道理的教师会把一个8岁大的孩子变成一个愤世嫉俗的人，不再尽力表现出自己最好的一面。

自我欣赏　通过给予适当反馈以帮助孩子感受到自己被他人关注，就是在鼓励孩子拥有自我意识。描述所看到的事实而非给出判断就是在帮助孩子关注自己。看到孩子的长处就是在鼓励孩子自我欣赏。

然而，教师往往倾向于关注弱点而不是长处。例如，约翰尼英语很好，但数学很差，因此教师将整个关注点都放在了他的数学上。因为数学是必修课，教师这样做倒也可以理解，然而这种做法是错误的，并非错在教师说数学需要更多的关注，而是错在教师认为数学比英语技能更重要。如果约翰尼的英语很好，教师应该鼓励他多写多读，而不是让他少下功夫。当孩子表现不好时，教师往往会给家长打电话。我们有理由相信，在孩子表现良好的时候给家长打电话可能会更有成效；在孩子表现欠佳时，教师可以关注负面因素，但不要视之为当下最重要的因素。相反，教师应该帮助约翰尼认识并欣赏自己的优点，发掘他的爱好，并为他的未来发展指明方向。

在对待弱点时，教师对约翰尼学业弱项的关注也会伤害他的自尊，比如告诉他："如果你学不好……你的一生就会一事无成。你到底怎么回事？"反之，如果教师鼓励约翰尼扩展自己的知识领域，那么解数学题就会变成培养自尊的过程。比如，教师可以这样鼓励他："哪怕再难，你也要坚持下去。"总之，教师应关注学生积极的方面。

有时，孩子并不完全了解自己的优势，教师的职责就是帮助孩子认识自己的优势。这与虚假的赞美毫无关系。每个孩子都有把事情做对的时候，也都有长处，必须有人去寻找、识别和培养这些长处。教师应该是淘金者，努力寻找学生的闪光点。试想一下，如果教师认为最紧迫的任务就是发现你的优点和美德，并帮助你更好地认识它们，那么这能否让你不断突破自己？这样的环境能否激励你成长和学习？

=====
教师应该是淘金者，努力寻找学生的闪光点。
=====

关注 每个孩子都需要关注，有些孩子比其他孩子需要更多的关注。有的孩子经常被人忽视，他们的功课做得非常好，但是在课堂上却很害羞、腼腆、沉默。教师需要加倍努力把这种孩子"拉出来"。要做到这一点，教师可以经常这样询问孩子，"克拉拉，你有什么意见"或"你觉得怎么样，查理"。有时候，如果教师可以让这样的孩子帮助其他学困生，那么这种孩子就有机会"走出来"并体验到帮助他人的效能感。（此处的重点并不是利他主义，而是让孩子获得社交能力体验。正如教育家肯尼斯·米勒（Kenneth Miller）所说："同伴互帮互助是当今学校里最美好的事情。"[7]）教师还可以让害羞的学生下课后留下来多待一会儿，以便建立更多的人际关系，教师借此发出这样一个信号：他受到了关注。

每个学生都需要而且都应该得到这一信号。其实，孩子们最需要的是教师对他们想法和感觉的重要性予以肯定。对许多孩子来说，最可悲的是他们年复一年从未在成年人那里得到过这样的肯定，或者在某种程度上说，孩子的想法和感觉对成年人来说并不重要。当那些认为自己无关紧要的孩子因"无私"而受到表扬时，他们的问题就会进一步恶化。

纪律 若要学生取得学习进步、完成学习任务，那么每个课堂都要有一些大家必须遵守的规则。教师可以借助自身的权力来强制执行规则，也可以以利于学生思考和理解的方式来解释规则。简·布鲁斯坦写道：

当我们要求学生做某事时，通常应该给他们一个更好的理由而不是"因为这是我说的"。告诉他们某些规则或限制背后真实的、合乎逻辑的、内在的理由，有助于形成承诺和合作，即使对叛逆的学生也是如此。[8]

教师可以从两个方面来思考如何贯彻落实规则，"我怎样才能让学生做该做的事"或"我怎样才能激励学生做该做的事情"。第一种观点是对抗性的，充其量是鼓励学生在依赖的同时服从规则；第二种观点是善意的，鼓励学生在自我负责的同时实现合作。教师采取第一种方法会给学生造成痛苦，采取第二种方法则可带来价值感和力量。教师觉得哪种方法更称心如意，与他本人的效能感有很大关系。

有时，教师可能会觉得别无选择，只能通过让学生避免消极情绪而不是获得积极情绪的来促使学生依规则行事。情况也许如此，但作为一种排他性或支配性的政策，规则在心理上是消极的。它让人相信逃离痛苦比体验快乐更重要，这会导致自我收缩（收缩思想和情感），而不是自我表达和发展。

在《教师效能训练》(*Teacher Effectiveness Training*) 中，托马斯·戈登建议让学生参与规则制定，也就是让他们思考有效的课堂要求。这样做不仅有利于激发学生的合作精神，而且有利于提高学生的自主性。

海姆·吉诺特在《孩子，把你的手给我（Ⅲ）》一书中写道："纪律的本质是找到有效替代惩罚的方法。"在此书有关纪律的章节中，他提供了一些非常好的激励策略，可以帮助学生提高自尊。

基于自己的家庭经历，孩子往往对成年人的行为抱有消极的期望，因此他们上学时会出现纪律方面的问题。由于对自己动机缺乏清醒的认识，他们可能会在课堂上捣乱使坏以引来习以为常的惩罚，也可能会挑起愤怒，因为他们"知道"愤怒是专为自己准备的东西。教师面对的难题是，不能"中计"，也不能满足他们最坏的期望。与这样的学生打交道，教师很难保持尊重和同情的态度，但睿智成熟的教师就能做到这一点，他们会对学生产生非同寻常的影响。

本书的目的不是研究维持课堂纪律的策略。除了吉诺特的书外，简·布鲁斯坦的《21世纪的纪律》对这一问题的处理也很出色。她在阐述教师维护纪律的同时加强学生的自主性方面展示了非凡的独创性。

她谈到了一个众所周知但经常被忽视的原则：纠正学生不当行为的好办法是让学生体验不当行为的必然后果，而不是惩罚学生。例如，某个班级的学生经常上课拖沓、不予配合，无法完成课程学习内容，于是老师宣布，不上完课就不许学生下课吃午饭。结果等学生赶到餐厅时，饭菜已经凉了，而且大部分都没有了。第二天，老师发现每堂课都进展顺利，而且在下课前两分钟，每张课桌都收拾得干干净净。"至今我还感到惊讶，他们一夜之间就学会了看时间。"简·布鲁斯坦写道：

> 在某种权威关系中，学生的不当行为促使教师行使权力、采取控制措施。在这种情况下，我们的第一反应是"我怎样才能教训这个学生"。在21世纪的课堂上，学生从不当行为中吸取的教训来自不当行为产生的后果，而不是教师的权力……以上述拖沓班级为例，学生们错过午饭是因为他们做出了错误的选择，而不是因为受到老师惩罚。一旦学生们按时做好上课准备了，教师就没有理由让不良后果（例如推迟午餐时间）持续发生。

关于这个问题，我想最后再说一点。低自尊既会促使某些教师采取严厉、具有惩罚性甚至虐待性的行动，也会促使其他教师采取某种含糊、"放任"的态度，这样就使教师权威丧失殆尽，导致课堂一片混乱。同情与尊重并不意味着教师不够坚定。屈服于班上的捣乱行为意味着教师放弃自己的责任。称职的教师明白有必要制定可接受的行为准则，但他们也知道，强硬手段并不意味采取有损个人价值感的方式回应甚至侮辱学生。优秀教师的特点之一就是善于应对挑战。

=====
同情与尊重并不意味着教师不够坚定。
=====

为了达到想要的结果，教师有时还需要发挥想象力，而不是用一套适合各种场合的公式策略来解决问题。我认识一位教师，她用下列办法解决了课堂问题：班上有个男孩子，他个头最大、最爱吵闹，这位教师与男孩进行了单独谈话，问他是否可以发挥天生的领袖才能来帮助她，说服其他几个学生遵守纪律。起初，那男孩看上去有点不知所措、无言以对，但他很快就镇定下来，对自己要肩负重任而备感自豪。

认识情感

教育不仅应让学生认识自己的心智，也要使其认识自己的情感。

不幸的是，许多父母隐晦地教育孩子要压抑个人感受和情绪，或者压抑那些令父母感到不安的感受和情绪。"别哭了，不然我就让你哭个够！""你居然敢发脾气！""不许害怕！你想让大家认为你是个胆小鬼吗？""正派姑娘是不会有这种感受的！""别那么激动！你怎么回事？"

情感上冷漠压抑的父母往往会造就情感上冷漠压抑的孩子，他们通过公开交流的方式或用自己的行为举止，让孩子了解什么是"恰当的""得体的""可被社会接受的"情感。

此外，接受某些宗教教义的父母很可能会给孩子传递一种不当观念，诸如世上存在"邪恶的思想"或"邪恶的情感"之类的东西，他们也可能会告诉孩子："那种感情是一种罪过！"那么孩子可能因此在内心产生道德恐惧。

情感既是心理活动，又是生理活动。它是一种自动的心理反应，包含心理和生理特征，是我们对有益或有害的东西做出的潜意识评价。[⊖]

⊖ 我在这里省略了某些焦虑和抑郁的体验，它们的根源可能是生物性的，它们可能不完全符合这个定义。

情感反映的是感知者对现实不同方面的价值反应，"对我有利或不利""对我有益或有害""应该追求或应该回避"等。关于情感心理学的讨论可以参阅《否认自我》一书。

不去了解我们的感受就意味着无法体验万物之意义。人们常常鼓励孩子保持这种无意识状态，引导孩子相信情感具有潜在的危险性，有时要否认情感，让自己意识不到其存在，于是孩子便学会否认某些情感，并不再有意识地体验情感。在心理层面上，孩子会转移意识，从而否认或拒绝认识某些情绪。在生理层面上，孩子会屏住呼吸、绷紧肌肉、隔绝本应自由流动的感情，以致自己处于半麻木状态。

我并不想暗示说父母是造成童年情感压抑的唯一根源。他们当然不是。正如我在《尊重自我》中所阐述的，通过否认自己的某些情感，孩子们能学会保持内心的平衡。不可否认的是，很多父母让孩子为了获得认可而压抑情感。

随着逐渐长大，孩子可能会割舍掉越来越多的感情、越来越多的自我部分，以期得到父母的接纳和爱，避免被父母抛弃。孩子可能会将自我否定作为一种生存策略，很难认识到自我否定所带来的长期且负面的影响。

教师应该教育孩子理性地尊重情感，同时让孩子意识到，一个人可以接纳某种情感，而不必受其支配。

当感到害怕的时候，我们可以学着承认并接纳恐惧，例如，我们可能感到害怕，但在必要的时候仍然会去看牙医。当生气的时候，我们可以学着承认并谈论内心的愤怒，而不是诉诸武力。当受伤的时候，我们可以学着去了解自己的感受并接纳这种感受，而不是装出一副毫不在乎的样子。我们可以学着去认识自己急躁与兴奋的感觉，深呼吸并体验这种感觉，然后继续做完家庭作业后才出去玩。我们可以认识并接纳自己性冲动的感觉，而不是以自我毁灭的方式受其控制。我们可以学着在不丧失理性的情况下认识并接纳自我情感。我们可以学着去思考这些问题：我的感觉会告诉我什么？我需要思考些什么？

> 我们可以学着在不丧失理性的情况下认识并接纳自我情感。

  我们可以理解：直面痛苦或恐惧比否认痛苦或恐惧更安全一些。

  我们可以明白：我们要对自己的情感选择负责，但这种情感和道德无关，它们只是情感。

  今天，有些人只有在心理治疗中才能得到这种认识。在未来的学校里，学生在完成 12 年教育之前必须了解这些理念。这些理念将成为每个人所受教育的组成部分，因为它们对于希望过上体面生活的人而言具有非常重要的意义。

  毋庸赘言，教师要想成功地教授自我接纳，就必须善于接纳学生的感受，必须创造一个人人都能感受到被人接纳的环境。感受到被人接纳的孩子更容易接纳自己。

  关于这一点，在之前有效抚育孩子的部分已经讨论过，这里有必要再次加以强调。事实上，第 13 章我们所确定的所有原则都适用于课堂。例如，以仁爱之心对待错误，而不是将错误视为可耻的事。我相信其中的道理非常清楚：教师对学生犯错所做的反应会影响学生一辈子。

  如今，很少有学校教授学生如何思考，也很少有学校教授学生有关情感的内容，但未来的学校都必须教授这些内容。

与他人相处

  中小学阶段还应给学生增加另外一门课程——人际交往能力的艺术。

  自尊是指我们对自己应对生活基本挑战的能力充满信心。学会有效与他人相处就是挑战之一。这意味着，双方在沟通中获得双赢。想一想，今天大约有 95% 的人都在某个组织中工作谋生，他们需要与他人合作。如果他们缺乏安全感和有效的沟通技能，他们完成工作的能力就会受到严重限制。促使人们在某个单位取得成功的因素有很多，其中有4～5个最重要的因素都和与同事良好合作的能力有关。的确，人际关系差的人有时也会取得成功，但他们走的是一条艰难的道路，而且成功的概率很小。

人际交往技能相关知识应当成为年轻人所受教育的一部分。

======
人际交往技能相关知识应当成为年轻人所受教育的一部分。
======

例如，我们知道，最好的人际关系建立在尊重自己和尊重他人的基础上。我们知道，双赢（互利）谈判比胜负谈判更胜一筹，因为双赢谈判可让双方都获利，而胜负谈判则是一方获利而另一方则损失（顺便说一句，这个话题越来越多地出现在商业文献中）。我们知道，公平公正地与人交往可以为人们发挥最佳水平提供安全感。我们知道，仁爱、同情和互助的精神（不是自我牺牲）符合每个人的利益。我们知道，信守承诺的人能赢得他人的信任与合作，言而无信的人则不能。我们知道，成功者寻找解决方案，而失败者则寻找替罪羊。我们知道，口头交流与书面沟通的技巧非常重要，尤其是在职场，事实上，这是取得事业成功最重要的决定因素之一。我们知道认真倾听、适当反馈和同理心的作用，也知道这些要素缺失将产生什么后果。我们知道，一个人履行责任、愿意担当可以带给团队带来无与伦比的协同力量。我们知道，恰当的自我肯定可以增强团队的力量，而对自我肯定的恐惧则会破坏团队的工作。我们知道，如果一方或双方抗拒正常的自我肯定和自我表达，那么他们就不可能实现成功的人际交往。

对年轻人的教育而言，这些知识难道不如地理知识重要吗？

在进行人际效能培训时，我们同时实现了两个目标：其一，我们培养了自尊；其二，我们提高了生活能力。

能力与技能

我们认识到，如果学生要培养自尊，他们就需要从教师那里得到尊重、仁爱、正面激励、基本知识和重要技能的教育。

不同班级的学生必然存在显著的能力差异。优秀的教师知道，只有发挥学生的长处而不是关注短处才能促进他们学习。因此，教师通过给学生分配适应当前能力的学习任务来培养他们的能力和自尊。这种方法成功有效，有助于学生进步。

教师的工作就是促进学生进步，然后让学生在此基础上再接再厉，更上一层楼。

战胜新的困难挑战的体验对提升学生自尊至关重要，教师应知道如何巧妙地调整这个发展进程，这一点至关重要。

成绩曲线图

不幸的是，许多学校采取的一种做法是给学生评定成绩并标记在曲线图上，以致每个学生都与其他学生处于敌对关系。学生并不希望跻身为聪明者，反而有理由希望自己成为愚钝的学生，因为其他人的能力会威胁到自己的成绩。当然，学校需要有一个标准来衡量学生的进步并确定他们对各学科的掌握程度。我并不是批评成绩的作用，但评定标准必须客观。如果一个标准不以知识和掌握程度作为客观参照，使每个学生都变成其他学生的敌人，那么这个标准就不利于培养自尊。

假如我写的一篇两页纸的文章不可避免地出现了几处语法错误，而班上其他同学出现的语法错误更多，那么这并不能说明我是英语写作的优等生。假如我根据自己的需要不断学习和进步，那么对我的评定就必须依据合理的能力标准。提供这些标准是教育工作者的责任之一，而他们默认的做法是使用成绩曲线图作为评判标准。

认知个性

过去人们以为,每个人都以同样的方式学习,一种教学方法可以适用于每个人。今天大家认识到人们有不同的学习方式和"认知风格",而且教学方法最好能适应每个学生的具体学习需求。[9] 一些教学质量比较高的学校已经开始将这种理念融入他们的教学方法。

对认知科学的先驱理论家霍华德·加德纳(Howard Gardner)的话引用如下。

> 每个人在很多方面都有独特的才智或理解世界的方式,包括语言、逻辑、数学、空间、音乐、物理(利用实体解决问题或制造物品)、认识他人并认识自我等方面。
>
> 而且,每个人都有不同的学习风格。有些人对视觉信息的反应敏感,有些人对语言(演讲、阅读)的反应敏感,还有些人必须接触或参与物质世界,才能对事物产生认识。
>
> 一旦明白此理,若教师用同一标准对待不同的孩子,那就是渎职。[10]

人们现已开发出可以识别三四种主要学习风格的系统,这样教师就能以最有效的方式呈现课程材料。可以肯定的是,这对于维护青少年的自尊极其重要,因为他们过去不得不努力适应一种不太自然的认知方式。

听话的学生与有责任感的学生

下面我们将通过对比,分析传统教学方式与培养自尊的新型教学方式之间的差异。我们将听话的学生和有责任感的学生,也就是感受到"外部控制"的学生与感受到"内部控制"的学生,进行特征对比。这种对比有助于我们理解某些"新型教育"的目标。下面的内容取材于简·布鲁斯坦的《21世纪的纪律》一书,我略做改编(见表14-1)。

表 14-1

听话的学生	有责任感的学生
受外部因素的激励，例如，需要取悦权威并赢得外部认可	受内部因素的驱动，例如，需要权衡选择并承担个人行为后果
服从命令	做出选择
在缺乏权威人士指导的情况下，可能缺乏有效学习的信心；缺乏主动性；等候命令	在缺乏权威人士指导的情况下，有信心有效地学习；采取主动
自尊由外部决定，只有得到他人认可，才能体验到自我价值	自尊由内部决定，不管他人认可与否，都能体验到自我价值
认为"我的行为就代表我的想法"（别人可能影响我的想法）	明白"我的行为不代表我的想法，但我要对自己的行为负责"
难以认识到行为与其后果之间的联系	能够更好地认识行为与其后果之间的联系
难以发现选择和选项，难以做出决定	更容易发现选择和选项并做出决定
普遍存在无助感和对教师的依赖感	普遍具有权力意识和独立意识
依据外部价值体系（通常是对他重要的人，即"重要他人"的价值体系）行事，但该体系可能不适合个人，甚至有害	依据内在价值体系（对他来说是最好或最安全的价值体系）行事，同时考虑他人的需求和价值观
服从命令，可能进行思考	进行思考，可能服从命令
对内心发出的信号、依据自身利益行事的能力缺乏信心	对内心发出的信号、依据自身利益行事的能力充满信心
难以预测行动的结果或后果	更好地预测行动的结果或后果
难以理解或表达个人需求	更好地理解和表达个人需求
在不伤害自己或他人的情况下，满足自我需求的能力有限	更好地关照自我需求而不伤害自己或他人
有限的谈判技巧，导向是"你赢了，我就会输"	较强的谈判技巧，导向是"你赢了，我也赢了"
百依百顺	通力合作
以避免惩罚为导向，"远离教师"	致力于执行任务，体验积极选择的结果
可能体验到内部和外部需求（我想要的和老师想要的）之间的冲突，可能有内疚感或叛逆心理	能更好地解决内部和外部需求（我想要的和老师想要的）之间的冲突，较少有内疚感或叛逆倾向
可能会做出错误的选择，以避免被否定或抛弃（从而让朋友更喜欢我）	可能会做出错误的选择，以观察不良后果并满足好奇心

道德含义

在准备得出结论之前,我想提请大家注意从服从命令到履行责任的转变中一个道德方面的问题。

听话的学生在不同情况下会牺牲自我或他人(纵观人类历史,这是顺从之人的惯常做法),而合乎理想的做法是,教导有责任感的学生在牺牲的范式之外行事。遗憾的是,"不牺牲自我或他人"在"双赢"哲学中是隐含的,尚未被明确指出。至少,有责任感的学生可能学到一种新的人际关系概念,拒绝牺牲自我。

一方面,他不会为了追求个人目标而牺牲他人。另一方面,他更不愿意为了所谓的更高价值或更大利益而做出牺牲,也就是为了他人的目的而牺牲自我。例如,他不愿意为了公司(或部落)的利益而牺牲自己的生命,更不愿意在一场由某些领袖策划的反人类战争中牺牲(或杀人)。

听话的学生接受的教育是不要挑战权威;有责任感的学生时刻准备着质疑一切,必要的话,挑战一切。在本书下一章中,我们会更清楚地了解到,这正是市场的需要。站在更广的角度上看,这是文明的需要。

自尊课程

一些教育工作者为学校系统设计了具体的方案,旨在培养学生自尊。下面我只提两件比较了解并且非常钦佩的事情。

我之前已经引用过罗伯特·里森纳的《建立自尊:学校综合计划》(*Building Self-Esteem: A Comprehensive Program for Schools*)。这个计划已经被加州多所学校采用并获得令人瞩目的成功:学生的学习成绩和出勤率显著提高,辍学率、青少年怀孕率和吸毒率显著下降,破坏公物行为大幅减少。事实上,大多数采用该计划的学校后来都被一家独立机构评为加州最优秀的学校。

另一个颇具影响力的计划是康斯坦斯·德姆博洛夫斯基(Constance

Dembrowsky)的《个人与社会责任》(*Personal and Social Responsibility*)。[11] 很明显该计划的目标并不是培养自尊,而是培养自我责任感,培养能给人带来自我效能感的技能。这意味着它是一个名副其实的自尊培养计划,尤其对处于危险期的青少年行之有效。德姆博洛夫斯基夫人是自尊运动的先锋人物,她认为健康自尊的根源是内在的而不是外在的。她关注的焦点是年轻人到底该学什么、做什么才能拥有强大的力量。

我希望本书有助于为那些专门推进年轻人进行自尊六大支柱实践的学校创建新的自尊培养计划。

教师每天面临各种挫折、压力和挑战,这对于他们的自尊、精力和奉献精神都是考验。许多优秀的教育工作者在职业生涯之初便抱有美好的理想,即坚信他们所致力的事业就是要点燃学生的思想火花,始终如一地坚守初心是一项英雄般的工程。

教师所从事的工作真是再重要不过了。然而,要做好这项工作,教师应当体现(至少在相当程度上)他们希望传达的内容。

不能以适当意识水平行事的教师,就不可能为学生树立有意识地生活的榜样。

不能自我接纳的教师也不可能成功地传授自我接纳。

没有自我负责精神的教师很难说服别人相信自我负责的重要性。

惧怕自我肯定的教师不可能激励别人进行自我肯定。

没有目标的教师对于有目的地生活实践没有发言权。

缺乏诚信的教师在激发他人诚信方面的能力将受到严重的限制。

教师,就像家长,像心理医生,像我们所有人一样,被赋予照顾他人的责任。如果教师的目标是培养学生的自尊,那么他们就要从培养自尊的课堂入手。正如养育子女一样,教学也可以是一种精神上的训练、一条个人发展的途径。每一个当下面临的挑战都能通向个人成长之路。

第15章 自尊与工作

自尊一直是一种迫切的个人需要，在20世纪的最后几十年里，它获得了新的意义。社会和经济状况的变化对我们的自我信任提出了新的挑战。

让我们牢记自尊的基本含义，即自尊就是对我们的思维效能和思考能力充满信心。从广义上讲，自尊意味着我们坚信自己的学习能力、选择与决策能力、应对变化的能力等。很显然，我们应当保持这种信心，缺失信心将很危险。研究发现，企业经营失败的共同原因是其主管领导惧怕做出决策。然而，不仅企业管理人员需要相信自己的判断，其实每个人都需要信心，尤其是现在。

社会背景

在当今这个时代，我们面临着大量关于价值观、宗教、哲学取向以及总体生活方式等方面的选择。我们所处的文化也远远不是一种人人都必须遵循其中规律的单一文化。正如我之前指出的，在意识层面上，我们需要做出的选择和决定越多，对自尊的需求就越迫切。但在这里，我不想把讨论重点放在整个文化上，而是想重点探讨工作领域的挑战，即个人和组织在适应经济形势方面所面临的挑战。

我认为，当今经济社会比以往任何时候都需要更多高自尊的人，这种需求意味着人类进入进化历程的一个转折点。在阐述这个问题时，我必须请读者跟随我一起简短地回顾一下历史。如果对历史缺乏了解，人们便难以充分理解自己所处的这一历史时刻，以及它对自尊的意义。

======
当今经济社会比以往任何时候都需要更多高自尊的人，这种需求意味着人类进入进化历程的一个转折点。
======

众所周知，在过去几十年里，各个国家经济都取得了长足发展，促使所有参与生产过程的人（包括企业领导人和初级员工）更加迫切地需要自尊。这种发展体现在以下几个方面。

1）从制造型经济向信息型经济转变，对体力劳动者或蓝领工人的需求逐步减少，而对拥有高水平语言能力、数学知识和社会技能的知识型工人的需求在迅速增长。

2）新知识、新技术、新产品、新服务不断涌现，对经济适应能力的要求不断提高。

3）全球经济出现了前所未有的激烈竞争，这为我们的创造力和自信心带来了新的挑战。

4）对企业各级人员的要求越来越高，不仅包括高层管理人员，而且遍及整个企业系统。这些要求涵盖：具备自我管理、自我负责、自我指导的能力，拥有高度自觉意识，勇于创新、勇于奉献。

5）创业模式与思维方式成为我们思考经济适应性的核心。

6）在所有经济活动中，思想是中心和主导因素。

本书将从以下几个方面进行概述。

1）从制造型经济向信息型经济转变，对体力劳动者或蓝领工人的需求逐步减少，而对拥有高水平语言能力、数学知识和社交技能的知识型工人的需求在迅速增长。

如今，我们生产出来的东西比历史上任何时候的都要多，但投入的人力却很少。在20世纪最初几十年，大约50%的劳动人口从事体力工作，近几十年他们只占不到18%，预计在不久的将来会降至10%。制造业的劳动密集型程度大大降低；整个生产过程中的劳动力成本大幅下降，并将进一步下降。这意味着，除开其他方面，获取廉价劳动力供应对于增强企业竞争优势而言已变得越来越无关紧要。在美国，非熟练劳动力市场已急剧萎缩，也就是说，那些缺乏教育、培训、基本读写和运算技能的人几乎找不到用武之地。当今市场需要的是有知识的人。

这一点对于理解受教育水平较低者的失业问题至关重要。仅拥有强健的肌肉或仅掌握数千年来已为人熟知的各种劳动技能，已经远远不够用了，无法保证人们找到好工作。如今，人们需要教育，需要接受正规的训练，或者需要具有非凡的自学天赋。人们还需要明白，这个学习过程永无止境，因为新的知识不断涌现，人们刚学有所获，所学的内容便马上过时落伍了。

在商业发展初期，情况则大不相同。那时的老板深谙企业经营所必需的一切知识。也许他需要别人来协助完成工作，但这并不是因为别人掌握了老板所不知道的知识。随着企业发展和技术进步，公司开始聘用一些经理和工程师，他们在某些领域拥有老板所不具有的特长。不管怎么说，过去只有少数人掌握专业知识。

那时，所有谋划和决策都由高层管理者完成，并经由管理系统逐层下达。（大型企业组织都只是效仿军队管理模式。在创建第一家现代化钢铁厂时，安德鲁·卡内基派他的副手去了解普鲁士军队的管理与通信系统，然后将其中许多原则应用于自己的企业中。此前，最大的钢铁厂雇用了 600 人，而卡内基面临的挑战是整合并管理 6000 人的工作事务。）只有几位主要负责人规划企业发展目标，并制定企业应遵循的战略和策略。还有为数不多的工程师也为公司出谋划策。公司所有的业务及经济状况上的信息都由这一小部分人掌握。

至于公司中绝大多数员工，他们只需了解公司对他们的要求，唯一的责任就是严格地执行上级下达的指示。所有行为应该像机器一样连贯且可靠的员工才能被称为理想员工。1909 年，科学管理的先驱弗雷德里克·温斯洛·泰勒（Frederick Winslow Taylor）向哈佛大学的学生总结道：工人的任务"是弄清楚老板想要什么，并严格按他的要求完成工作"。有人认为，工人不可能为生产或销售过程做出任何有价值或有创造性的贡献。处在当时发展阶段的公司体系并不需要大批拥有强大自尊的经营者，也不需要一支受过高等教育、技术精湛的劳动力队伍。

今天，人们常常批评所谓的"经典管理模式"。如果理解了它产生的背景，我们就能体会到其合理性和优势。比如，一个 1912 年在流水线上工作的人也许不会用英语读写，因为他也许是来自欧洲的移民，但是在接受训练后，通过认真完成工作任务，他就可以养活自己和家人，就可能过上比以往更好、更稳定的生活。弗雷德里克·泰勒的伟大创新就是将生产任务分解为一个个简单、分散、易于掌握的阶段，这是之前从未有人想到过的。这种做法能让人们"更巧妙且高效地"工作而不是更努力地工作，老板既提高了工人的生产率，也增加了工人的工资。充满自信且雄心勃勃的人创造了一种工作环境，即使一个低自尊的蓝领员工也能在这种环境中高效工作。

当时，随着技术进步，企业对设备操作技能的要求越来越高，但是对受教育水平、创造性思维、自我管理、独立自主等方面的要求并未提高。在这些方面水平较高也许可以让普通人在生活中更感喜悦和满足，但无法让人们有更高的收入。正如 20 世纪五六十年代在工业发展的高潮时期，蓝领工人处于成功之巅。那时，大多数受过高等教育的人还没有一个高中辍学且智力有限的熟练机械师挣钱多。现在的情况就大不相同了，要获得体面的工作就必须接受教育和培训。

如今，在复杂的商业组织中，各行知识和技能由专人掌握，这些人包括财务人员、市场营销和销售人员、工程师、律师、系统分析师、数学家、化学家、物理学家、计算机专家、设计师、医疗保健专业人员等各类专家。我们如今所看到的已不再是"管理人员"和"工人"，而是各类专业人员的融合。在组织内，每位专家都拥有他人不具备的专业知识和特长，组织也依赖于每位专家的谋划、发明、革新和贡献。在这种越来越合作化而非等级化的氛围中，"员工"变成了"同事"。

> 我们如今所看到的已不再是"管理人员"和"工人"，而是各类专业人员的融合。

在这种情况下，人际交往能力变得尤为重要。低自尊往往会阻碍这种能力的发展。

2）新知识、新技术、新产品、新服务不断涌现，对经济适应能力的要求不断提高。

20世纪90年代，成功的商业经营者都知道，要想在国际市场上保持竞争力，就必须在产品、服务、内部机制等方面不断进行创新，这些创新必须作为企业正常运作的一部分得到规划。对所处状态有清醒认识的人明白，若想在事业上取得进步，他们就不能满足于仅靠过去的知识和技能。过于依恋陈旧且熟悉的事物已十分危险，这会让组织和个人付出很大代价，面临被淘汰的危险。

> 过于依恋陈旧且熟悉的事物已十分危险，这会让组织和个人付出很大代价，面临被淘汰的危险。

各项科学突破和技术革新正以前所未有的速度从我们的实验室和研发部门产生。

迄今为止，人类在这个星球上已经生存了几十万年，人们认识到"存在"从本质上说是不变的。一些人相信人类可能拥有的知识现已为人所掌握。正如我之前所探讨的，人类的发展是一个持续从知识到新知识、从发现到新发现的过程，以进化时间来计算，人类生命仅在瞬息之间。

可以这样说，这一发展过程提供了必要的经济条件，进而推动着人类持续进化，促使人类不断超越自己。

3）全球经济出现了前所未有的激烈竞争，这给我们的创造力和自信心带来了新挑战。

在第二次世界大战后的几十年里，美国是世界上无可争议的工业领袖。那时，美国的经济实力处在鼎盛时期，而其他工业国家都在努力从战争的废墟中恢复经济，美国没有竞争对手，工人的工资也处于最高水平。美国的生活水平超出了世界上大多数人的想象，令人羡慕不已。

当时，企业本身尤其是大型企业已经严重官僚化，管理层次过多且人员冗余，以致企业不堪重负。企业更多地依赖于规模经济而不是创新来保持其经济优势，财务浪费现象严重，并且越来越背离早期的企业家精神。（政府推行的政策在推动企业发展方面发挥了重要作用，但那是另外一回事。）著名的通用汽车公司负责人阿尔弗雷德·斯隆（Alfred Sloan）曾总结过通用汽车的战略，他说："只要我们的汽车在设计上与同级别对手的汽车相当，我们就不必在技术设计上领先，也不必冒未经试验的风险。"[1] 美国汽车工业最后一项伟大创新是 1939 年引进的自动变速器。

20 世纪五六十年代涌现出许多对公司忠心耿耿但缺乏个性的"组织人"。对他们来说，成功之路不是独立思考，而是忠实于遵守规则；若想晋升，不是要脱颖而出，而是要将自我完全融入组织。员工只要具备足以维持现有能力水平的自尊就够了，但不能有过高水平的自尊以至于去挑战公司的基本价值观或制度。作为交换条件，公司承诺给予员工终身保护和安全，比如向员工承诺："只要你是公司的人，公司就会关照你。"

为了公司的利益而自我否定是一种很受欢迎的价值观，因为几千年来人们所受的教育都将自我否定视作道德规范的本质：我们要为部落、国王而自我否定。[2]

在那个年代，工会的影响力和权力达到了巅峰。工会领袖对即将发生的社会变化没有什么顾虑。当然，他们无法预见到20世纪80年代，当他们的目标全都实现时，他们将受到与经济无关的威胁，并且就像血友病患者一样，他们会眼看着越来越多的工会会员流失。

一名工会负责人曾宣称："美国工业运转靠的是人们的肌肉。"他在飞机上说这话的时候我就坐在他旁边，那是1962年。接着他开始谴责自动化带来的"灾难"，声称新机器的出现将使成千上万的工人永久性失业。他说："应该对此采取措施。"我对他说这是夸大其词，是谬论。引进新机器和新技术不仅提高了人们的生活水平，也增加了对劳动力的需求。相对于非熟练工人，自动化增加了对熟练工人的需求，那么毫无疑问，许多工人将不得不开始学习新技能，公司也必须对他们进行培训。"但是，"他气愤地问道，"那些不想学习新技能的人怎么办呢？他们为什么要折腾呢？他们不应该享有安全保障吗？"我反驳说：只是为了照顾那些"想得够多""学得够多"、工作上不思进取、不愿多动脑筋的人，我们就应该压制富有创造力者的抱负、远见、动力与生命力吗？难道后者也真的希望一切停滞吗？他无言以对。我认为自由意味着变化，应对变化的能力至少在一定程度上是自尊的一项功能。所有的道路迟早都会通向自尊。

═══

> 自由意味着变化，应对变化的能力至少在一定程度上是自尊的一项功能。

═══

无论人们的自尊水平是否足以应对挑战，变化都在发生。

起初，没人把日本人当回事。长期以来，日本产品一直被认为质量低劣、粗制滥造、完全不可靠。20世纪五六十年代，人们很难想象日本有朝一日会在汽车、超导体和消费类电子产品方面超越美国，或取代瑞士成为世界上最大的手表生产商。

1953年，日本完成其第二次世界大战后的重建，开启了非同寻常的经济增长模式。在接下来的20年里，经济年均增长率达到了9.7%。正是日本汽车工业的成功引领着这一飞速增长。20世纪50~70年代，日本的汽车产量增长了100倍，在1979年赶上并迅速超越了美国。20世纪60年代，日本成为收音机主要生产国，70年代成为电视机主要生产国。与过去完全不同的是，日本产品逐渐与高品质和稳定性联系在一起，尤其是在高科技领域，如飞机、机床、机器人、半导体、计算器和复印机、计算机、通信，还有包括核能在内的先进能源系统和火箭技术等。最重要的是，日本经济的飞速发展是高级管理战略的胜利。具有讽刺意味的是，日本采取的大部分战略是从美国学来的，而美国却很少付诸实践。

到了20世纪80年代，美国不仅面临着来自日本的竞争，还面临着来自其他环太平洋国家和地区的竞争，包括韩国、新加坡、中国台湾和中国香港。西边是欧洲经济的恢复与振兴，首先是工业强大、快速发展的西德。

美国商界的第一反应是沮丧、怀疑和拒绝。如此激烈的全球性竞争是一种崭新而令人困惑的经历。诚然，虽然美国汽车行业的"三巨头"之间一直存在竞争，但通用汽车、福特和克莱斯勒三家公司都遵循相同的规则，也拥有相同的经营理念。没有一家公司认真反思。日本人和德国人却做到了。

全球性竞争对创新的推动作用远远大于国内竞争。不同文化带来了不同的视角及认识事物的方式。不同文化的思想引发了更多商业思维上的交流与融合。正因为如此，世界竞争舞台要求人们具备更高水平的自尊和能力。起初，美国工人和管理人员不愿效仿日本人的做法，认为向日本人学习有辱人格。因此，他们非但不学习，而且最初的反应是固守自己的立场，并更加顽固地遵循旧有的行事方式。[3]他们甚至诋毁、谴责日本人，并要求政府提供政治保护以帮助他们对抗日本。这与我们在心理治疗中所看到的情况非常相似。当一个自我怀疑、缺乏安全感的人盲目地坚持采取起反作用的行动时，他会执着于强迫性的、僵化而虚幻的安全感，并将所有的不幸归咎于他人。

=====
全球性竞争对创新的推动作用远远大于国内竞争。
=====

只有来自日本和德国的毁灭性竞争冲击才使美国汽车业从沾沾自喜的沉睡中苏醒过来。至于它苏醒得是否及时，我们不得而知。几十年来，美国汽车业自身没有进行重大的技术创新，又拒绝使用子午线轮胎、盘式制动器和燃油喷射等，而这些技术都在欧洲汽车领域率先投入生产。近几十年来，美国汽车业反击了，汽车的质量已大大提高，但在创新方面仍然落后于欧洲。

环境已发生变化，人们需要采取新的应对策略，对此情况反应迟钝的也不仅仅是美国汽车业。无独有偶，当瑞士人看到第一批电子表时，他们的反应是"这不是手表，手表应该有弹簧和齿轮"。然而等终于觉醒时，他们已经失去了在该行业的领导地位。

迄今为止，美国仍然是世界上最强大的工业国家。近几十年来，美国的人口虽然只占世界人口的5%，但工业生产量却占世界的25%。即使知识渊博的人也不曾想到，在第二次世界大战后，当其他经济体完全崩溃时，美国在世界生产中的占比还是如此之高。总体而言，美国生产的商品、提供的服务空前增多，在过去40多年中占国民生产总值的百分比一直保持不变。为了应对不断变化的环境，美国对商业机构进行了重大改革，从重组和"瘦身"（例如去除冗余的管理层），到更加注重质量和客户服务，建立了新的组织和管理体系以更利于改革创新，提升对快速变化环境的适应能力。

美国的确面临许多重大问题，诸如经济增长率不足、教育体系不能满足需求、基础设施日益恶化、生活水平下降等。在未来十年，这些问题将有多少得到解决或变得更糟，我们拭目以待。

现在的关键问题并不是美国的经济正不可逆转地走向衰退，而是整个世界正在发生巨变。现在的经营环境中的挑战不断升级，这对商业特别是对人们自尊的要求都产生了重大影响。我们面临的挑战包括创造力、灵活性、反应速度、管理变革能力、思维拓展能力、充分发挥人们潜能的能力等。在经济上，我们面临的挑战是社会对创新能力更高的要求，而在这背后则是管理能力上的挑战。在心理上，我们面临的挑战是提高自尊水平。

======
现在的经营环境中的挑战不断升级。
======

4）对企业各级人员的要求越来越高，不仅包括高层管理人员，而且遍及整个企业系统。这些要求涵盖：具备自我管理、自我负责、自我指导的能力，拥有高度自觉意识，勇于创新、勇于奉献。

过去那种参照军队模式构建的官僚控制型金字塔结构，现在已逐步让位于扁平化结构（管理层次较少）、灵活的网络、跨职能团队以及各种临时专项小组。是对知识、信息流动的需求决定了企业，而不是预设的机械式权力层。

中层管理人员大幅减少，这不仅是因为要降低成本，还是因为计算机已经接管了在组织系统中传递信息的任务，使得管理者作为信息中继站的角色变得多余。知识比以往任何时候都能得到更广泛的传播，人们可以更加自由地获取知识，更容易在较高的意识水平上开展工作，从而大幅提高工作效率。

离开了陈旧且熟悉的指挥系统，许多管理者正在经历一场自尊危机：权威和权力的界线不再那么清晰，他们面临的挑战是为自己的角色找到新的定义。如今，他们需要将自我价值感与传统的身份地位或执行特定任务分离开来，并将自我价值建立在思考、学习、掌握新的工作方法、对变化做出适当反应的能力上。从董事会到车间，人们越来越清楚地认识到工作是表达思想的一种方式。随着设备和机械变得越来越复杂，对操作它们所需知识和技能的要求也相应提高。员工们需要对机器进行操控、保养、维修，学会预测需求、解决问题。总之，每个员工都能成为有自尊、有责任感的专业人士。

======

从董事会到车间，人们越来越清楚地认识到工作是表达思想的一种方式。

======

优秀的企业明白这样的道理：基层工人比远离生产实践的高层管理人员更清楚哪些改进（产品、服务和内部系统等方面）是可能且必要的。关于企业和管理的书中列举了许多工人为改进生产流程、服务和产品做出贡献的实例，他们能够积极应对并解决突发问题，做了许多远远超出其职责范围的工作。富有进取心和创新精神已不再是少数"特殊人群"独有的特质，而是每个人都具备的潜质。

然而，并不是每个人都能表现出这样的潜质。我们仍处于知识革命的起步阶段。如今有越来越多的企业为员工提供机会，希望他们展示自己的才能，这本身就说明企业希望员工拥有高水平的自尊。

现代企业将团队合作的实践提升到新的高度，同时要求每个参与者保持个性内核，因为思考是个体头脑的活动，自信、坚忍、毅力等有利于成功的心理特质也是如此。

在此我引用查尔斯·加菲尔德（Charles Garfield）《顶尖高手》（*Second to None*）一书中有关领先企业的新政策和新理念的研究论述。

> 在一个需要各个层面进行合作的领域，在一个必须将重点转向合作努力的时代，令人奇怪的是，个人反倒显得更为重要。我们再也无法维持这样的公司：大量"员工"长期闲置不用，

> 只有少数高层"头脑"要事事谋划思考……在一个需要不断推陈出新的时代，竞争要求我们充分利用公司里每个人的智慧。[4]

保持竞争力的压力迫使我们重新思考企业内部活动的各个方面，包括结构、政策、奖励制度、责任划分、管理实践（不能像管理体力劳动那样管理脑力劳动），以及所有参与实现生产目标的员工之间的关系。

企业应该吸取的一个教训是，要充分认识企业家精神的重要性，不仅对新建的企业如此，而且对成熟的行业也应如此。

5）创业模式与思维方式成为我们思考经济适应性的核心。

提到企业家精神，我们首先联想到的是那些创办新企业或开创新行业的独立企业家。然而，企业家精神对"大型企业"长久立于不败之地也至关重要，这是20世纪80年代给我们留下的经验教训。

回顾美国企业的早期以及推动美国飞速发展的创新者，对我们大有裨益，将其作为参照框架，有助于理解大型企业组织中企业家精神的重要价值。

随着资本主义以及早期美国企业家的出现，人们的观念发生了一系列转变。值得注意的是，这一切都直接关系到我们对自尊的需求。

"你的出身让你成为什么样的人"这样的问题被"你是如何塑造自己的"所取代。换句话说，身份不再是一个人继承的东西，而是一个人创造的东西。

"进步"这一概念引起了人们的丰富想象：智力、独创性和进取心可以不断地提高人们的生活水平，新发现、新产品、人类创造出的新事物可以持续提高人们的生活质量。虽然人们还没有完全认识到"头脑"是我们最重要的资本，但它已经日渐从幕后走到了台前，有时被称为"能力"或"才能"。

在这种新秩序下，独立自主和自我负责尤为重要，这与早期部落社会所重视的遵循规则、服从权威形成了鲜明对比。独立成了一种适应经济环境的美德。

当今时代，人们更重视具有商业应用价值的新思想以及发现并创造更多财富的能力。企业家精神备受推崇。

并不是每个人都接受并认同这些观点。事实上，即使在一些最优秀的企业创新者中，早年遗留下来的专制思维模式也没有完全消失。旧的观念和思维模式不会轻易在一夜之间消失殆尽。要全面接受新思想，人们还要经历一番苦战。

新的经济体系打破了旧的秩序。它不尊重权威，常常无视传统。它不惧怕变化，反而大大加速了变化。自由可能令人陶醉，但也可能令人恐惧。

企业家精神在本质上是反权威、反现状的。它总是朝着淘汰现存事物的方向前进。20世纪初，经济学家约瑟夫·熊彼特将企业家的工作称为"创造性毁灭"。

创业活动的本质是赋予资源新的创造财富的能力，即探索并实现未曾发现和实现的生产可能性。这要求人们至少在某些方面有能力进行独立思考，用自己的眼睛观察世界，不必过多关注他人所感知的世界。

在资本主义发展的最初几十年里，创业者们白手起家，除了聪明才智和雄心壮志，他们一无所有，但后来创办工厂并赚取财富，成为企业家。他们当中几乎所有人都是从打工开始的，几乎没有人完成高中学业（甚至很少有人读过高中）。那些封建贵族的残余、那些靠社会地位继承财富并且蔑视劳动的人，却将企业家视为威胁而予以强烈抨击。这些人沮丧又怨恨地看着新的财富生产者，议论纷纷，批评企业家是厚颜无耻的暴发户，指责企业家的活动导致了社会的不平衡。事实上，企业家不仅威胁了他们的社会地位，也威胁了他们的自尊。在一个以价值和成就为导向（以市场为判断标准）而不是以继承地位为导向的体系中，这些人的命运将会怎样呢？

如果说现代社会为自尊的重要性提供了一个空前广阔的舞台，那么它也提供了在早期的部落社会中从未有过的挑战——对自力更生、自我肯定、自我责任感的挑战。现代社会为独立思想创造了市场。

> **现代社会为独立思想创造了市场。**

  与现代资本主义相联系的大型企业是在美国内战之后才出现的，而在欧洲则始于普法战争之后。在整个19世纪，农业经济仍然占主导地位：大多数人靠农场谋生，土地是主要的财富来源，几千年来一直如此。美国是一个由农场主和店主组建的国家。当时没有人能想到，在19世纪最后25年里，从修建铁路开始，大型工业企业不断涌现，经济飞速发展，人类的能量得以释放，势如破竹。

  普通的农场主或店主并不是创新者。可以肯定的是，他们往往比前辈们更加自力更生、更具独立性、更足智多谋。他们离开欧洲的家园开始了在美国的新生活。新世界的社会结构更松散自由，要求他们必须更加独立自主、自我指导，从而增强自尊。但是，在当时的知识环境下，经济适应性对他们的要求既不是高水平的教育也不是较强的创新能力。他们的思维能力、学习能力和决策能力并没有持续受到挑战。

  只有企业家和发明家认识到自己受到挑战并欣然迎接挑战，但他们只是极少数。正是他们推动了农业社会向制造业社会的转变，从而使美国在钢铁、电力、电话和电报、农业设备和农学、办公设备、第一代家用电器，以及稍晚一点的汽车和航空方面都雄踞领导地位。

  在20世纪美国处于成功之巅的时候，美国的企业因国外的竞争而从骄傲自满中惊醒，面对根深蒂固的官僚主义的抵制，被迫重新思考企业家精神的重要性。这种新思维部分来自小型企业成功范例的激励（这也为未来发展指明了方向）。

  在过去几十年里，企业家精神空前高涨，而且集中表现在中小型企业中。到20世纪80年代末，每年有60万～70万家新企业诞生，而在经济最景气的五六十年代，新诞生企业的数目也只有这些数字的1/6或1/7。虽然《财富》杂志评出的世界500强企业自20世纪70年代初以来持续裁员，其中许多企业一直努力挣扎以求生存，但中小型企业却能够提供大约1800万个新的就业岗位，而且大多数岗位都是在员工不足20人的公司里。中小型企业表现出极大的创新性和灵活性，具有以闪电般的速度应对市场变化和机遇的能力，这正是大型企业所缺乏的优势。

中小型企业率先展示了大型企业为保持竞争力而必须走的路。当许多公司仍在努力解决传统的行政管理和企业管理之间的平衡问题时（一方面要保护和培育现存事物，另一方面要进行淘汰），越来越多的公司认识到，企业家精神并不只是中小型企业或新兴企业的特质。这一认识对于像通用汽车这样规模的公司来说至关重要。近几十年来，通用汽车正在努力应对这一挑战。

对于大型企业而言，培养企业家精神意味着要学会像小企业那样，以最富想象力、锐意进取的方式思考问题：培养企业轻松愉快、简洁高效、快速反应、对预示新机遇的发展动向时刻保持警觉的经营作风。这意味着要从根本上减少官僚体制，让企业自由经营。

为了适应这种需要，越来越多的大型企业在内部建立了自治或半自治的创业部门。它们的目的是把创新者从多层次、抗拒变化的官僚性管理障碍中解放出来。

从更广的角度看，许多大型企业正致力于将创新作为正常企业运作中有计划、有系统的一部分。它们正学着把创新当作一种可以学习、组织和实践的行为准则。⊖

如果低微的自尊与抗拒改变、固守熟知的事物相关，那么在世界发展史上，低自尊的个体从未像今天这样在经济上处于不利地位。如果高自尊与应对变化和摆脱过去羁绊而产生的舒适感相关，那么高自尊就会带来竞争优势。由此我们可以发现一个规律：在美国商业的早期，当经济相当稳定、变化相对缓慢时，官僚作风的组织形式运作良好。随着经济状况不稳定、社会变化步伐日渐加快，这样的组织就越来越难适应环境，无法对新的发展做出迅速反应。我们可以将此现象与自尊需求联系

⊖ 有关具体做法，参见彼得·德鲁克的一篇经典文章《创新与企业家精神》。

起来。经济越稳定，社会变化速度越慢，对大量拥有健康自尊的人的需求就越不迫切。经济越不稳定，当今和未来世界的变化速度越快，就越迫切需要大量拥有自尊的个人。

=====

经济越不稳定，当今和未来世界的变化速度越快，就越迫切需要大量拥有自尊的个人。

=====

6）在所有经济活动中，思想是中心和主导因素。

这句话的意思隐含在上述各点中，但还有几点需要进一步观察分析。

在农业社会中，财富等同于土地。在制造业社会中，财富意味着生产能力，即资本、设备、机器以及工业生产中使用的各种材料。在上述两种社会中，人们对财富的理解都是物质上的，而不是思想上的，财富是物质资产，而不是知识与信息。诚然，在制造业社会中，智力是经济进步背后的导向力量，但每当人们想到财富时，就会想到镍和铜之类的原材料，以及钢铁厂和纺织机等有形资产。

财富创造是指通过改造自然物质以达到服务于人类的目的，例如，将种子转化为农业收获，将瀑布转化为电力来源，将铁矿石、石灰石、煤炭转化为钢铁，将钢铁转化为公寓大楼的梁柱。如果所有的财富都是思想与劳动的产物，都是思想指导行动的产物，那么从农业社会向工业社会的转变可以理解为思想和体力劳动之间的平衡发生了深刻改变，其中体力劳动的比重逐渐下降，而思想则越来越重要。

作为人类智力的延伸，机器取代了人类躯体功能，进而取代了大脑功能。在降低体力劳动要求的同时，机器极大地提高了生产效率。随着技术不断发展，这个比例也在不断朝着有利于思想的方向转变。随着思想变得越来越重要，自尊也变得越来越重要。

这一发展过程的高潮是信息经济的出现，在这种经济中，物质资源占的比重越来越小，新知识和新思想几乎占据了一切。

例如，计算机的价值并不在于其物质构成，而在于其设计，在于它所包含的思维和知识，以及它所耗费的大量人力。微芯片是由沙子制成的，其价值在于编码于其中的智力功能。一根铜线可以承载 48 通电话会话，一根光缆则可承载超过 8000 次的通话，然而，光缆比铜线更便宜高效，生产能耗也更低。

自 1979 年以来，美国每年都较上一年用更少的能源生产出更多的产品。世界范围内原材料价格的下跌就是人们经济生活中思想占主导地位的结果。大脑一直是人类生存的基本工具，但在历史的大部分时间里，人们都没有认识到这一事实。今天，几乎全世界都对此有了清醒的认识。

挑　战

知识、信息、创造力（后来转化为创新力）是财富和竞争优势的源泉，在一个经济体中，个人和企业都面临着不同类型的挑战。

对个人而言，无论是员工还是老板，他们面临的挑战包括以下几种。

1）获得具有适应性的知识和技能，并致力于终身不断学习，这是知识快速增长所必需的。

2）与他人有效地合作，包括书面和口头沟通技巧、建立非敌对关系的能力、理解如何通过给予和接受来建立共识、在必要时愿意领导他人并激励同事。

3）合理应对变化。

4）培养独立思考的能力（没有这种能力就不可能有创新）。

这些挑战要求人们必须对自己的工作、对知识和技能的各种要求、对成长和自我发展的机遇和可能性都有高度的认识。致力于终身学习是有意识地生活的实践的自然表现。

> **致力于终身学习是有意识地生活的实践的自然表现。**

在与他人交往时，人们需要在尊重他人的基础上维持一定程度的自尊，避免无端的恐惧、嫉妒或敌意，期望得到公正和体面的对待，坚信自己可以做出真正的有价值的贡献。这些让我们再次认识到自尊的重要性。

例如，我们可以思考一下在交流中低自尊的表现。有自尊障碍的人经常贬低自己的想法，即使他们在表达想法的时候也是如此。他们说话时常常用"我认为"或"我感觉"作为开始，把事实转变成观点，这很容易让别人产生困惑。他们在提出新的想法之前会先道歉，发表一些自嘲言论。他们发笑是为了释放紧张情绪，因此常常不合时宜地笑。他们会突然陷入困惑和迷茫，因为他们预料到会出现分歧并遭人"拒绝"。他们在陈述观点时常常在句尾提高声调，听起来像是在提问。并非所有的沟通障碍都源自受教育不足。有时真正的原因是自我概念中的自我否定。

或者我们可以考虑一下与人为善以及与他人进行建设性交往的能力，这些都与积极的自我意识有关。拥有健康自尊的人不会通过错怪别人来证明自我价值，不以无端的临战态度处理人际关系。自我怀疑和缺乏安全感的人会把所有与他人（包括员工、上级、下属、客户等）的正常接触都看作公开或隐蔽的战争。

能否全力合作取决于参与者是否愿意承担责任，这是践行自我负责的必然结果。全力合作的基础包括，人们乐意信守诺言并履行承诺，思考自己的行为对他人产生的后果，为人可靠并值得信赖。这些都是个人诚信行为的表现。

相比于过去，现在的个人拥有了更多自我实现、自我表达的机会，在心理发展方面，社会对人们也提出了更高的要求。

当然，自尊绝不是一个人唯一需要的财富（关于这一点，千万不要搞错），但是如果缺乏自尊，个体就会受到严重损害并处于竞争劣势。

企业面临的挑战包括以下内容。

1）将创新和创业的准则纳入本企业的使命、战略、政策、实践和奖励制度，以满足不断创新的需要。

2）建设一种鼓励并奖励主动性、创造性、自我责任感和积极奉献的企业文化，而不是仅仅口头赞扬"个人的重要性"。

3）认识自尊和行为之间的关系，深入思考并落实支持自尊的政策。这要求企业认识并回应个人的各种需求，包括理智且可理解的、和谐的环境；学习、成长与成就；被人倾听、受人尊重；允许犯错误（但前提是为结果负责）。

从 20 世纪 90 年代开始并至未来，对脑力劳动者的需求将大于供给，因此脑力劳动者将有权提出待遇要求，有权选择能提供相应待遇的公司并为这些公司带来经济效益。当未来的员工思忖："这是一家我可以学习、成长、发展自我、享受工作乐趣的公司吗？"不管他们认同与否，这个问题相当于："这家公司会支持我的自尊还是伤害我的自尊？"

据说，未来的成功企业将首先是学习型企业。也就是说，它是致力于自尊建设的企业。

======
未来的成功企业将是致力于自尊建设的企业。
======

激发人的最大潜能

企业领导者通常不会认真思考"我们怎样才能创造一种支持自尊的企业文化"，但优秀的（最有意识的）管理人员会想："我们能做些什么来激发创新性和创造力？我们该怎样做才能使这里成为吸引最优秀人才的地方呢？我们该怎样做来赢得他们对企业的长期忠诚呢？"

这些问题各不相同，但答案则基本相同。倘若说有的企业培养了员工的创新性和创造力，却没有在某些重要方面培育员工的自尊，这种情况是不可能的。反之亦然，企业培养了员工的自尊、理性认识，却未能激发其创新性、创造力、工作激情以及忠诚性，那也是不可能的。

举个例子，一些企业正在尝试将加薪与员工获取新知识和新技能挂钩，并由企业支付员工的学习费用以使他们掌握新领域的专业知识。这种做法基于这样的认识：员工掌握的知识和技能越多，对企业的贡献就越大。那么，员工能力的提高难道不会促使自我效能感增强吗？

从个人角度看，工作显然可以成为提升自尊的工具。自尊的六大支柱在这里都有切实的用途。当我们把高度的意识、责任感等带到工作中时，自尊就会增强；同样，如果我们回避它们，自尊就会减弱。

当我受邀到公司讲授如何利用自尊原则和技巧来激发更高的绩效时，我经常运用句子补全练习，要求课程参与者在几周的时间里每天写6～10个句子结尾。我常用的句子主干如下。

如果我在今天的工作中提高5%的意识水平，_____。

如果我在日常活动中多5%的自我接纳，_____。

如果我今天能多5%的自我责任感，_____。

如果我今天能多5%的自我肯定，_____。

如果我今天能多5%的目的性，_____。

如果我在今天的工作中能多5%的诚信，_____。

诸如此类的句子都会让人直接体验到"自尊的六大支柱"实践的内涵，这些实践不仅关乎自尊，还关乎生产效率和人际交往的有效性。

在本书这一部分中，我想从企业的角度来关注自尊问题，分析一下哪种策略或实践会影响人们的自我效能感和自我尊重。

在一个企业中，如果员工具有高度的自我意识、自我接纳（以及对他人的接纳）、自我负责、自我肯定（以及对他人认可的尊重）、目标明确、重视诚信等特质，那么这个企业就拥有了一支具有非凡能力的员工队伍。这些特质表现在以下几个方面。

1）员工体验到安全感：他们不会因为开诚布公、承认"我犯了个错误"或说"我不知道，但我会找到答案的"等态度而受到嘲笑、贬低、羞辱或惩罚。

2）员工感到被人接纳：他们被人以礼相待，被人倾听，他们的想法和感受得到表达，个人尊严受人重视。

3）员工感受到挑战：他们会接到企业分派的可以激发、考验并拓展能力的各项任务。

4）员工感受到被企业认可：他们因个人的才智和成就而受到认可，因突出贡献而获得物质或精神奖励。

5）员工收到建设性反馈意见：他们会听到有关提高绩效的建议，提建议的方式无损于他们的尊严，强调积极因素而非消极因素，注重他们的优点。

6）员工感到被寄予创新期望：企业向他们征求意见，鼓励他们建言献策，期待他们提出好的创意。

7）员工可以方便地获取信息：他们不仅能够获得完成工作所需的信息（和资源），还可以了解整体工作环境，如企业的发展目标和进展情况，从而能够理解自己的工作与企业整体任务之间的关系。

8）员工被赋予了与其职责相匹配的权力：企业鼓励他们在工作中发挥主动性、做出决策、运用判断力。

9）员工得到明确的、不互相矛盾的行为准则与指导方针：他们能够理解并依靠企业的组织体系，并且明白自己应该在岗位上做出什么贡献。

10）员工受到鼓励，愿意尽可能自己解决问题：他们有权独立解决实际问题，而不是一味将问题与矛盾上报。

11）员工看到企业鼓励成功，对失败较为宽容：有非常多的公司常常加大对错误的惩罚力度，因此人们不敢冒险，不敢畅所欲言。

12）员工因积极学习而受到鼓励和奖励：企业鼓励他们参加内部和外部的培训课程，以扩展他们的知识和技能范围。

13）员工感受到企业的使命宣言和经营理念与企业领导及管理人员的实际行为相一致，因此员工受到激励，努力向言行一致的典范看齐。

14）员工受到公平公正的对待：他们感到职场是一个可以信任的理

性世界。

15）员工能够信赖自己所创造的价值并引以为傲：他们认为自己努力的结果是真正有价值的，自己的工作是有意义的。

从某种程度上说，一个具备上述所有条件的企业将会吸引许多拥有高度自尊的人来此工作，而自尊不够强大的人也能在此提升自尊。

企业经理能做什么

有一次在和一些企业经理座谈时，我向他们概述了上述条件，其中一位经理说："你谈论的是自尊，但你所描述的条件是关于激发员工积极且充满创造性地参与企业事务，也就是激发创新的条件。"是的，他说的很对。

对于那些想创造高自尊企业文化的管理者们，我会列出以下建议清单，内容与上一清单不尽相同。

1）要培养你的自尊：致力于提高你在工作和人际交往（包括与员工、下属、同事、上级、客户和供应商的交往）中的意识水平、责任感和诚信度。

2）在与他人交谈时你要注意：眼神交流、认真倾听、给予适当反馈，让对方感到你在倾听。

3）要善解人意：在交谈中，让对方知道你理解其感受和陈述，让对方感到自己被关注。

4）不管交谈对象是谁，你都要用充满尊重的语气：不要给人居高临下、高人一等的感觉，不要用带有讽刺或责备的语气讲话。

5）要以工作任务为中心，而不是以自我为中心：永远不要让争论恶化为人身攻击，谈话焦点要放在事实上，比如"情况如何""这份工作的要求是什么""需要做些什么"。

6）要给你的员工实践自我负责的机会：给他们空间去发挥主动性、积极出谋划策、尝试新任务、扩展视野。

7）做出解释以得到员工理解：你要给出制定规章制度和指导方针的理由（当这些原因不是非常明了时），解释为什么你不能满足员工的某些要求。不要只是简单地传达上级的命令。

8）如果你对待别人的方式不当、处事不公或乱发脾气，那就承认错误并道歉，不要（像一些专制的父母一样）觉得这么做会损害尊严或地位。

9）邀请员工评价你属于哪种类型的老板：有人说"你就是员工所说的那种经理"，我很赞同。所以审视一下你自己，让你的员工看到你乐于学习、勇于自我纠正，为员工树立平易近人的榜样。

10）要让你的员工了解，即便他们犯错误或说"我不知道，但我会去弄清楚"也是安全的：激发员工对错误或无知的恐惧，就会招致欺骗、压抑，扼杀创造力。

11）要让员工知道与你持不同意见是安全的：要表现出你尊重不同意见，不要因意见不同而惩罚员工。

12）描述不受欢迎的行为但不加责备：让员工知道你不接受他的某种行为，指出其行为的后果，告诉他你期望他怎么做，但不进行人身攻击。

13）要让员工看到你能够诚实地谈论自己的感受：如果你感觉受伤、气愤或恼怒，那就诚实而有尊严地说出来（给大家上一堂关于自我接纳能力的课）。

14）如果有员工工作出色或决策明智，与他探讨其中的方法和原因：不要只是简单地表扬几句。你可以提出适当的问题，帮助对方提高对取得成就的认识，从而促使别人将来也有可能取得类似成就。

15）如果有员工行事不当或做出了错误决定，也应遵循类似上述的原则：不要仅仅给予员工纠正错误的意见，要请对方分析犯错的原因，从而提高意识水平，减少重复犯错。

16）要制定清晰明确的绩效标准：让员工明白你对工作质量的要求不容商量。

17）公开表扬与私下纠正：在众人在场的情况下，肯定员工取得的成绩；在私下安全的情况下，让对方纠正错误。

18）要让你的表扬更符合事实：很多家长往往为一些琐事大肆表扬孩子，结果却让表扬变得毫无意义。同样，如果你对员工的表扬言过其实并且与事实不符，那么就会让你的表扬空洞无力。

19）当员工的行为造成问题时，请他自己提出解决方案：如果可能的话，不要下达解决方案的具体办法而是将问题交给责任方，从而鼓励员工自我负责、自我肯定并强化自我意识。

20）要尽可能让员工明白你对责备批评并不感兴趣，而是对解决问题的方案感兴趣，并亲自举例说明其中的道理：寻找解决方案会增强自尊；责备（或推脱辩解）会削弱自尊。

21）要给你的员工提供相应的资源、信息和行事的权力：记住，没有权力就没有责任，只给员工分派责任而不赋予权力，就会削弱士气。

22）请记住，优秀的企业经理或老板并不提供解决方案，而是设法让员工想出绝妙的解决方案：一个优秀的管理者应该是一个教练，而不是为了博人称赞的问题解决者。

23）要为创造高自尊的企业文化承担个人责任：不管下属们可能受到什么样的"自尊培训"，如果他们看不到上级率先垂范，就不可能拥有自尊。

24）要改变企业文化中有损自尊的内容：传统工作程序源于旧的管理模式，不仅会扼杀自尊，还会扼杀创造力或改革创新（例如要求将所有重大决策都上报指挥系统进行决策，结果会使执行者丧失权力，无法正常工作）。

25）要避免过度指导、过度观察和过度报告：过度"管理"（"微观管理"）是自主性和创造性的大敌。

26）要为创新做好策划和预算：不要在开始的时候要求员工发挥创新潜能，然后却宣布没有经费（或其他资源）支持，因为该做法可能会造成员工的创新热情枯竭，取而代之的是员工士气低落。

27）要善于发现员工感兴趣的问题，并尽可能将任务和目标与员工的个性相匹配：为员工创造机会去做他们最喜欢和最擅长的事情，依靠员工的力量。

28）经常询问员工，了解他们在工作上的需求，如果可能，就给他们提供所需：如果你想激发员工的自主性、工作激情，并使之向目标坚定奋进，那就一定要给他们自主权。

29）要奖励自尊的自然表达，比如自我肯定、（智力上的）冒险、弹性行为模式以及强烈的行动取向：大多数的公司只在口头上支持这些价值观，实际上却对那些循规蹈矩、不出难题、不挑战现状、在履行工作职责时被动的人予以奖励。

30）要分配能够促进员工个人和职业成长的任务：没有成长的体验，一个人的自尊就会被削弱，对工作的热情也会熄灭。

31）要扩展员工的能力范围：分配稍微超出他们能力的任务和项目。

32）要让员工认识到，问题既是挑战也是机遇。取得巨大成就的人以及高自尊的人都明确认同这一观点。

33）要支持团队以外有才华的员工：尽管有效的团队合作非常必要，但也有必要为不爱出头露面却才华横溢的人提供发展空间，而且团队成员也会因看到个性受尊重而受益。

34）要让员工认识到，过失与错误是学习的机会："你能从过去发生的事情中学到什么？"这是一个能提升自尊的问题，它也能让人不重蹈覆辙，有时也能为未来找出问题的解决方案指明方向。

35）要向论资排辈的传统挑战，根据业绩决定晋升：对能力的认可是激发自我尊重的重要因素之一。

36）要大力奖赏有杰出贡献的员工，例如，对于在产品开发、创造发明、优质服务、节约项目等方面的贡献，实施利润分享计划、递延薪酬计划、现金或股票分红、划拨专利使用费等，这些举措都可以用来强化企业鼓励创新、尊重自我主张与自我表达的信号。

37）要为有突出成就的人颁发奖状、予以表彰，并要求公司首席执行官也效仿此法：当员工看到公司重视他们的思想时，他们就会受到激励，不断挑战自我能力极限。

38）要树立个人诚信的榜样：信守承诺，言出必行，公平对待每一个人（不仅是内部员工，还包括供应商和客户），认可并支持他人的诚信行为，让员工因供职于一个崇尚道德的公司而感到自豪。

上面所列各项中有一个抽象原则，我猜想即便是善于思考的高管也未必认识得到。他们面临的挑战在于要始终依上述各项行事，并将其纳入日常工作程序。

领导者的作用

上述所有内容均适用于企业领导者，如首席执行官、总裁以及经理。我想对企业领导者再多说几句。

企业领导者的主要职责是：①制定并有力地传达企业将要实现的目标；②激励并授权所有企业员工为实现该目标做出最大贡献，并让员工感受到他们所做的一切都符合自身利益。领导者必须是一个激励者和说服者。

企业领导者的自尊水平越高，就越有可能成功地履行工作职责。一个对自己缺乏信心的人不可能激发别人的潜能。如果企业领导者因自身的不安全感而必须证明自己正确、其他人错误，那么他们也不可能激发员工的潜能。

优秀的领导者应该是无我的，这种说法完全是谬论。领导者需要拥有非常健康的自我，使其在每次冲突中都不至处于危险境地，这样他就能够自由地以工作任务和结果为导向，而不是以自我强化或自我保护为导向。

======
优秀的领导者应该是无我的，这种说法纯属谬论。
======

如果我们将自尊水平按 1 分到 10 分进行划分，10 分代表最高水平的自尊，1 分代表最低水平的自尊，那么只有 5 分自尊的领导者会雇用有 7 分或 3 分自尊的员工吗？很有可能他会觉得与有 3 分自尊的人相处更舒服，因为人们通常会被比自己更自信的人吓到。将此比例扩大数百或数千倍，我们就可预测其结果对一个企业的影响。

杰出的领导力学者沃伦·本尼斯（Warren Bennis）告诉我们，优秀领导者都非常热衷于自我表达。[5] 很显然，工作是他们自我实现的方式。他们渴望把"他们的领导者形象"带到这个世界，带到现实中，我称之为自我肯定的实践。

领导者往往没有充分认识到"他们的领导者形象"会影响到企业的方方面面，成为员工的行为楷模。他们的一举一动都会在无意间被人关注，影响到周围的人并通过他们传播到整个企业组织中。如果一位领导者拥有无可挑剔的正直品质，那么他就设定了一个标准，让其他人觉得有必要依照这个标准。如果一位领导者以尊重的态度对待他人，包括员工、下属、客户、供应商、股东等，那么这种尊重就会转化为企业文化。

因此，想要提高"领导能力"的人就应该培养自尊。持续关注自尊的六大支柱并在日常生活中进行实践，这是培养领导能力的最好办法。

关爱的力量

良好的企业环境能把一个低自尊的人转变成高自尊的人吗？不太可能，尽管我能举出这样的例子：优秀的企业经理或主管能从一位员工身上发掘到别人从未注意到的闪光点，那么这至少就为提高这名员工的自尊奠定了基础。

显然，陷入困境的人需要更有针对性的专业帮助，即心理治疗，我们将在下一章对这一点进行讨论。企业组织无法履行心理诊所的职能。

对于自尊程度一般的员工，企业可以私底下用某种方式对其表示关爱，这样做不是目的，而是激励员工的方法。关爱员工，也有助于促进企业的自身发展，增强企业活力。支持自尊的政策会带来效益，贬损自尊的政策最终会导致企业亏损。原因很简单：如果你不尊重员工，就不可能指望他们做到最好。在当今充满竞争、瞬息万变的全球经济中，需要全体员工共同努力才能办好企业。

支持自尊的政策会带来效益。

第16章 **自尊与心理治疗**

我从20世纪50年代开始从事心理治疗，在工作中遇到人们各种各样的苦恼，我逐渐认识到低自尊是他们的共同点。我认为低自尊是产生心理问题的诱因，同样，心理问题也会导致低自尊，二者相互作用。正如我在前言中所说，正是这种认识让我迷恋上了自尊这一课题的研究。

有时，心理问题可理解为低自尊的直接表现，例如害羞、胆怯、畏惧自我肯定或亲密关系。有时，心理问题可以理解为否认自卑而产生的后果，也就是针对现实问题采取的防御措施，例如，控制和操纵行为、强迫行为、不合时宜的挑衅行为、受恐惧驱动的性行为、具有破坏性的野心等，所有这些都会让人产生一定的效能感、控制感和个人价值感。显然，表现为低自尊的心理问题也会进一步损害自尊。

因此，我从一开始就认为心理治疗的首要任务是帮助人们建立自尊，然而我的同事们则有不同看法，他们在心理治疗中根本不考虑自尊问题。过去的传统观点（现在也如此）是心理治疗产生的附带效果会间接或隐性地促进自尊建设：随着其他心理问题得到解决，来访者自然会获得良好的自我感觉。的确，当焦虑感和抑郁感减弱时，来访者会感觉自己变得强大。同样，加强自尊也有利于减少焦虑和抑郁。我认为自尊能够且应该受到重视；所有的心理治疗都应该以培养自尊为背景；即使人们不从事这方面的研究工作而是专注于解决特定的问题，也可以通过创设自尊培养过程以显著增强自尊。例如，几乎所有心理治疗流派的治疗师都会帮助来访者学会面对他曾竭力回避的冲突或挑战，但我通常会向对方提出以下问题："当你在某种程度上逃避了一个你明知必须要面对的问题时，你对自己的感觉如何？当你控制住逃避的冲动并直面威胁时，你又感觉如何？"我根据自尊产生的影响来构建这个心理过程，让来访者关注，他们的选择和行为如何影响其自我体验。我认为这种意识是成长的强大动力，通常有助于人们管理和超越恐惧。

我从一开始就认为心理治疗的首要任务是帮助人们建立自尊。

在本章中，我的目的不是讨论心理治疗的技巧，而是仅仅提供一些关于在心理治疗背景下建立自尊的一般性意见，并提出我的治疗方法。本章不仅面向临床医生或研究心理治疗的学生，还面向那些想了解治疗方法并希望将自尊取向作为参考框架的人。

心理治疗的目标

心理治疗有两个基本目标：一是减轻痛苦，二是增强幸福。虽然这两个目标有所重叠，但并不相同。减轻或消除焦虑并不等于让人产生自尊感，尽管这有助于建立自尊。减轻或消除抑郁也不等于让人产生幸福感，尽管这有助于产生幸福感。

一方面，心理治疗的目的是减轻非理性的恐惧、抑郁反应等各种令人烦恼的情感（也许是来自过去的创伤经历）。另一方面，它鼓励人们学习新的技能、掌握思考和看待生活的新方法、获得对待自我和他人的良策并发掘自我潜能。我把这两个目标置于旨在增强自尊的背景下。

提升自尊不仅是为了消除消极因素，还需要取得积极成效。它要求人们运用更高的意识水平，具有更强的自我负责和诚信精神，愿意克服恐惧，勇于面对冲突和令人不安的现实，学会面对并把握现实，而不是逃避现实和退缩。

======
提升自尊不仅是为了消除消极因素，还需要取得积极成效。
======

如果某人接受了治疗，但治疗结束时并不能比开始时更有意识地生活，那么这项治疗就相当于失败了。如果在治疗过程中，来访者在自我接纳、自我负责等提高自尊的实践方面毫无进步，那么我们必须对这个治疗过程提出质疑。不管是哪个流派，任何有效的心理治疗都会在一定程度上帮助来访者在上述方面提升自尊。但是，如果治疗师理解自尊的六大支柱的重要性，并有意识地培养来访者的自尊，那么他就更有可能有效提高来访者的自尊。治疗师需要在认知、行为和体验等方面找到对策以提高来访者的自尊。

如果治疗目标是鼓励来访者形成更高的意识水平，使其在生活中更加用心、更好地与现实接触，那么治疗师可以通过深入交谈、组织心理训练、安排体力和脑力劳动、布置家庭作业等活动，一方面帮助来访者消除认识障碍，另一方面激发他们更高的意识水平。

如果治疗目标是促使来访者更好地接纳自己，那么治疗师可以在诊室里营造一种具有接纳性的氛围，引导来访者识别并接纳内心被屏蔽、被否认的部分，并指导他们认识到与自我及其各个部分保持非对抗关系的重要性（参见后文有关亚人格的讨论）。

如果治疗目标是增强来访者的自我责任感，那么治疗师可以阻止来访者将责任转移给治疗师，通过各种训练促进来访者领会自我负责带来的好处，并尽一切可能给他们传达这样的信息：没有人会来拯救他们，每个人都要对自己的选择、行为以及实现自己的愿望负责。

如果治疗目标是鼓励来访者自我肯定，那么治疗师可以营造一种安全的环境，通过句子补全练习、编排心理剧、角色扮演等训练来指导来访者进行自我肯定，从而缓解或消除他们对自我肯定的恐惧，并积极鼓励他们勇敢应对可怕的冲突和挑战。

如果治疗目标是促进来访者有目的地生活，那么治疗师可以向他们说明生活目标的作用和重要性，协助他们明确目标，探索行动计划、战略和战术，强调实现目标的必要性，努力帮助他们认识到，积极且目标明确（而非消极被动）的生活将给他们带来回报。

如果治疗目标是鼓励来访者坚守个人诚信，那么治疗师需要让他们关注以下方面：澄清价值观、认识内心的道德困惑与冲突、选择有益于生活和幸福的价值观、了解坚守自我信念于己有益（而背叛自我信念则会遭受痛苦）。

我不准备进一步阐述这些问题。我提到它们的主要目的是，在将培养自尊作为主要治疗目标的情况下，提出心理治疗的一种思维方式。

心理治疗的氛围

治疗师就像父母和教师一样，保持接纳和尊重的态度也许是治疗师帮助来访者提高自尊的首选方式。这是有效治疗的基础。

这种态度体现在治疗师如何迎接来访者到诊疗室、如何看着他们、如何与之交谈、如何倾听他们等方面，包括彬彬有礼、保持眼神交流、不居高临下、不做道德说教、专心倾听、善解人意、自然得体、不扮演全知全能的权威、相信对方能够提升自尊。不管来访者的行为表现如何，治疗师一定要充分尊重来访者，由此让来访者了解，"每个人都是值得受到尊重的，你也不例外"。对于来访者来说，这样的待遇可能是一次罕见甚至独特的经历，随着时间的推移，可能会激发他重建自我概念。卡尔·罗杰斯把接纳和尊重作为其治疗方法的核心，他深知二者作用强大。

我记得一位来访者曾对我说："回顾之前的治疗，我觉得对我影响最大的就是这样一个简单的事实——你一直很尊重我。我想尽一切办法让你像我父亲对待我那样，瞧不起我、把我赶出去，但你拒绝这样做。不管怎样，我不得不面对问题、接受事实，尽管一开始很难做到，但随着我不断努力，治疗开始生效了。"

当来访者描述其恐惧、痛苦或愤怒的感觉时，治疗师说"哦，你不应该有这种感觉"，这样的回应无济于事。治疗师不是啦啦队队长。表达真实情感非常重要，不要动辄就批评、指责、讽刺、转移问题或进行说教。表达的过程从本质上说是心理疗愈的过程。对强烈情绪感觉不适的治疗师需要先对自己进行治疗。能够平静地倾听并产生共鸣是有效治疗的基础。（这也是建立真挚友谊和爱情的基础。）待来访者对情感表达的需求得到满足后，治疗师请他更深入地探索其内心情感并认真思考可能需要质疑的基本假设，这样做有时会很有用。

======

治疗师不是啦啦队队长。

======

人们可以从抽象意义上认同接纳和尊重的好处，然而要实施起来，即便是那些心怀善意的治疗师也很难做到。我首先想到的并不是那些明显错误的做法，比如讽刺挖苦、道德谴责等有辱人格的行为，而是想到了更微妙的权威表现形式：总要显得自己胜人一筹，声称"没有我的指导，你就注定要失败"等。这让来访者处于劣势，暗示治疗师无所不知。精神分析的治疗模式来自传统的医患关系，这种取向的治疗可能特别容易产生上述错误，但任何心理治疗流派都可能出现此类错误，这与治疗师的理论取向关系不大，而在于他能否满足来访者对欣赏和赞美的需求。我喜欢告诉学生："心理治疗的目标不是要证明你很出色，而是要帮助来访者认识到他们非常棒。"

这就是为什么我喜欢体验式学习胜过显性教学的原因之一（我不否认有时候显性教学也是适当的）。在体验式学习中，我们常常需要运用心理练习、过程分析、家庭作业等方法，让来访者自己去查明相关事实而非从权威人士那里获悉。在学习过程中，他们的自主性得到加强。

揭开"光明"的一面

大多数寻求心理治疗的人都把认识自我作为他们的基本目标之一。他们希望治疗师"注意到"他们，也想更清晰地"认识"自己。

受到传统精神分析的深远影响，许多人认为认识自我主要与揭开内心深处的黑暗秘密有关。精神分析之父弗洛伊德曾说过，精神分析与侦探工作之间的区别在于，对于侦探而言，犯罪事实是已知的，他的任务是查明犯罪嫌疑人是谁；对于精神分析师而言，犯罪嫌疑人是已知的，他的任务在于找到犯罪事实。有人将精神分析视作一首无法从字面意义理解的诗，它确实包含非常令人不快的寓意。许多算不上是精神分析师的临床医生都具有这种思维定式。他们的职业自豪感在于他们能够带领来访者面对内心的"黑暗面"（荣格用的术语是"阴影"）并将其吸收而不是否认其存在。可以肯定，面对"黑暗面"是一项非常必要的重要工作。然而，以自尊为导向的心理治疗有不同的优先顺序，即不同的侧重点。

大多数人更需要了解的是自己未知的（也可能是不被认可的）才能，也就是需要了解他们实际拥有却从未认识到的优点、从未发掘过的潜力以及从未运用过的自我疗愈、自我发展的能力。治疗师（无论其理论取向如何）之间的一个根本区别在于，他们选择主要从揭示来访者的优点还是缺点、美德还是道德瑕疵、优势还是劣势等方面思考自己的任务。以自尊为导向的心理治疗关注积极因素，也就是把发现优势并促使其发挥作为首要任务，在解决不可避免的消极问题时，始终关注并强调积极因素。

对心理学稍有了解的人都知道，否认内心杀手非常危险，却很少有人明白否认内心英雄更是悲剧。在心理治疗中，我们往往很容易看到一个人神经质的部分，我们所面临的挑战就是去发现并调动那些健康的部分。

> **对心理学稍有了解的人都知道，否认内心杀手非常危险，却很少有人明白否认内心英雄更是悲剧。**

有时，我们就是不了解自身存在的优势，没有全面地认识自己的能力；有时我们会压抑对自己的认识。我记得，许多年前，在一个治疗小组里有位年轻的女士。她常常用极端消极的言辞评论自己，这让她感到很舒服。我做了一个实验，让她面向小组成员站着，大声地重复说"事实上，我非常聪明"。起初，她如骨鲠在喉，慢慢地，在我帮助下她说出了这句话并潸然泪下。接着我给了她一个句子主干：承认我有智慧的坏处是_____。以下是她最初给的一些句子结尾。

- 我的家人会恨我。
- 意识到我家里没人有头脑。
- 我的兄弟姐妹会嫉妒我。
- 我将不属于任何地方。
- 我将不得不为自己的生活负责。

然后我给了她又一个句子主干：假如我运用自己的智慧来解决问题，_____。她给出了以下句子结尾。

- 不管承认与否，我会认识到我已经在为自己的生活负责了。
- 我会发现自己其实生活在过去。
- 我会认识到自己不再是一个小女孩了。
- 我会发现，感到害怕的是那个小女孩，而不是我这个成年人。
- 我会拥有自己的生活。

接着，我给她这个句子主干：承认自己优点的可怕后果是_____。她给出了以下句子结尾。

- 没有人会为我感到难过了。（她大笑。）
- 我会进入一个陌生的领域。
- 我得重新审视一下我的男友。
- 我知道，除了自己，没有谁能阻挡我。
- 我可能会孤单一人。
- 我得学习一种新的生活方式。
- 我料想人们对我寄予期望。
- 我必须学会自我肯定。
- 我现在不感到害怕了！

高明的治疗师可以利用多种方式让来访者了解其自身优点，此处不必进行深入讨论。重要的是这个基本问题：治疗师的主要关注点是来访者的缺点还是优点？（其实我们也不能总是相信治疗师的话，因为人的行为举止与其所声称的观点往往并不相同。）作为家庭治疗师，维吉尼亚·萨提亚天赋异禀的秘密之一，就是她坚信人们拥有解决问题所需的聪明才智，并且她能够将这种信念传递给接受心理治疗的人。就产生的结果而言，治疗师应当具备此项重要能力。

生存策略

来访者需要明白，从本质上说人们能够解决各种问题。我们应对各种困难和挑战的解决方案，都有意或无意地以满足自身需求为目标。有时我们采用的方法不切实际，甚至是"神经质的"、自我毁灭式的，但从某种意义上说，我们的本意是顾全自己，甚至自杀也可被解读为一种自我保护的悲剧性手段，也许那些选择自杀的人借此能从令人无法忍受的痛苦折磨中解脱出来。

在年轻时，我们可能否认并压抑那些引起"重要他人"不满、破坏自我心理平衡的感情或情绪；在多年以后，我们会为因此产生的自我疏离、认识扭曲等症状的心理问题付出代价。然而从儿童的角度来看，自我压抑具有功能性并有存在价值，能让儿童更顺利地成长，或者至少有助于减轻痛苦。另外，年轻时我们可能会经受很多伤害，遭受很多拒绝，因此会采取先拒绝他人的"自我保护"生存策略。这种生存策略并不会让人过上幸福生活，其目的是减少痛苦。有些生存策略对我们不利甚至会伤害我们，但我们却将其视作惊涛骇浪中的救生圈，紧紧抓住不放。心理学家称之为"神经质的"生存策略。我们可将那些符合自身利益的生存策略称为"良好的适应能力"，比如学习走路、说话、思考和谋生。

来访者可能会为其对生活挑战的功能障碍性反应深感羞愧。他们不会从预期的功能效用角度来解析自己的行为。他们能意识到自己存在胆怯、过激、逃避亲密人际关系或强迫性行为等问题，但不了解问题产生的根源。他们不明白自己盲目挣扎到底是为了满足什么需求。他们的羞耻感和负罪感使他们更难以改善自己所处的状况。因此，鼓励来访者建立自尊的方法就是教给他们生存策略，帮助他们认识到，犯下严重错误是因为受了自我保护的误导。他们需要重新审视并理解内心的自责感，并且意识到继续自责，毫无益处。当自责感减少时，来访者就能自由地思考如何更好地满足自我需求。"如果你认为自己所做的一切都没有效果，那你是否愿意去寻找更好的办法呢？你愿意进行其他尝试吗？"

整合亚人格

从技术层面上讲，我的研究有两个方面与众不同：一是运用句子补全练习（我在本书以及我的其他几本书中都做了阐述），二是我正转向研究亚人格。⊖

在讨论自尊的第二大支柱，即自我接纳的实践时，我曾说要接纳自我的"全部"，我还提到了思想、情感、行为和记忆。然而，我们的"全部"还包括独特的价值观、感知力和各种情感。我所说的不是病理学意义上的"多重人格"，而是人类精神的正常组成部分，然而大多数人对此

⊖ 附录B包含一个专门为建立自尊设计的31周句子补全练习计划。

并不了解。当治疗师希望帮助来访者建立健康的自尊时，了解亚人格的动态变化是一种很有价值的辅助工具。建立健康的自尊不是单凭个人努力就能做到的。

亚人格的概念几乎和心理学一样悠久，我们可以在许多作家的作品中找到亚人格的某种形式。它表达的观点是，整齐划一的自我观，即每个个体只有一种人格，只拥有一套价值观、认知模式和反应模式，是对人类现实的过度概括。但除此概括之外，心理学家对亚人格的理解或在心理治疗中处理亚人格的方式则大不相同。

德弗斯·布兰登（我的妻子，也是我的同事）是最早让我认识到亚人格研究对自尊的重要性的，在我对这一课题真正产生兴趣的几年前，她就已开始研究识别并整合各种亚人格的创新方法了。我们的研究展示了这样一种观点：亚自我受到忽略、否认或拒绝，往往会引发个体反感、内心冲突和不当行为；亚自我受到认可、尊重并融入整体人格，会带来更强大的力量、更丰富的情感、更多的选择、更充分的认同感。这是个大课题，此处只能做简单介绍。

我举一个典型的例子：除了成人自我（即所谓的"我们是谁"）之外，在我们心灵深处还有一个儿童自我，即曾经的那个儿童又存在于现实中。作为意识的潜在状态，即每个人都会时不时进入的精神状态，这个儿童自我的参照系和反应方式是我们内心永恒的组成部分。但我们也许在很早以前就压抑了那个儿童，抑制了那个儿童的情感、认知、需求和反应，因为我们错误地认为必须"毁掉"一些东西才能让儿童长大成人。这种认识使我们相信：如果不能与儿童自我重新建立起有意识的、良好的关系，一个人就不能成为真正完整的人。这项任务对于实现自主尤其重要。我发现，当人们忽视这一点时，他们往往倾向于从他人等外部寻求疗愈方法，而这样做根本行不通，因为他们所需要的疗愈方法并不是在自我和他人之间，而是在成人自我和儿童自我之间。一个人活在世上，如果总是内心充满痛苦，感觉屡屡碰壁，就不太可能意识到自己已将问题内化，并在排斥自己（包括成人自我对儿童自我的排斥），因此任何外部认可都无法治愈其内心创伤。

那么，我所说的"亚自我"或"亚人格"是什么意思？（这两个术语是同义词。）

亚自我或亚人格是个体心理的动态组成部分，具有独特的视角、价值取向和自身的"人格"；它可能在特定时间，或多或少地在个体反应中占主导地位；个体可能或多或少地意识到它，接纳它，并友好地对待它；它可能或多或少地融入个体的整个心理系统，并且能随时间推移而成长和变化。（我将亚自我称为"动态的"，因为它十分活跃地与心理的其他组成部分相互作用，而不仅仅是一个被动的储存库。）

儿童自我是心理的组成部分，它包含人们儿童时期的"人格"，以及儿童的价值观、情感、需求和反应；它不是一般意义上的儿童，而是特定的、曾经存在的原型，是个体经历和成长所独有的。（这与沟通分析理论中的"儿童自我状态"大不相同，沟通分析理论使用的是通用模型。）

在几十年前，我举办了一次关于自尊的研讨会，其间我引导同学们做了一项练习：假想与童年的自我相遇。后来在课间休息时，一个女生走过来对我说："当我意识到，坐在树下等待我的那个孩子就是五岁时的我时，您想知道我做了什么吗？我在树后挖了一条小溪，把那个孩子扔进去淹死了。"她说话时脸上露出苦涩的、带着颤抖的微笑。

她讲述的事件富有戏剧性，我们可能不仅无法认识到特定的亚自我，而且一旦认识到亚自我，我们可能立即对其产生敌意和排斥。毋庸置疑，当我们鄙视部分自我时，就不能拥有健康的自尊。在我研究的抑郁症患者中，无一例外的是其儿童自我遭到成年自我的忽视、拒绝甚至憎恨。在《如何提升自尊》一书中，我提供了一些自尊培养项目之外的练习来帮助人们识别并整合儿童自我和青少年自我。

═══

> 在我研究的抑郁症患者中，无一例外的是其儿童自我遭到成年自我的忽视、拒绝甚至憎恨。

═══

青少年自我是心理的组成部分，它包含人们青少年时期曾经的"人格"，以及青少年的价值观、情感、需求和反应；它不是一般意义上的青少年，而是特定的、曾经存在的原型，是个体的经历和成长所独有的。

通常，在处理夫妻关系问题时，探究分析其青少年自我大有裨益。亚自我在人们选择伴侣的过程中常常扮演着重要角色。在夫妻关系遇到困难或危机时，我们常常会不知不觉地回到这种心理状态，表现为"我不在乎""没人会搭理我"或者"别告诉我该怎么做"等退缩行为。

我记得曾为一对夫妻做心理治疗，两人都是治疗师，丈夫 41 岁，妻子 39 岁。有一次，他俩怒气冲冲地闯进我的诊室，愤怒地相互指责，看起来就像十几岁的青少年。在来诊室的路上，妻子告诉丈夫，到诊室后由他讲述一些具体情况；为了让自己的提议显得"权威"，妻子显然用了一种"长者"般的语气，而在丈夫听来，这就像是他的母亲在训话。"别告诉我该怎么做！"他厉声说道。这位妻子在青少年时期经常受到父母"不断"责备，现在面对丈夫的指责，她又陷入了青少年的心理状态，于是她用拳头猛击他的肩膀，大声喊道："别这样对我说话！"后来，当他们恢复到正常的成年意识状态后，都为自己的行为感到羞愧。其中一位说："我们就好像被魔鬼附身了一样。"一种亚人格占据了内心而我们却不明就里，就会让人产生这种感觉。我提了一个问题以帮助他们摆脱青少年心理状态，我问道："你们现在感觉自己多大了？你们要到多大岁数才能解决问题呢？"

异性自我是心理的组成部分，它包含男性的女性亚人格及女性的男性亚人格；它不是一般意义上的"女性""男性"或普遍原型，而是反映出个体成长、学习、文化适应性和整体发展各个方面的男性、女性。

我们如何与社会中的异性相处，如何与内心的异性相处，这两者之间往往存在很强的相关性。几乎可以肯定的是，一个声称女人不可理解的男人无法与其内心的女性自我进行沟通；同样，一个声称男人不可理解的女人也无法与其内心的男性自我进行沟通。在治疗中，我发现增进男女双方感情的最好办法是让他们一起研究如何处理与异性自我的关系，一起思考怎样使这种关系更有意识、更具包容性、更友好，从而让异性自我更好地融入整体人格。男性很难接纳内在女性化的观点，相比之下，女性比较容易接纳内在男性化的观点，这不足为奇。我们不难发现，每个人都具有内在异性特质的一面。（应该指出，这与同性恋或异性恋无关。）

母亲自我是心理的组成部分，它包含个体的母亲（或在童年时期对自己有影响力的带有"母亲形象"的其他年长女性）的人格、观点和价值观等方面的内化。同样，我们所讲的是个体的、曾经存在的"母亲自我"，而不是一般意义上的"母亲"。（而且，这与沟通分析理论中的普通"父母自我状态"大不相同。虽说母亲和父亲都是家长，但两者差异很大，不应被视为同一个心理单位。他们经常表达截然不同的意思，并具有截然不同的态度和价值观。）

有一次，我和当天接待的最后一位来访者走出诊室时，我们发觉外面很冷，我突然出乎意料地对那位年轻人说："啊！你怎么没穿毛衣就出来了？"对方被我吓了一跳，还没等他回答，我马上说："没事，你不用回答。刚才那句话不是我说的，是我妈妈说的。"我们俩相视而笑。在那短暂的一刻，我的母亲自我占领了我的意识。

当然，这种情况会以更严重的方式持续出现。也许母亲去世很久之后，她的声音仍会掠过我们的内心，我们常常将其想象成自己发出的声音，而未能意识到那种声音是母亲的而不是我们的。母亲的观点、价值观和取向已被我们内化，并在我们内心深处占据了一席之地。

父亲自我是心理的组成部分，它包含了个体的父亲（或在童年时期有影响力的带有"父亲形象"的其他年长男性）的人格、观点和价值观等方面的内化。

我曾遇到这样一位来访者，他对女朋友很温柔体贴，但随后却抱怨说自己对此感到"内疚"，这是一种令人费解、不同寻常的反应。后来我们了解到，他的"内疚感"来自未被他认识到的父亲自我，这一父亲自我嘲笑说:"女人是拿来用的,别把她们当人对待。你这样算什么男人?"这位来访者内心拼命挣扎,试图把自我的声音与父亲自我的声音区分开来。

上面列举的这些亚人格并非详尽无遗,而仅仅是治疗师在实践中最常见到的亚人格。来访者的每种亚人格都需要得到治疗师的理解、接纳、尊重和关爱,而且治疗师们已经在治疗中找到了实现这些目标的方法。

在几年前,德弗斯还发现了另外两种可以进行有效研究的亚人格。从技术上讲,它们与上面所列举的亚人格并不完全相同,但从功能上讲,人们可以用同样的方式对待它们,包括外在自我和内在自我。

外在自我是心理的组成部分,通过我们呈现给世界的自我进行表达。简单地说,外在自我就是别人眼中的自我。它可能是一种表达内在自我的恰如其分、高度一致的工具,也可能是一种对扭曲的内在自我的高度保护和防御机制。

内在自我是只有个体自己才能看到并感受到的自我,是私密的自我,是主观感知的自我。(这是一个很有用的句子主干:如果我的外在自我更多地表达了我的内在自我,_____。)

心理治疗的一个核心工作是平衡或整合各种亚人格。这是一个与亚自我协同工作的过程,能产生以下彼此关联的结果。

1)能识别特定的亚人格,学会在整个人生经历中分离并确认亚人格。

2)了解成人意识自我与特定亚人格之间的关系(例如,有意识的、半意识的或无意识的关系;接纳的或拒绝的关系;友好的或敌对的关系)。

3)确定亚人格的显著特征,如主要关注点、主导情绪、独特的回应方式等。

4)确定亚人格(相对于成人意识自我)未被满足的需求或愿望(例如,希望被听到、被倾听、被尊重并被温柔地接纳)。

5)当重要的需求和愿望被成人意识自我忽视或未被满足时,确定亚人格的破坏性行为。

6）在成人意识自我与意识、接纳、尊重、仁慈和开放沟通方面的亚人格之间建立关系。

7）确定特定的亚人格与内心其他人格之间存在的关系，并解决它们之间的冲突（通过对话、句子补全练习以及镜像工作）。

德弗斯研究了一种特别有效的方法让来访者与其亚自我进行对话。针对亚人格的镜像工作是一种心理剧疗法，它会造成意识状态发生改变。在这种状态下，来访者（研究对象）面对镜子坐着，进入特定亚人格的（自我）意识状态中，并在这种状态下使用句子补全的方式与镜子中看到的成人意识自我进行对话（例如，当我坐在这里看着你的时候，＿＿＿＿；你对待我的方式就像母亲对我一样＿＿＿＿；我想从你那里得到而从未得到的一个东西是＿＿＿＿；如果我感到被你接纳，＿＿＿＿；如果我感觉你看见了我的努力，＿＿＿＿）。

无论我们与青少年自我、异性自我，还是与父母自我一起合作以达到融合的目的，并获得更全面的整体体验，以上步骤原则上是相同的。通过这一过程，我们将造成内心动荡和冲突的亚自我转变为可以为我们供能并让我们感到充实的积极资源。

我们能否在不了解亚人格的情况下完成自我接纳的实践呢？当然可以。如果我们学会接纳并尊重内心的声音，充分接纳自己当下的经历，那么就自我接纳而言，这正是自尊对我们的要求。

然而，有时我们会发现自我接纳的过程受阻，却不知道为什么。我们脑海中神秘的声音会煽动我们进行无情的自我批评。自我接纳就像一个永远无法完全实现的理想。当这种情况发生时，与亚人格合作可能是突破障碍的办法。

有时我们会发现自我接纳的过程受阻，却不知道为什么。

心理治疗中的亚人格研究工作非常有价值，因为增强自尊的障碍之

一，可能是父母用批评甚至带有恶意地抨击个体。作为治疗师，我们需要知道如何消除那些消极的声音，把敌对的父亲自我或母亲自我转变成为积极资源。

以培养自尊为导向的治疗师所需要的技能

每个治疗师都需要一些基本技能来进行有效工作，比如与来访者形成融洽的关系、营造安全并具有接纳性的氛围、表达希望和积极观点等人际关系技能。治疗师还需要拥有解决具体问题的技能，例如性障碍、强迫症或职业发展等问题。

如果治疗师将建立自尊作为其工作核心，那么就需要解决一些具体问题。这些问题归纳如下。

- 我该怎样帮助来访者更有意识地生活？
- 我将如何教授自我接纳？
- 我将如何帮助来访者拥有更高水平的自我责任感？
- 我将如何鼓励来访者进行更有力的自我肯定？我将如何帮助来访者进一步明确生活目标？
- 我将如何帮助来访者在日常生活中具有更高水平的诚信？
- 我该如何培养来访者的自主性？
- 我该如何激发来访者对生活的热情？
- 我该如何唤醒来访者被阻滞的积极潜质？
- 我该如何帮助来访者解决冲突和挑战，从而扩展使其感觉舒适、胜任和精通的领域？
- 我该如何帮助来访者摆脱无端的恐惧？
- 我该如何帮助来访者摆脱那些可能源自童年的、挥之不去的创伤？
- 我该如何帮助来访者认识、接纳并整合自我中被否认、被拒绝的各个部分？

同样，来访者可以利用这些问题中隐含的标准来检验治疗方法的效果,或观察使用该方法所取得的个人进步。他们可以问问自己:"我是否正学着更有意识地生活?我正学着更多地接纳自己吗?治疗师的治疗方法是否有助于我感受到自立和赋权?"

恐惧、痛苦以及负面情绪的改善

非理性恐惧几乎不可避免地会对我们的自我意识产生负面影响。相反,消除非理性恐惧有利于自尊提升。这是心理治疗的基本任务之一。

过去的痛苦无法治愈,因为它常常激起绝望感而使人们对其进行防御。来自过去的无法治愈的痛苦是寻求更强自尊的又一障碍。当我们能够减轻或消除心理创伤的痛苦时,自尊就会提升。

> **来自过去的无法治愈的痛苦是寻求更强自尊的又一障碍。**

在处理上述各项问题时,我们经常在我所说的"积极"问题(例如,学会更有意识地生活)和"消极"问题(例如,消除非理性恐惧)之间来回摇摆。二者在各个方面都相互交织。为便于讨论和分析,我们有必要将这些问题从概念上加以区分,但实际上它们之间并非毫无关联。当我们消除消极因素时,就为积极因素的产生扫清了道路;当我们为积极因素的形成创造条件时,消极因素往往会弱化或消失。

> **当我们消除消极因素时,就为积极因素的产生扫清了道路;当我们为积极因素的形成创造条件时,消极因素往往会弱化或消失。**

近年来,心理药理学研究取得了重大突破,某些药物对改善某些"消极情绪"具有一定的作用,特别有助于因生化失衡而造成严重心理障碍的患者康复。经过治疗,许多人已经能正常工作和生活,而在以前他们根本做不到。但是这个领域也并非没有争议。反对者认为,狂热分子提出的这些主张常常被过分夸大,并未得到相关研究的支持,而且一些心理药物制剂的不良副作用亦被否认或被最小化。[⊖]我之前治疗过一些患者,药物减轻或消除(或掩盖)了他们的焦虑、抑郁或强迫性反应等问题之后,不管他们是否"感觉"好了一些,我一直觉得他们在基本的自尊和人格结构方面依然存在许多问题。好消息是,除了有效减轻患者痛苦,药物治疗还有助于他们更好地参与心理治疗。坏消息是,虽然有时候药物有助于患者逃避实质问题,但是真要解决这些问题则远非吞下几粒药丸那么简单。

方法论也在不断发展,而且我们将继续探索实现治疗目标的新方法。在本章中,我主要关注的是应该确定什么样的治疗目标。我一直想要传达以培养自尊为基础进行心理治疗的基本指导原则。

未来的心理治疗

随着自尊的重要性得到社会广泛认识,越来越多的治疗师会被来访者问道:"我怎样才能培养自尊?"因此治疗师更有必要掌握专门解决具体问题的技能。但是,我们首先必须弄明白自尊到底是什么,健康的自尊取决于什么。

例如,有一种提升自尊的方法主要是帮助来访者提高实际效能,即获得新的技能。这肯定是自尊治疗的一个重要方面,但是还不够全面。如果来访者在生活中弄虚作假,那么新技能将无法填补其内心价值感的空白。或者,如果来访者已经内化了"母亲"或"父亲"(以母亲自我或父亲自我为代表)过于苛刻的批评,那么即便他们取得了辉煌成就,内心仍有不胜任感或无价值感。或者,如果来访者仅从特定知识和技能的

⊖ 关于药理学导向的精神病学的评论,见彼得·R. 布雷根(Peter R. Breggan)的《毒性精神病学》(*Toxic Psychiatry*)(纽约:圣马丁出版社,1991)。

角度来考虑自我能力与价值，而不是从获取这些能力的潜在心理过程进行思考，那么即便他们拥有多种能力，内心也仍然有深深的不胜任感。最后一点，当我们说自我效能感就是相信自己能够应对生活中的基本挑战时，所锚定的那部分自尊并不是具体的知识或技能，而是一个人的思考能力、决策能力、学习能力、在困难面前坚持不懈的能力，这些都是过程问题，而不是内容问题。有效的自尊治疗必须以过程为中心，但又不限于此。它必须足够全面，不仅要解决能力上的问题，还要解决价值感上的问题，自尊就是相信自己值得拥有爱情、成功和幸福。

另外一种传统认为，自尊是对重要他人的"反映性评价"，那么治疗师可能会顺理成章地告诉来访者："你必须学会招人喜欢。"然而，其实很少有治疗师会这样说，他们也不会告诉来访者："通过治疗你将学会巧妙地操纵他人，这样绝大多数人除了喜欢你之外别无选择——然后你将拥有自尊！"然而，如果一个人真的相信自尊是别人赠予的礼物，那他为什么不说出来呢？我想，答案在于无论一个人在理论上如何"受他人指引"，我们每个人都需要来自内心的认可。小时候，我们依靠别人来满足大部分的自我需求。有些孩子比别的孩子更独立，但没有哪个孩子能达到成年人的独立水平。随着日臻成熟，我们在更多方面变得"自立"，包括自尊。如果顺利成长，我们就会把来自外部世界的认可转移到内心，即从外部转移到内部。但是，如果一个人不理解成年人自尊的本质和根源，而是从"反映性评价"的角度思考问题，那么在将理论付诸有效实践时，他就会处于极为不利的境地。

======

如果顺利成长，我们就会把来自外部世界的认可转移到内心，即从外部转移到内部。

======

某些治疗师仅把自尊等同于自我接纳，并将其视为一种与生俱来的权利，个体无须付出进一步的努力。这种方式对于理解自尊的内涵及要求，作用非常有限。来访者会十分困惑：既然自我接纳这么重要，那么为什么它不能满足人们对更多东西的渴望，他们渴望达到某种高度，却不知道如何实现目标，也没有得到指导。

鉴于此，我建议，在提升自尊（这是一项非常值得称赞的任务）方面寻求专业帮助的人，最好先与其未来的治疗师面谈，并提出以下问题。

- 您对"自尊"的理解是什么？
- 您认为健康的自尊取决于什么？
- 我们将怎样合作才会对我的自尊产生积极影响？
- 您这么认为的原因是什么？

任何尽职尽责的专业人员都会尊重你提出的这些问题。

第17章 自尊与文化

为了加深对本书主题的理解,我们可以从文化视角审视自尊,因为自尊与文化密切相关,前者深受后者的影响。

首先,我们来思考一下自尊的概念。并非所有文化中都存在自尊这个概念(更不用说视之为一种追求)。它只是近百年来才在西方出现,人们对它的了解还远远不够。

在中世纪,我们所理解的"自我"概念尚沉眠于人们内心。那时的基本思维模式是部落群体式,而不是个体式。每个人一出生,便被置于社会秩序中特定的位置且不可改变。除了极少数例外,人们无法选择职业,而是由出生的环境来决定其身份:农民、工匠、骑士或主妇。人们的安全感并非源于个人成就,而是源于将自身视为"自然秩序"不可分割的一部分,而"自然秩序"由上天主宰。由于饱受战争、饥荒和瘟疫的折磨,人们只能靠传统方式维持生计。那时很少有竞争,也很少有经济等方面的自由。在这样的环境下,人们即便拥有独立自主、自我肯定的思想也几乎没有出路，自尊（即便在某种程度上存在）无法通过让人更好地适应经济发展体现出来。有时自尊甚至会危及生命，它可能会将高自尊的人引往刑具架和火刑柱。黑暗时代和中世纪时期，人们不重视自我肯定，不理解个性，无法想象自我负责，没有自由观念，难以想象创新是一种生活方式，没有把握思想、智慧和创造力与生存之间的关系，自尊没有一席之地（但这并不意味着自尊不存在）。

"个人"是指独立自主的个体能够独立思考并对自己的生存负责，这个概念产生自几次重大历史事件：15世纪的文艺复兴，16世纪的宗教改革，18世纪的启蒙运动及其由此产生的工业革命和资本主义。正如我们今天所思考的那样，自尊这一概念源于文艺复兴后新兴的个人主义文化。人们越来越崇尚自由，例如：为爱情而结婚的自由；坚信自己有权追求幸福；希望工作不仅是为了维持生计，而且是自我表达和自我实现的源泉。这些曾被认为是非常"西方式的"的观念，现已为越来越多的人所接受。这些观念反映了人类的需求。

自尊作为一种心理现实，几千年前就存在于人们的意识中，直到后来才成为一个明确的概念。既然它已出现，现在我们的任务就是去认识它。

对自尊的需求不是"文化上的"

每个人，无论在具有何种习俗和价值观的体系中长大，都必须采取行动以满足自己的基本需求。我们并不总是自然而然地认为自己有能力应对挑战。然而，如果想拥有基本的安全感和赋权感，那么所有人都需要自我效能感。缺少这种感觉，人们就无法做出适当反应。我们并不总是自然而然地觉得自己值得拥有爱情、尊重、幸福。然而，如果想要好好照顾自己、保护自己的合法权益、从个人努力中享受快乐并且必要时奋起反抗那些可能伤害或剥削自己的人，那么所有人都需要一种价值体验（即自尊）。缺少这种体验，人们就不能为了自己的最大利益而采取适当行动。人们对自尊的需求在本质上具有生物性：它关乎生存和人类社会的持续高效运转。

======

> 人们对自尊的需求在本质上具有生物性：它关乎生存和人类社会的持续高效运转。

======

对自尊的需求是人类本性所固有的，不是西方文化的一种发明。

自尊问题的普遍性

有意识地生活 对于拥有意识的生物体来说，意识是有效适应生活的必要条件。人类独特的意识形式是概念性的：我们的生存、幸福和熟练适应能力取决于我们的思维能力，即对思维的适当运用。无论修补渔网或调试电脑程序、追捕动物或设计摩天大楼、与敌人谈判或寻求夫妻争端的解决办法，在所有这些情况下，一个人可以调动较高水平的意识，也可以投入较低水平的意识。一个人可以选择看见或没看见（或介于两者之间），但现实就是现实，不会因个人选择无视而消失。一个人在行事当中拥有的意识水平越高，就越能有效进行自我控制，越能获得成功。

在任何需要意识的情况下，有意识地行动有利于自尊，相对而言，无意识地行动会有损自尊。有意识地生活的重要性不是基于文化的，而是基于现实的。

自我接纳 当个体否认自己的经历时，当他们拒绝接纳自己的思想、感情或否认自我行为时，当他们将无意识带入自己的内心生活时，他们意在自我保护。他们试图保持内心平静并捍卫自我观点，其出发点是维护"自尊"，但结果却是损害自尊。自尊要求自我接纳，而不是自我拒绝。这是一个真理，与某个特定文化信念是否鼓励自我接纳的问题无关。例如，一个高度专制的社会可能会鼓励人们忽视甚至贬低个人的内心生活。

这并不意味着自我接纳仅仅是一种"文化偏见",也不意味着它不存在于人的本性中,而是意味着某些文化所坚持的价值观可能不利于人类幸福。文化在心理上赋予其社会成员的利益并不相等。

自我负责 如果人们不为自己的选择和行为负责,那么没有人会感觉到自己充满力量,没有人会觉得自己完全有能力应对生活中的挑战。如果一个人不为实现其心愿负责,他就不会有效能感。自我负责是体验内在力量的必要条件。当我们期待别人为我们带来幸福、满足或自尊时,我们就放弃了对自己人生的掌控权。这些观点在任何社会环境中都经得起验证。

并非所有的文化都同等地重视自我负责,但这并不能改变这样一个事实:当认识到责任并愿意承担责任时,我们就会感受到一种更健康、更强大的自我——从生物意义上讲,人是更具适应性的有机体。

在团队合作、团体活动等方面,自我负责的人之所以能够与他人有效合作,是因为他愿意承担责任。这样的人不是依附者,不是寄生虫,也不是剥削者。自我负责并不意味着一个人要事事亲力亲为,而是在与他人合作时能承担自己的责任。毋庸置疑,一个人人重视自我责任感的社会比一个人人都不重视自我责任感的社会更加强大,也更具备生存条件。

自我肯定 自我肯定就是要尊重自己的需要、愿望、价值观和判断,并在现实中寻求恰当的表达方式。并非所有的文化都同样重视自我肯定。适当的自我表达形式可能因情形而异,例如,一个人所用的词语、说话的语调或所做的手势各不相同。如果某种文化在一定程度上压制了自我肯定和自我表达的自由,那么它就会扼杀创造力、压制个性、违背自尊的要求。纳粹德国就是20世纪的例子:它残酷地惩罚自我肯定,这是一种文化贬损。在这样的社会里,人类生活不可能充满生机。其他文化则以不那么极端和暴力的方式(有时以非常温和的方式)惩罚自我肯定和自我表达。生活在夏威夷的孩子可能会被亲切地教导:"待在草丛中,不要抬高自己。"[1] 同样地,作为一种基本存在方式,自我轻视对自尊心和生命力都是有害的。

======
如果某种文化在一定程度上压制了自我肯定和自我表达的自由，那么它就会扼杀创造力、压制个性、违背自尊的要求。
======

自我表达是自然的，自我压抑则不然。儿童不必接受自我肯定的教育，专制社会的确需要将他们社会化，让他们学会自我屈服。有些孩子可能生来就比其他孩子更有自信，这与我们的观点并不矛盾。当恐惧消失时，自信就成为人类的自然状态。人们可能需要学习的是，因他人的自信而感到欣慰并报以尊重。这显然是合作的必要条件。合作不是自我肯定和自我压抑的"中间地带"，而是在一定的社会环境中为了自我利益而进行实践——这是必须要学习的。

有目的地生活 人们可能将有目的地生活这一理念误解为人的一生都要忙于实现各种富有成效的长期目标。其实，除了富有成效的工作，我们的目标还包括许多事情，养家糊口、享受恋爱或婚姻、追求个人爱好、通过锻炼强身健体，或通过学习和冥想提升精神层次。正确的理解是，强烈的目标导向在本质上并不是"西方的"。当佛陀长途跋涉去寻求觉悟时，他不也是受某种充满激情的目标驱使吗？我相信，即使在波利尼西亚人中，有些人也比其他人更有目标。

在讨论自尊时，我使用了诸如"效能""能力""成就""成功"之类的词语。主流文化可能倾向于完全用唯物主义的专用术语来阐释这些观念，而我并不打算这样做。这些观念是形而上学的或本体论意义上的，而不仅仅是经济意义上的。在不贬低物质成就价值的前提下（毕竟，物质成就是生存的必要条件），我们认为这些观念涵盖了从世俗上到精神上的全部人类体验。

问题是，怎样使我们的生活更美好、更幸福？是通过把我们的能力与特定的（短期和长期的）目标结合起来，还是通过日复一日盲目地应对生活琐事，不主动去选择目标而是在冲动和环境的驱使下随波逐流？如果人们像我一样坚持亚里士多德的观点，认为正常人的生活就是寻求最大限度地发挥自己独特的能力，那么答案是显而易见的。在被动状态下，我们的理性、激情、创造力和想象力都无法展现。我们只活出了一半的自我，没能充分发挥个人潜能。这种观点也许比较西方化，但我认为它比其他观点都更胜一筹。如果以人的生命和幸福为标准，那么并不是所有的文化传统都是一样的。

======
如果以人的生命和幸福为标准，那么并不是所有的文化传统都是一样的。
======

个人诚信　诚信实践包括建立并遵守行为准则。这意味着要信守承诺。由于我从未听说过这种美德被贬为"文化产物"，而我所知道的每个社会都对之颇为尊重，甚至在黑社会中也存在"盗亦有道"的理念，因此我认为这种美德显然比任何"文化偏见"都要深刻。它反映了每个人对生活的隐性认识。

背叛自己的信念会伤害自尊。这不是由文化决定的，而是由现实决定的，也就是由我们的本性决定的。

在本书的开头我就强调，自尊既无可比性，也无竞争性，它与努力使自己超越他人无关。一位夏威夷心理学家曾问我："你不是在教人们提升自我、超越他人吗？"我回答说事实并非如他所想，这项工作与他人无关，而是关乎人们同自我、现实的关系。他所处的文化不以个体为主导而以群体为主导，因此他很难理解这一点；他的价值取向建立在社会集体性上。"当螃蟹全都被装在桶里时，上面的螃蟹总是阻止其他螃蟹爬出来，"他坚持说道，"因此过于强大并不好。"我回答说："首先，我不会把人类社会看作一桶螃蟹；其次，在你的世界里，那些才华出众、能力超群的孩子会怎样呢？"他说他认为自尊只是安全感和归属感，也就是很好地融入人际关系网络。我想知道，这和试图把自尊建立在受人喜欢、被人认可的基础上有什么不同。他反驳说我有依赖

"恐惧症"。

如果我们真的需要体验自我力量和价值，那么所需要的就不仅仅是舒适的"归属感"。我并不是要反对"关系"的重要性，但是，如果一种文化把关系放在首位，将其置于自主性和真实性之上，那么它就会导致个体的自我疏离：与人"联系"比了解我是谁、要成为谁更重要。宗族主义者可能主张"联系"更重要、具有更高的价值，但是拥有"联系"并不等于拥有自尊。把这种满足感称为别的东西吧！否则，我们将被困在永恒的巴别塔中。

一位夏威夷的教育家渴望将更好的自尊原则引入教育体系，当我与她讨论这些问题时，她说："无论我们有何技能或才能，我们中的许多人都存在严重的自尊问题。我们感到自卑，担心自己永远追不上别人。我们的孩子也丧失了信心。"

所有这些很自然地引出了一个问题："不同的文化、各异的文化价值观对自尊有什么影响？"

文化的影响

每个社会都包含着一个由价值观、信念和假设组成的网络，并非所有的组成部分都有确定名称，但它们是人类环境的一部分。的确，那些尚未得到人们认识却被默默持有并传递的观念可能很难受到质疑，因为人们通常未经有意识的思维过程就将其吸收了。每个人都拥有所谓的"文化无意识"，即一系列关于自然、现实、人类、男女关系、善恶的隐性信念，它们反映了人们在特定历史时期和地点的知识、认识和价值观。我并不是说，特定文化中的人们在这个层面上没有观念差异，也不是说人人都无意识地持有这些观念，或者没人对其进行质疑。我的意思是，在特定的社会里，至少有部分信念存在于每个人的内心却从未得到人们明确的认识。

任何人，甚至最独立的人，都不可能意识到每个假设，或对每个假设进行严格审查。即使伟大的创新者挑战并推翻了现实中某一领域的范式，他们也可能不加批判地接受其他领域普遍存在的隐性假设。例如，像亚里士多德这样的思想家令人钦佩，他在许多领域发挥了非凡的独创才智。然而从很多方面来说，即使亚里士多德也只是特定时代、特定地方的人。任何人都无法完全摆脱社会环境的影响。

为了更好地说明这一点，我们来思考一下深刻影响人类历史的女性观。

在过去的几百年里，几乎在世界上的每个地方，女性都被视为且被教导为比男性低等。在我们所知道的每个社会中，女性低等的说法都是"文化无意识"的部分表现，在"文化自觉"的社会中也是如此。女性的低等地位是原教旨主义的显著特征。因此，在以宗教原教旨主义为主导的社会中，女性低等观念的危害最大。

在某些宗教中，人们认为女性与男性的关系应该像男人与神的关系一样。以这种观点来看，"服从"是女性的基本美德（毫无疑问，列在"纯洁"美德之后）。在对一位女性来访者进行治疗时，我曾经犯过一个错误：我把这种观点与"中世纪基督教"联系在了一起。她惊讶地看着我，悲伤地说："你在开玩笑吗？上个星期天，我的牧师这么说；星期一，我的丈夫也这么说。"当她丈夫得知我们的讨论内容后，坚持要她停止治疗。女性低等的观念不利于女性建立自尊，毋庸置疑，它对大多数女性的自我认知已经产生了悲剧性影响。即使在许多自认为已经彻底"解放"的现代美国女性中，我们也不难发现这种观念的有害影响。

关于男性的价值观，也有一种相应的普遍观点，它对男性的自尊是有害的。

在大多数文化中，人们普遍认为，男性的个人价值就是要会赚钱，成为"养家糊口"的好手。按照惯例，女人"必须"服从男人，男人"必须"给女人提供经济支持（及人身保护）。如果一个女人失业了，找不到工作，她当然会遇到经济拮据的问题，但是作为女人，她不会因此而感到消沉。反之，如果男人失业了，他常常会感到自己软弱无能。在困难时期，女人不会因找不到工作而自杀，而男人经常会这样，因为男人一直被教导，要把自尊与赚钱能力联系起来。

可以这么说，把自尊与赚钱能力联系起来是有道理的。自尊不就是要能面对生活挑战吗？那么，谋生能力不也是必不可少的吗？关于这一点，至少有两个方面需要说明。一方面，如果一个人因为自己的选择和策略（无意识、被动、不负责任）而无法谋生，那么这种无能反映出的就是低自尊。但是，如果由于个人无法控制的因素，如经济萧条，造成自己无力谋生，那么因此而自责则是错误的，因为自尊仅仅与我们凭意志所做的选择有关。另一方面，请注意问题的关键并不在于赚钱能力本身，而是成为一个"养家糊口"的好手。人们依据能否在经济上照顾好他人来评判男人，并鼓励男人也这样进行自我评判。男人和女人一样被社会同化为"仆人"，只是文化上倡导的对他们的奴役形式不同而已。㊀如果一个男人不能养活一个女人，他往往会在对方眼中失去地位。这就需要男性具有非凡的独立性和自尊心来挑战这种文化态度，并提出质疑："为什么这是衡量我作为男人的价值标准？"

部落式思想

纵观人类历史，大多数社会和文化都以部落式思想为主导。在原始时代、中世纪和 20 世纪的部分国家中都是如此。日本就是一个当代的例子，尽管现在可能正在减少部落化，但它在文化上仍然具有浓厚的部落色彩。

部落式思想的本质是，部落利益具有至高无上的地位，这种思想贬低个体的重要性。它往往将个体视为可互换的部落元件，忽略或轻视人与人之间存在的差异。甚至极端地认为个体只存在于部落关系的网络中，

㊀ 有关"男人的故事"的精彩讨论，请参见沃伦·法雷尔（Warren Farrell）的《男性权力的神话》(纽约：西蒙和舒斯特出版社，1993）。

个体根本没有自我。

=====

部落式思想的本质是，部落利益具有至高无上的地位，这种思想贬低个体的重要性。

=====

集体主义之父柏拉图（Plato）在《法律篇》（Laws）一书中抓住了这一观点的精髓。他说："我认为，法律的制定将着眼于整个社会的最大利益……因为个人及其事务并不重要。"他满怀热情地说："人们习惯于从不考虑离开同伴去单独行事，尽可能将个人生活融入完整的协作社会和共同体。"在古代，这种观念体现在斯巴达的军国主义社会中，而在近代，纳粹德国则突出体现了这种思想。在古代和现代之间，我们会想到中世纪的封建文明，其中的每个人都由他所处社会等级的位置来界定身份，除了社会等级之外，个人身份几乎不存在。

部落社会可能是极权主义的，但也不一定，它可能相对自由。尽管政治因素不容忽视，但对个体的控制可能更具文化性而不是政治性。我想在这里指出的是，部落假设的本质是反自尊的。

部落假设的前提或取向是剥夺人作为个体的力量。它隐含的信息是，你不重要。靠你自己，你什么都不是。只有成为我们的一部分，你才能有所作为。因此，任何一个社会，只要被部落假设所支配，它必定不利于自尊，甚至对其非常有害。在这样的社会中，相对于群体而言，社会对个体不够尊重。自我肯定被压抑（除非通过高度仪式化的渠道）。骄傲往往被视为恶习。自我牺牲则是必要的。

在几十年前，在《浪漫爱情心理学》一书中我写到原始社会对情感依恋不够重视的问题：爱情，作为两个"自我"结合的庆典，是一个完全不可理解的概念。我在那本书中指出，理性地理解浪漫爱情需要以自尊为背景，而浪漫爱情和自尊这两种观念都与部落取向格格不入。

对现存原始部落的人类学研究，使我们更多地了解到关于部落式思想的早期形式及其对我们所谓"个体化"的态度。以下是莫顿·亨特（Morton Hunt）在《爱的自然史》（The Natural History of Love）中提供的一个相当有趣的例证。

> 总的来说，大多数原始社会的宗族结构和社会生活方式为滥交创造了条件……原始民族大都看不到个体之间的巨大差异，因此不会像现代人那样保持交往对象的唯一性；许多训练有素的观察家都曾谈到过一个现象：原始社会的人们可以很轻松地与恋爱对象分手，他们坦率地表示爱人是可以交换的。人类学家奥德丽·理查兹（Audrey Richards）博士曾于20世纪30年代居住在赞比亚的本巴，有一次她向当地的本巴人讲述了一个英国民间传说：一位年轻的王子爬上玻璃山、越过峡谷、与恶龙搏斗，所有这一切都是为了得到心爱姑娘的芳心。听完故事，本巴人都显得很困惑，但他们沉默不语。后来一位老酋长终于开口提了一个最简单的问题，表达了在场所有人的感受："他为什么不另外找个女孩呢？"

玛格丽特·米德（Margaret Mead）对萨摩亚人的著名研究同样表明，人与人之间深厚的情感依恋与部落社会的心理和生活方式格格不入。[2] 萨摩亚人认可并鼓励滥交和短暂的性关系，但不提倡在个体之间形成强烈的情感纽带。如果爱是一种自我表达、自我庆祝，也意味着为他人而庆祝，那么我们可以想象萨摩亚人情感取向中的自尊内涵，或者想象纽约当代"性俱乐部"中，自尊在相应精神层面上的含义。

在原始文化对性行为的道德规范的影响下，人们常常会对源自（我们称之为）"爱"的性依恋产生恐惧，甚至是抵触。的确，当引发性行为的感情较为肤浅时，大多数人都能接受性行为。拉特雷·泰勒（Rattray Taylor）如下写道。

例如，在特罗布里恩群岛，成年人并不介意儿童是否参与性游戏并过早尝试性行为；至于青少年，只要他们彼此不相爱就可以和对方睡觉。如果他们坠入爱河，那么其性行为就会被禁止，而且情侣们睡在一起会违反礼仪。[3]

爱情一旦产生，有时会比性行为受到更严厉的控制。（当然，在很多情况下，甚至连"爱"这个词都与我们所说的"爱"完全不同。）人们把充满激情的个体依恋看作对部落价值观和部落权威的威胁。那么，我们再思考一下自尊在此种情况下的内涵。

现代日本的有趣之处在于，它是一个半自由社会，其传统是部落式且专制的，同时其内部却包含某些自由力量，正朝向更大程度的个人主义和摆脱陈规旧习束缚的自由方向发展。以下是乔纳森·劳赫（Jonathan Rauch）对日本文化"陈旧性"一面的评论。

> 日本具有令人不安的一面，即传统的、前自由主义的一面。棒球队接受的训练简直到了令人痛苦不堪、筋疲力尽的地步，因为这样可以培养球员的毅力。在高中的校园欺凌事件中，低年级学生常常遭受羞辱和欺负，但他们都有这样一种认识：当自己成为高年级学生时，就会轮到他们欺负低年级学生。在日本一贯存在的论资排辈制度中，年轻人饱受痛苦、付出代价并学会忍耐和接受，然后再将自己的经历以同样方式施与他人。日本人崇尚恃强凌弱，这只不过是其丰富多样的道德地理学的一部分。一周前我还没到日本时，这一领域就引起了我的注意……碰巧，我最近在读柏拉图的书，当我审视日本传统的价值观时，即通过受苦获得力量、通过遵守等级制度获得力量、通过将个人浸入群体获得力量，我就明白了我所看到的现象……如果柏拉图在世，他肯定极度崇拜传统的日本价值观，并会在其中看到梦想里闪闪发光的斯巴达精神。[4]

几年前，我有一位来访者是日本合气道教员，他22岁时从日本搬到美国加州。他说："日本确实在改变，但是传统的影响仍然很大。自尊的概念几乎不存在，当然还存在别的东西，但不是你写的那些东西，也不是我所了解、我所想要的东西。在日本，一切都与团体联系在一起，比如家庭、公司，却完全没有体现个人。我看到我的朋友们为这个问题不断挣扎、苦不堪言。我之所以来到美国，是因为我更喜欢这里浓厚的个人主义氛围。这儿的很多人都很疯狂，你知道，各种人混杂在一起，但我还是觉得这里有更好的机会来发展自尊。"

我并不是说整个日本文化都不利于自尊发展。日本文化太过多元化，包含了太多相互冲突的价值观。上面提到的这些因素确实对自尊有害。日本文化中有很多东西阻碍人们自主自立，部落文化也是如此，但也有其他一些对心理产生积极影响的因素，例如，人们高度重视学习知识，明白对自我行为和承诺负全责的重要性，以工作出色为荣。在高度多样性的文化中，认真思考特定信念或价值观对自尊的影响，而不是整个文化对自尊的影响，会更加有益。

总的来说，部落文化贬低个体性，鼓励依赖性，在一定程度上可能对自尊不利。

宗教思想

在加州，当教育工作者把自尊课程引入学校时，原教旨主义者强烈反对。他们谴责这类计划是"自我崇拜"，认为自尊使孩子们与上天疏远。

我记得很多年前，有一位加尔默罗会的修女谈到她所接受的训练："我们被教导要消灭的敌人是'自我'，因为它是我们与神性之间的屏障。垂下眼帘，不要看太多。压抑情感，不要感受太多。一生做祈祷和服务，不要想太多。最重要的是要坚决服从，不要质疑。"

纵观历史，无论在哪里，只要国家强制推行宗教，人们就可能因思想意识差异而受到严惩。因为犯下思想上的罪孽，许多人遭受酷刑甚至被处决。因此，绝对政教分离思想具有非常重要的历史意义：它禁止任何宗教团体利用政府机构迫害持不同思想、不同信仰的人。

======
纵观历史，无论在哪里，只要国家强制推行宗教，人们可能会因思想意识差异而受到严惩。
======

当人们不是通过理性思维而是依据信念和所谓的启示而达成信仰时（当缺少可以诉诸的客观知识标准时），极端宗教信徒通常将那些持不同观点的人视为某种威胁，认为他们非常危险，会把这种缺乏信仰的病魔传播给他人。

在此，我的目的不是考察宗教本身的影响，而是考察宗教专制主义在特定文化中的表现。如果有某些宗教或特定的宗教教义鼓励个人重视自我，支持思想开放和独立思考，那么它们就不在本次讨论的范围之内。我所关注的是宗教专制主义占主导地位的文化（或亚文化）对自尊的影响，在这种文化中，信仰被控制，异见被视为罪恶。在这种情况下，有意识地、自我负责地、自我肯定地生活受到禁止。

在任何一种文化中，如果我们教导孩子："在上天面前，我们所有人都同样一文不值。"

在任何一种文化中，如果我们教导孩子："你生于罪恶之中，本性是有罪的。"

如果我们给孩子传达："不要思考，不要质疑，只要相信。"

如果我们给孩子传达的信息是："你是谁？凭什么把你的思想置于权威人士的思想之上？"

如果我们告诉孩子："如果你有价值，那不是因为你做过什么或者你能做什么，而是因为上天爱你。"

如果我们告诉孩子："服从你无法理解的东西就是道德的本源。"

如果我们教导孩子："不要'任性'，自我肯定是傲慢之罪。"

如果我们教导孩子："永远不要以为你属于自己。"

如果我们告诉孩子："如果你的判断和宗教权威的判断之间产生任何冲突，你必须相信宗教权威。"

如果我们告诉孩子："自我牺牲是最重要的美德和最崇高的责任。"

然后，请想一想：这在有意识地生活的实践、自我肯定的实践或培养健康自尊的任何其他支柱上可能会产生什么后果？

在任何文化、亚文化或家庭中，如果信仰重于思想、自我屈服重于自我表达、服从重于诚信，那么只有为数不多的人才能保持自尊。

根据我的经验，人们很难对宗教教义的影响进行讨论，因为每个人对其含义的解释具有高度个性化的特点。我曾被告知，上述任何教导都不是表面上听起来的意思。

如果从历史的角度看待相继产生的各种文化，我们可以说宗教的影响总体上是不利于建立自尊的。

人们往往热衷于宗教这个话题。对于某些读者来说，几乎本节中每一句话都可能具有煽动性。我现在理解了为什么我的一些同事在参与自尊运动时，那么渴望说服人们相信自尊教育计划与传统宗教的戒律之间没有冲突。在与宗教评论家进行讨论时，我有时也会问："既然您相信我们是上天的孩子，如果我们不自爱，难道不是在亵渎神明吗？"

美国文化

美国的亚文化十分丰富多元。美国社会的特点是，几乎在生活的各个领域中都存在极其多样的价值观和信仰。然而，如果仅谈论具有对抗力量的主导性文化，那么在某种意义上我们就是在谈论"美国文化"。

美国建国伊始就有意识地摈弃了部落式思想。《独立宣言》宣告了个人权利不可剥夺的革命性学说，并宣称政府是为了服务个人而存在的，而非个人服务于政府。尽管美国的政治领袖多次以各种方式违背了这种观念，但它仍然包含了美国这个抽象概念所代表的思想：自由意志；个人主义；追求幸福的权利；自我所有权；个人以实现自我价值为目标而不是达成他人目标的工具；个人不是家庭、教会、国家或社会的财产，等等。这些思想在诞生之时是全新且激进的，而我认为它们至今尚未被大多数美国人完全理解或接受。

美国建国伊始就有意识地摈弃了部落式思想。

许多美国的开国元勋都是自然神论者。他们认为上帝是一种力量，上帝在创造了宇宙后功成身退。他们敏锐地意识到，任何宗教一旦进入政治领域并因此获得宣扬其教义的权力时，就会结出恶果。作为启蒙运动者，他们往往对神职人员持怀疑态度。乔治·华盛顿（George Washington）曾明确表示，不应将美国定义为一个"基督教国家"。信仰自由从一开始就是美国传统不可或缺的一部分。

直到今天，正如哈罗德·布鲁姆（Harold Bloom）在《美国宗教》（*The American Religion*）一书中所谈到的，美国人与其上帝的关系是高度私人化的，不受任何团体或权威的影响。[5] 它是在绝对精神孤独的背景下发生的一场邂逅，与人们在世界其他地方的情况截然不同。这反映了美国经验中最核心的个人主义。根据布鲁姆的说法，大多数美国人相信上帝以一种非常私人化的方式爱着他们。他将这种观点与斯宾诺莎（Spinoza）在《伦理学》（*Ethics*）一书中的观点进行了对比。斯宾诺莎认为，真正爱上帝的人不应该期望得到上帝之爱的回报，而美国人往往将自己视为"上帝之子"。

美国传统的核心在于这样一个事实：这个国家因拓荒而诞生，那里原本一无所有，一切都必须从头创造。自律和勤奋是备受推崇的文化价值观。当然，社区共享和互帮互助是社会主旋律，但它们不能代替自力更生和自我负责。独立自主的人们在力所能及的情况下互相帮助，但最终每个人都要承担起自己的责任。

19世纪的美国人没有受过"权利心理学"的教育，社会并不提倡个人生来就合法拥有工作及获得能源和资源的权利。直到20世纪，美国文化才开始转型。

上述对美国传统文化的概括性描述遗漏了很多东西。例如，它没有涉及奴隶制度、将美国黑人作为二等公民对待，也未提及法律上对女性的歧视，如我们所知，美国女性在20世纪才获得选举权。我们可以说，美国愿景的实现在一定程度上促进了人们对健康自尊的培养。它鼓励人们相信自己，也相信自己的潜能。

同时，文化是由人组成的，人们不可避免带有过去的烙印。美国人可能在政治上否定了部落式思想，但他们或其祖先来自受部落式思想支配的国家，这种思想会继续在文化和心理上影响他们。在某些情况下，他们可能为了逃避宗教偏见和迫害而来到大洋此岸，但其中许多人都带有宗教专制主义的思想。他们把关于种族、宗教和性别的旧思维方式带入了新世界。相互冲突的文化价值观从一开始就存在并延续至今。在当今文化中，支持与反对自尊的两种力量始终在相互碰撞。

在20世纪，美国的文化价值观发生了转变，而这种转变并没有提高人们的自尊，反而出现了反向助长的情况。

我想起19世纪50年代我在大学里了解到的思想。当时，认识论层面的不可知论（不是虚无主义）与道德相对论携手并进。和其他数百万学生一样，我了解到以下思想。

- 人无法靠思想了解现实的真相，归根结底，思想是无能的。
- 人的感觉既不可靠也不可信，"一切都是幻觉"。
- 逻辑学依照"纯粹的惯例"。
- 伦理学原理仅仅是"情感的表达"，缺少理性或现实的基础。
- 合理的道德规范不可能存在。
- 既然所有行为都由无法控制的因素决定，那么任何成就都不值得称赞。
- 既然所有行为都由无法控制的因素决定，那么任何人都不必为错误行为负责。
- 当犯罪行为发生时，罪魁祸首是"社会"，而不是个人（商人犯罪除外，在这种情况下，只有最严厉的惩罚才合适）。

1992年春的一天，当我坐在电视机前观看有关洛杉矶暴动的报道时，想起了这些观点以及传授这些观点的教授们。记者问一个抢劫者："你难道不知道，你今天抢劫和摧毁的商店明天就不复存在了吗？"抢劫者回答："我从没想过这些。"唉！既然没人教那些"得天独厚的孩子"学习如何思考，那么抢劫者又怎能知道学会思考的重要性呢？当我看到一群人把一个无助的人从卡车里拖出来，几乎将其打死时，我听到耳边响起教授们的声音："如果您觉得这样的事情在道德上令人反感，那只是您的情感偏见。行为并没有对错之分。"当我看到那些人一边从被抢劫的商店中拖出电视机和其他家庭用品一边开怀大笑时，我想到了教授们曾经的教诲："任何人不必为其所作所为负责（除了那些贪婪的资本家，他们拥有这些商店，他们才应该为自己遇到的麻烦负责）。"我想，教授们的观点在那时已经完美地变成了文化现实。由此可见，思想确实很重要，而且确实会产生影响。

====
思想确实很重要，而且确实会产生影响。
====

如果思想与知识都毫无意义，那么为何一门关于"西方世界伟大思想家"的课程要比一门现代摇滚音乐的课程更重要呢？如果一个学生可以拿到网球课程的学分，那么他为何必须努力学习数学课程呢？

如果没有客观的行为准则，也没有人对其行为负责，那么为什么企业经理不索性欺骗客户？为什么银行家不索性侵吞或挪用客户的资金？

20世纪下半叶出现的一种文化，在许多方面都反映了几十年来在美国一流大学哲学系里传授（然后从哲学系传到其他院系，继而再传到世界各地）的思想。这些思想成了上层知识分子们"公认的智慧"，出现在社论、电视节目、电影和连环画中。这些思想是非理性的，不能持久，而且有越来越多的思想家反对它们。这些思想对文明、对我们的未来、对自尊都是极其有害的。

美国文化是自我负责价值观和权利享有价值观的战场。文化冲突处处可见，但自我负责价值观和权利享有价值观之间的冲突与自尊息息相关，也是许多其他问题的根源。

=====
美国文化是自我负责价值观和权利享有价值观的战场。
=====

我们是社会人，只有在社会背景下才能充分认识到人性。社会的价值观可以激发我们最好的一面，也可以激发最坏的一面。重视思想、智力、知识和理解的文化可以提高人们的自尊；贬低思想的文化则会破坏人们的自尊。人人为自己行为负责的文化有助于人们拥有高自尊，无人问责的文化则会导致道德失范和自我轻视。重视自我责任感的文化会培养自尊；提倡人们把自己视为受害者的文化则会助长依赖性、被动性和资格意识。这些观点的证据比比皆是。

即使在最腐败和行将堕落的文化中，也总会有独立的人们为其自主权和尊严而抗争，就像有些孩子从噩梦般的童年中走出来、自尊却未被摧毁一样。但是，一个崇尚自我意识、自我接纳、自我负责、自我肯定、目标明确、正直诚信的社会，就不会宣扬对自尊不利的价值观，也不会通过阻碍或惩罚人们践行这些价值观的法律。例如，我们要让孩子明白，服从命令并不比机智地提问更值得嘉奖；我们不会教育孩子视自己天生有罪，不会教导学生理性是一种迷信，不会告诉女孩子女性的特质就是顺从，不会赞美自我牺牲却漠视丰硕的成果；福利制度不会不公，监管机构也不会视生产者为罪犯。

对这些现实的认识反映出这样一个事实：那些真正关心美国下层阶级问题的人，正在更多地思考传授认知技能、职业道德价值观、自我责任感、人际交往能力、主人翁自豪感以及客观行为标准的重要性。受害者哲学并不奏效，这一点从几十年来社会问题的不断恶化就可以看出。仅仅告诉人们责任是"全世界的"、自己无能为力、不必对自己抱什么期望等，并不能帮助他们摆脱贫困。

克里斯托弗·拉什（Christopher Lasch）并不拥护个人主义，而且他常常直言不讳地批评自尊运动，这使得他在该问题上的观点显得很有趣。

> 时至今日，难道真的有必要指出，基于国家治疗模式的公共政策已经一次又一次地惨败了吗？这些公共政策非但没有提升自尊，反而造就了一个由依赖性公民组成的国家。公共政策引起了人们对受害者的尊崇，其中，冷漠社会对受害人造成的累积伤害是其享有权利的基石。这种"同情"政治既贬低了受助者，使他们沦为值得可怜的对象，也贬低了潜在的施惠者。施惠者以为怜悯自己的同胞比让他们达到客观标准更容易，却忽略了这个事实：达到客观标准才会让人受到尊重。同情已化作人们脸上蔑视的表情。[6]

在关于有目的地生活的讨论中，我谈到要关注结果。如果行动和计划没有产生预期的或承诺的结果，那么我们就需要检查一下行动的基本前提。有句话说得好："不起作用的事，做得再多也没用。"自尊文化是一种责任文化，也就是说人人都应自我负责。人类若要繁荣发展并和谐相处，别无他途，人们必须承担起责任。

第12章讨论了支持自尊的前提，因为这些前提支持并促进自尊的六大支柱。如果一种文化以这些前提为主导，并将其融入育儿、教育、艺术和组织生活等社会框架，那么这种文化将是一种高自尊的文化。但是，如果这些前提的反面占据主导地位，那么我们将会看到一种不利于培养自尊的文化。我的观点不是实用主义的：并不是说因为这些观点支持自尊，我们就必须认同。我是说，因为这些观点符合事实，所以它们符合自尊的要求并有利于提高人们的自尊水平。

本书着重讨论的是心理学问题而不是哲学问题，我所表达的也只是个人观点。如果读者认为该书既是心理学著作也是哲学著作，那也没错。

个人与社会

我们都生活在信息的海洋中，这些信息与我们自身价值的本质和判断标准。我们越独立自主，就越能批判性地审视这些信息。我们面临的挑战在于常常要认清别人的想法和信念所传达的信息是否有价值。换言之，我们面临的挑战并不是把他人的文化假设作为既定"现实"，而是要认识到假设是可以被质疑的。在我的成长旅程中，父亲最爱说的一句"未必如此"（我想是在乔治·格什温创作同名歌曲《未必如此》（*It Ain't Necessarily So*）之后），真的让我受益匪浅。

> 我们面临的挑战并不是把他人的文化假设作为既定"现实"，而是要认识到假设是可以被质疑的。

文化不主张对其假设进行质疑。有意识地生活意味着，一个人能意识到他人的观念只是他们自己的观念，而不一定是终极真理。这并不意味着有意识地生活是以怀疑态度来进行自我表达的，而是通过批判性思维。

社会与个人在所关注问题上的对立矛盾也许在所难免。社会主要关注自身的生存和延续，倾向于鼓励那些被认为有助于实现这一目标的价值观，而这些价值观也许与个人的成长需求或个人愿望毫无关系。例如，一个军国主义国家或部落与其他国家或部落处于敌对关系时，往往崇尚战士的美德，如主动进攻、漠视痛苦、绝对服从权威等品质。然而，从个人角度来看，即使某个人受到鼓励或被迫这样做，也并不意味着他要通过确定自身特有的男性气概或价值来满足自我利益。他可能会为自己的生活做另外一种安排（他所处的文化可能将其贴上"自私"的标签），比如像学者一样的生活。他按自己的标准行事，自认为表现出的是正直诚信，而他所处的社会则可能给他贴上不忠、狭隘和卑微的标签。再者，一个社会可能会认为人口众多且不断增长有利于自身发展，于是鼓励女性去相信唯有成为母亲才是无上荣耀之事，去相信这是衡量所谓真正女性气质的唯一标准。然而，独立的女性可能会用另外一种标准来评价自己的生活，她的价值观可能会引导她走上职业道路从而选择晚育或放弃生育，她可能会根据自己的标准独立判断自己的生活，并对女性身份形成完全不同于其母亲、牧师、同龄人那样的理解（她可能也会被社会贴上"自私"的标签）。

一般人倾向于通过所处社会环境中普遍存在的价值观来评价自己，这些价值观通过家庭成员、教师，报刊、电视、社论，以及像电影之类的通俗艺术进行传播。这些价值观可能是理性的，也可能不是；可能符合个人需求，也可能不符合。

有人曾问我：一个人遵守并践行他从未思考过的（更不用说质疑了）、不一定有道理的文化准则，能否获得真正的自尊呢？归属群体而获得安全保障难道不是一种自尊吗？群体的认可和支持难道不会给人以真正的自我价值体验吗？以上错误在于将安全感或舒适感与自尊看成了一回事。从众不能带来自我效能感，受人欢迎也并不意味着拥有自尊。无论满足感如何，归属感并不等于自信，也不等于相信自己具有驾驭生活挑战的能力。别人尊重我，并不能保证我会尊重自己。

假如我过着一种按部就班、不用思考、风平浪静的生活，也许我可以暂时逃避这样一个事实：我所拥有的不是自尊，而是伪自尊。当事事顺利、万事皆好时，我们并不能据此确定自尊存在。真正的自尊体现在诸事不顺时我们的自我感觉上。这意味着，当我们面临突如其来的挑战时，当别人与我们意见相左时，当我们不得不自谋出路时，当群体的保护不再使我们免于人生重任与风险时，当我们必须思考、选择、决策和行动时，没有人再给我们指导或鼓励。在这样的时刻，我们内心最深处的想法就会显露出来。

====
真正的自尊体现在诸事不顺时我们的自我感觉上。
====

我们听过的最大的一个谎言是，"自私自利"是"轻而易举的"，而"自我牺牲"则需要巨大的精神力量。人们每天都以各种方式牺牲自己，这是他们的不幸。尊重自我，即尊重我们的思想、判断、价值观和信念，这才是极致的勇气之举，它十分罕见，然而这正是自尊对我们的要求。

第18章　结语：自尊的第七大支柱

在本书开头我说过：对自尊的需求就是对我们内心英雄的召唤。虽然这句话的意义贯穿于整个讨论中，但我还是在此予以全面阐释。

提高自尊水平意味着我们有意愿、有决心进行自尊的六大支柱实践，而要做到这一点也许并不容易。我们可能需要克服惰性、直面恐惧与痛苦，哪怕有违自己所爱之人的意愿也坚持自己的判断。

无论我们的成长环境如何，理性冷静、自我负责和正直诚实等品质绝非唾手可得的，它们总是代表某种成就。我们可以自由地思考或避免思考，自由地扩展或收缩意识范围，自由地走入或退出现实。践行自尊的六大支柱意味着做出选择。

有意识地生活需要我们付出努力，形成并维持较高的意识水平是我们毕生的职责。每当选择提高意识水平时，我们就是在与惰性抗争。我们与无序状态做斗争，无序使宇宙万物走向混沌。在选择思考的过程中，我们努力在自己的内心创造一个有序且清晰的"岛屿"。

我们需要克服的头号自尊之敌就是懒惰（这是我们赋予心理上表现出来的惰性和无序状态的名称）。"懒惰"并不是我们通常在心理学图书中遇到的术语。有没有人意识到，有时我们失败只不过是因为不愿做出适当的反应？（在《自尊心理学》一书中，我将这种现象称为"反作用力"。）当然，有时候懒惰是由疲劳引起的，但也不尽然。有时候我们只是懒惰而已，这表明我们没能克服懒惰，也没有选择从中觉醒。

我们可能需要歼灭的又一敌人是对不适感的逃避。有意识地生活可能迫使我们直面恐惧，也可能使我们陷入无法减轻的痛苦。自我接纳可能要求我们将扰乱心理平衡的想法、感觉或行为如实呈现在自己心中，并坦然承认其存在，这可能会撼动我们已有的自我概念。自我负责要求我们面对最终的孤独，并放弃对拯救者的幻想。自我肯定要求我们有勇气展现真实的自我，但并不强求他人该如何回应，这意味着我们要为做自己而承担风险。有目的地生活会让我们摆脱被动状态并投入更高要求的生活，它要求我们成为"自体发电机"。诚信生活要求我们选择自己的价值观并知行合一，不管这是否令人愉悦，也不管别人是否认同我们的信念，有时我们也不得不做出艰难抉择。

从长远来看，高自尊的人显然比低自尊的人更幸福。自尊可以很好地预测我们是否拥有幸福，但在短期内，自尊要求我们心甘情愿地忍受心灵成长之路上遇到的不适。

如果我们认为最重要的事情是逃避不适，如果我们把这看得比自尊更重要，那么在压力之下，我们就会在最需要的时候放弃这六种自尊实践。

想要逃避不适的愿望本身并没有罪过。但是，假如屈服于它，我们就会因忽略关键事实而难以采取必要的行动，这可能会酿成悲剧。

逃避不适的基本模式如下。首先，我们因不想感受痛苦而逃避需要面对的东西。然后，逃避会带来更多问题，我们也不想看到这些问题，因为它们会引发痛苦。最后，新的逃避又会带来我们不愿思考的其他问题，如此循环。一次次逃避越积越多，一次次否认让痛苦越积越深。大多数成年人都处于这种状况中。

与上述基本模式相反的态度如下。首先，我们认为自尊和幸福比短期的不适或痛苦更重要。我们迈出小小的一步就会让自己做到意识清醒、自我接纳、勇于担当。我们注意到，此种做法会让我们更喜欢自己，会激励我们继续前进，并试着走得更远。我们对自己和他人越来越诚实；我们的自尊水平得以提升；我们会承担更艰巨的任务；我们会感觉自己更坚强、更足智多谋，也更容易直面消极情绪和险恶处境，感觉自己更有本领去应对一切；我们变得更加自信，感觉自己更强大；我们正在强健自己的心智。当觉得自己越来越强大时，我们就会从更现实的角度看待困难。我们也许永远无法完全摆脱恐惧和痛苦，但它们已经大大减轻了，而且我们并没有被它们吓倒。这时，诚信不再意味着危险，而是近乎我们的本能。

如果这一过程令人轻松愉快、毫无波折，如果完全不需要毅力和勇气，那么每个人都能拥有良好的自尊。但是，不必费力、无须挣扎、绝无痛苦的生活只存在于梦中。

奋斗和痛苦都不具备内在价值。如果可以避免它们而不造成有害后果，那么我们可以这样做。优秀的心理治疗师致力于使人们的成长过程变得不那么艰难。当我审视自己在过去 30 年中作为心理治疗师的成长历程时，我发现自己的目标之一就是尽量让面对并反省自己以及建立自尊的过程没有压力。我的治疗方法和技巧不断演变，但从一开始就反映了这一目标。

要实现这一目标，其中一个方法是帮助人们认识到，我们所做的困难但必要的事情不一定是"一件大事"。我们不必夸大恐惧或不适情绪，而应将其视为生活的一部分，勇敢地面对并尽最大努力处理好这些情绪，继续向更好的自己迈进。

但是，我们始终需要毅力、恒心和勇气。如此下定决心，其中的力量只能来自我们对生活的爱。

这种爱是美德的基石，是我们实现最远大、最崇高的理想的出发点。它是推动自尊的六大支柱发展的原动力，是自尊的第七大支柱。

附录A：对自尊其他定义的评论

为了明确我对自尊的定义，我想就一些已有的典型定义谈谈我的看法。

威廉·詹姆斯是美国心理学之父，在他1890年出版的《心理学原理》（*Principles of Psychology*）中，我们发现了就我所知最早的自尊定义。

> 我曾经投入全部精力想要做一名心理学家，如果别人了解的心理学知识比我多，那么我就会感到羞愧。我对希腊语一无所知，但我却满足于现状。我并不会因语言方面的不足而感到一丝羞愧。如果我"自我标榜"为一名语言学家，那么事实则恰恰相反……没有尝试就没有失败，没有失败就不会出丑。所以，我们在这个世界上的自我感觉完全取决于自我定位和实际行动。自尊由我们的实际能力与假定的潜能之比所决定，因此，在自尊的分子式里，成功是分子，自负是分母。

$$自尊 = 成功 \div 自负$$

增大分子或减小分母也许能使分数值增大。

我在前言中说过,任何谈论自尊的人必然是在谈论自己。詹姆斯首先与我们分享了他本人的案例:他的自尊建立在自己所选领域中他与别人相比较的情况。如果没有人能在专业知识上与他匹敌,那么他的自尊就会得到满足;如果有人超越了他,那么他的自尊就会被摧毁。

詹姆斯是在告诉我们,在某种意义上他把自尊置于他人的任意摆布之下。在他的职业生活中,如果周围的人都比他差,那么他便可以获得自尊感。因此他惧怕才华,无法接受或欣赏他人才华。这不是培养健康自尊的秘方,而是产生焦虑的"良药"。将我们的自尊与意志控制之外的任何因素联系起来,比如他人的选择或行为,都会给我们带来痛苦。很多人都依据外界信息来评判自己,这是他们的不幸。

如果"自尊等于成功除以自负",那么正如詹姆斯所说,人们可以通过增加"成功"值或减少"自负"值来保护自尊。也就是说,一个对工作和人品都无所追求的人可能和一个成就卓著、品格高尚的人一样,拥有相同的自尊水平。我不相信在现实中人人都赞同这一观点。有些人没有远大的志向,但他们可以漫不经心、毫不费力地实现愿望,这样的人并不见得心理健康。

我们在多大程度上践行个人标准和价值观(不幸的是,詹姆斯将其称为"自负"),显然与我们的自尊有关。詹姆斯的讨论固然有意义,它引起了人们对自尊的关注,但这只是一个存在于真空中、无法为人所正确理解的事实,似乎我们的判断标准和价值观都与自尊无关,除了詹姆斯所提出的中立公式之外,其他因素都成了无关紧要的东西。从字面上看,他的公式并不是一个自尊的定义,而是一种观点表述,他认为自尊水平不是由某些不幸的个体决定的,而是由每个人自己决定的。

斯坦利·库珀史密斯撰写的《自尊的前因》是一本关于自尊的极佳著作。他在父母影响孩子自尊方面的研究至今仍然很有意义。他这样写道:

> 自尊是个体做出的、稳定一致的自我评价。它表达一种肯定的态度,并显示个体在多大程度上相信自己有能力、很重要、

很成功和值得拥有幸福。简而言之，自尊是一种个人价值判断，表现在个体对自己的态度上。

相对于詹姆斯的公式，这个表述代表着巨大的进步。它更直接地反映了我们对自尊的感受。然而，还有一些问题尚未解决。

"能力"指什么？我们所有人都是这样：在一些方面有能力而在另一些方面没有能力。能力是否与我们所承担的工作有关？能力不足会削弱自尊吗？我认为这并不是库珀史密斯想表达的观点，但其中含义尚不明晰。

"重要"是什么意思？如何重要？在别人看来重要吗？还有哪些方面？用什么标准衡量？

"成功"是指世俗意义上的成功、经济上的成功、事业的成功，还是社会关系的成功？成功与什么有关？注意，库珀史密斯并不是在说成功者（原则上）才配拥有自尊，而是说自尊意味着把自己视为成功者，二者含义完全不同，同时较令人费解。

"值得"什么？值得拥有幸福、钱、爱，还是个人渴望的任何东西？我感觉库珀史密斯所说的"值得"与我的定义中所说内容差不多，但是他并没有这么说。

理查德·L.贝德纳尔（Richard L. Bednar）、M. 高文·威尔斯（M. Gawain Wells）和斯科特·R. 彼得森（Scott R. Peterson）在他们的《自尊：临床理论和实践中的悖论与创新》（*Self-Esteem: Paradoxes and Innovations in Clinical Theory and Practice*）一书中给出了自尊的又一定义。

我们把自尊定义为一种主观、持久且符合现实的自我认可。它反映了个体在心理体验的最基本层面上如何看待和评价自我。那么，从根本上说，自尊是一种基于准确自我认知的持久且情感化的个人价值观。

"认可"什么？认可关于自我的一切，从外表到行为再到脑力吗？我们无从知晓。"看待和评价自我"与什么问题或标准有关？"持久且情感化的个人价值观"是什么意思？另外，我喜欢该定义所表达的观点：真正的自尊是以现实为基础的。

关于自尊，最广为人知的一个定义是由《走向自尊：促进自我、个人和社会责任的加利福尼亚工作组的最终报告》(Toward a State of Esteem: The Final Report of the California Task Force to Promote Self and Personal and Social Responsibility)给出的。

> 自尊的定义是"欣赏自我价值和重要性，具有对自我负责并对他人负责的品格"。

我们发现，这个定义与其他定义一样缺乏具体性，比如"价值和重要性"与什么有关？工作组关于自尊的陈述还存在一个问题：在定义中插入了明显意味着健康自尊的基本来源（即对自己负责并对他人负责）。对心理状态的定义是要告诉我们这一状态是什么，而不是如何到达那个状态。提出这个定义的人是不是想让我们明白，如果我们不对他人负责就无法拥有健康的自尊？如果是这样，他们也许是对的，但这属于自尊定义的范畴吗？抑或这是另外一个问题？（几乎可以肯定的是，这样的定义受到"政治"因素的影响，而不是出于"科学"考虑，目的是让人们确信，自尊倡导者并不是在鼓励狭隘且不负责任的"自私自利"。）

最后，有些人在自尊运动中宣称"自尊意味着'我是有才干的，是可爱的'"。

那么我们又得问一问："是什么'才干'？"假设我是一个滑雪高手，一个出色的律师，一个一流的厨师，然而，我却觉得自己没有能力独立评估母亲教给我的道德价值观。我知道自己是谁吗？在这种情况下，我是否有"才干"？我是否有自尊？

至于"可爱"，是的，感觉自己可爱是健康自尊的特征之一。值得拥有幸福和成功的感觉也是如此。"可爱"的感觉更重要吗？显然是的，因为其他两项在上面的定义中并未提及，那么这是为什么呢？

我不打算举更多的例子对此加以赘述，因为再多的例子也只反映了相似的问题而已。

附录B：建立自尊的句子补全练习

我想与读者分享一个 31 周句子补全练习计划，这是专门为建立自尊而开发的。在开发这些句子主干的过程中，我嵌入了一些相当复杂的理论思想（结合了大量实践经验）。

我们已经看到了句子补全练习在促进自我理解和个人发展方面的强大作用。该项计划旨在帮助读者理解自尊的六大支柱，并将其应用于日常生活中。读者会注意到这个主题贯穿于整个练习。在治疗过程中，我们以多种方式并从不同角度对该计划中提出的问题进行了探讨；来访者给出的句子结尾指明了我们需要关注的其他路径。接下来我提供的是通用版本的句子主干，它们本身也处在不断发展和修订中。

为了使练习计划完整、独立，我不得不重申之前提出的一些观点。我会把前面介绍的一些句子主干用在这里，与新的句子主干一起以特定结构组成句子主干，旨在逐步引导个体觉醒：增强自我理解，提高自尊水平。

该部分有近一半内容如同是用看不见的墨水写就的——随着时间推

移,在人们仔细研究这些句子主干及各种结尾句模式之后,墨水才会变得可见。我希望读者在执行这个句子补全计划时能牢记这一点。

具体计划

当独自练习补全句子时,你可以使用笔记本、打字机或电脑。(你也可以使用录音机进行句子补全练习,在这种情况下,你要不断地将句子主干重复录到录音机里,每次用不同的结尾补全句子,之后再回放录音进行反思。)

> 第1周
>
> 在早上着手日常工作之前,你要做的第一件事是坐下来写下以下句子主干。
>
> 如果我今天在自己的生活中具有更高水平的意识,_____。
>
> 然后,尽可能快地、不假思索地用两三分钟为该句子主干写出多个结尾句(6~10个就足够了)。不要担心你给的结尾句是否真实、是否有意义、是否"深刻"。总之,你写什么都可以,但一定要写点什么。
>
> 然后,继续补充下面几个句子主干。
>
> 如果我今天对自己的选择和行动承担更多的责任,_____。
>
> 如果我今天更加关注自己与人交往的方式,_____。
>
> 如果我今天将自己的精力水平提高5%,_____。
>
> 完成该部分练习后,你可以继续一天的工作。
>
> 第1周,从周一到周五,每天在开始当天的工作之前做这个练习。
>
> 不用说,你补全的部分可能有很多重复内容,但也一定会出现新的结尾句。花时间认真思考这些结尾句,有利于"激发"创造性潜意识,从而在内心形成关联、获得领悟并促进自我成长。当意识得到强化时,你更易采取行动来表达自己的心理状态。
>
> 每个周末,找时间重新阅读你这周写的东西,然后为以下句子主

干提供至少 6 个结尾。

如果本周我写的内容都是事实，那么如果我_____（怎么做），就可能有帮助。

这样做有助于你将新的学习成果转化为实际行动。请在周末的课程中继续进行该练习。

在做这项训练时，理想的做法是清空你的大脑，不要对将要发生或"应该"要发生的事情抱任何期望，不要提出任何要求，只管做这个练习，继续进行你一天的活动，尽可能花一点时间思考自己补充的句子内容，仅仅关注你在感觉或行为方式上的差异。

请记住：你补充的内容必须符合句子的语法结构；如果你头脑空空想不出来，那就请你编一段话，但不要以为自己无法进行此练习就停下来。

每次练习时间平均不应超过 10 分钟。如果你需要更长的时间，则说明你"思考"（或演练、计算）太多了。请在完成练习之后而不是练习过程中进行思考。

你补充的句子内容不要少于 6 个。

第 2 周

如果我对自己的重要关系人提高 5% 的意识水平，那么_____。

如果我对自己的不安全感提高 5% 的意识水平，那么_____。

如果我对自己的深层需求和愿望提高 5% 的意识水平，那么_____。

如果我在情感方面提高 5% 的意识水平，那么_____。

第 3 周

如果我把倾听当作一种创造性行为，那么_____。

如果我能意识到人们如何被我的倾听质量所影响，那么_____。

如果我今天与人打交道时有更多的意识，那么_____。

如果我公道地、充满善意地与人交往，那么_____。

第 4 周
如果我在今天的生活中有更高水平的自尊，那么_____。
如果我今天与人交往时能提高自尊，那么_____。
如果我今天提高 5% 的自我接纳水平，那么_____。
如果我在出错时也能自我接纳，那么_____。
如果我在感到困惑和不知所措时也能自我接纳，那么_____。

第 5 周
如果我更加接纳自己的身体，那么_____。
如果我否认并拒绝自己的身体，那么_____。
如果我否认并拒绝内心的冲突，那么_____。
如果我更接纳自己所有的部分，那么_____。

第 6 周
如果我今天想提高自尊，那么可以_____。
如果我更愿意接纳自己的感受，那么_____。
如果我否认并拒绝自己的感受，那么_____。
如果我更加接纳自己的想法，那么_____。
如果我否认并拒绝自己的想法，那么_____。

第 7 周
如果我更加接纳自己的恐惧，那么_____。
如果我否认并拒绝自己的恐惧，那么_____。
如果我更加接纳自己的痛苦，那么_____。
如果我否认并拒绝自己的痛苦，那么_____。

第 8 周
如果我更加接纳自己的愤怒，那么_____。
如果我否认并拒绝自己的愤怒，那么_____。

如果我更加接纳自己的性取向，那么_____。
如果我否认并拒绝自己的性取向，那么_____。

第 9 周
如果我更加接纳自己的兴奋感，那么_____。
如果我否认并拒绝自己的兴奋感，那么_____。
如果我更加接纳自己的智慧，那么_____。
如果我否认并拒绝自己的智慧，那么_____。

第 10 周
如果我更加接纳自己的快乐，那么_____。
如果我否认并拒绝自己的快乐，那么_____。
如果我对完整的自己有更多的认识，那么_____。
当学会接纳自我的全部时，我_____。

第 11 周
对我来说，自我负责意味着_____。
如果我为自己的生活和幸福多承担 5% 的责任，那么_____。
如果我逃避对自己生活和幸福的责任，那么_____。
如果我为实现自己的目标多承担 5% 的责任，那么_____。
如果我逃避实现自己的目标的责任，那么_____。

第 12 周
如果我为良好的人际关系多承担 5% 的责任，那么_____。
当我_____时，我让自己处于了被动。
当我_____时，我让自己很无助。
我开始认识到_____。

第 13 周
如果我对自己的生活水平多承担 5% 的责任，那么_____。

如果我在选择伴侣时多承担5%的责任，那么_____。

如果我对自己的幸福多承担5%的责任，那么_____。

如果我对自己的自尊水平多承担5%的责任，那么_____。

第14周

对我来说，自我肯定意味着_____。

如果我在今天的生活中增加5%的自我肯定，那么_____。

如果我今天尊重自己的想法和感受，那么_____。

如果我今天尊重自己的意愿，那么_____。

第15周

如果（当我年轻时）有人告诉我，我的愿望真的很重要，那么____。

如果（当我年轻时）有人教导我，要尊重自己的人生，那么_____。

如果我不重视自己的人生，那么_____。

如果我愿意在我想说"是"的时候说"是"，在我想说"不"的时候说"不"，那么_____。

如果我愿意让人们听到我内心的声音，那么_____。

如果我多表现出5%的真实自我，那么_____。

第16周

有目的地生活对我来说意味着_____。

如果我能在自己的生活中增加5%的目的性，那么_____。

如果我在工作中增加5%的目的性，那么_____。

如果我在自己的人际关系中增加5%的目的性，那么_____。

如果我在婚姻中增加5%的目的性，那么_____（如果可行）。

第17周

如果我与自己的孩子相处时增加5%的目的性，那么_____（如果可行）。

如果我对自己内心深处的渴望增加 5% 的目的性，那么_____。
如果我为实现自我愿望承担更多的责任，那么_____。
如果我把自我幸福作为一个着意实现的目标，那么_____。

第 18 周
诚信对我来说意味着_____。
想到那些让人很难完全做到诚信的情况，_____。
如果我在生活中增加 5% 的诚信，那么_____。
如果我在工作中增加 5% 的诚信，那么_____。

第 19 周
如果我能在人际关系中增加 5% 的诚信，那么_____。
如果我坚守自认为正确的价值观，那么_____。
如果我拒绝按照我不赞同的价值观生活，那么_____。
如果我把自尊放在最重要的位置，那么_____。

第 20 周
如果我内心的儿童能讲话，那么他会说_____。
如果曾经的那个少年还存在于我内心，那么_____。
如果那个少年自我能讲话，那么他会说_____。
一想到要回去帮助儿童自我，_____。
一想到要回去帮助青少年自我，_____。
如果我能与年轻自我交朋友，那么_____。
关于如何整合年轻自我的详细讨论，请参考《如何提升自尊》一书。

第 21 周
如果我接纳了儿童自我，那么_____。
如果我的青少年自我感觉我是站在他那边的，那么_____。
如果我的年轻自我感觉到我对他们内心挣扎的同情，那么_____。
如果我能拥抱儿童自我，那么_____。

如果我能拥抱青少年自我，那么_____。

如果我有勇气和同情心去拥抱、去爱我的年轻自我，那么_____。

第 22 周

当我_____时，我的儿童自我会觉得被我排斥。

当我_____时，我的青少年自我觉得被我排斥。

我的儿童自我需要从我这里得到却很少得到的是_____。

我的青少年自我需要从我这里得到却没有得到的是_____。

我的儿童自我因被我拒绝而报复我的方式之一是_____。

我的青少年自我因被我拒绝而报复我的方式之一是_____。

第 23 周

一想到要给予我的儿童自我所需要的，_____。

一想到要给予我的少年自我所需要的，_____。

如果我和儿童自我相亲相爱，那么_____。

如果我和青少年自我相亲相爱，那么_____。

第 24 周

如果我接纳儿童自我可能需要时间来学会信任我的事实，那么_____。

如果我接纳青少年自我可能需要时间来学会信任我的事实，那么_____。

当我开始明白儿童自我和青少年自我都是我的一部分时，_____。

我开始认识到_____。

第 25 周

当我偶尔感到害怕时，我_____。

当我偶尔感到受伤时，我_____。

当我偶尔生气时，我_____。

处理恐惧的有效方法可能是_____。

处理伤害的有效方法可能是_____。

处理愤怒的有效方法可能是_____。

第 26 周

当我偶尔兴奋时，我_____。

当我偶尔产生性欲时，我_____。

当我偶尔体验到强烈情感时，我_____。

如果我和自己的兴奋感交朋友，那么_____。

如果我和自己的性欲交朋友，那么_____。

随着我逐渐适应自己的各种情感，_____。

第 27 周

如果我考虑与儿童自我成为好朋友，那么_____。

如果我考虑与青少年自我成为好朋友，那么_____。

当年轻自我与我更融洽地相处时，_____。

当我为儿童自我创造一个安全空间时，_____。

当我为青少年自我创造一个安全空间时，_____。

第 28 周

当_____时，母亲给了我一种自我认识。

当_____时，父亲给了我一种自我认识。

当我告诉自己_____时，母亲在用我的声音说话。

当我告诉自己_____时，父亲在用我的声音说话。

第 29 周

如果我在与母亲的相处中提高 5% 的意识水平，那么_____。

如果我在与父亲的相处中提高 5% 的意识水平，那么_____。

如果我实事求是地看待我的父母，那么_____。

如果我反思一下自己与母亲相处中的意识水平，那么_____。
如果我反思一下自己与父亲相处中的意识水平，那么_____。

第 30 周
一想到摆脱母亲的束缚，我在心理上_____。
一想到摆脱父亲的束缚，我在心理上_____。
一想到我完全属于自己，_____。
如果我的人生真的属于我自己，那么_____。
如果我真的有能力独立生存，那么_____。

第 31 周
如果我在生活中提高 5% 的意识水平，那么_____。
如果我能增加 5% 的自我接纳，那么_____。
如果我在生活中增加 5% 的自我责任感，那么_____。
如果我对个人行为增加 5% 的自我肯定，那么_____。
如果我在生活中多 5% 的目的性，那么_____。
如果我在生活中多 5% 的诚信，那么_____。
如果我深呼吸，让自己体验一下自尊的感觉，那么_____。

让我们想象一下，你现在已经做了一次这一为期 31 周的练习。如果你觉得对自己有帮助，那就再做一次，这会给你带来一次新的体验。一些来访者做了三四次练习，每次都有新的收获，自尊感也随之增强。

附录C：对未来研究的建议

我的研究重点一直是自尊，包括自尊在人类生活中的作用，尤其是它对工作和爱情的影响。如果你认为刚刚读过的这本书很有用，那么我建议你进一步阅读以下著作。

《自尊心理学》(*The Psychology of Self-Esteem*)。该书是我在本研究领域所做的首次重大理论性探索与概述。与后续著作不同的是，该书强调了我所做研究的哲学基础，涉及以下问题：自由意志这个概念的意义和理论依据是什么？理性与情感的关系是什么？理性和诚信与自尊的关系是什么？哪些道德价值观支持自尊？哪些道德价值观破坏自尊？为什么自尊是动机的关键？

《冲破束缚》(*Breaking Free*)。该书通过对临床实践中的一系列故事进行戏剧化处理，探索了消极自我概念的童年起源。通过分析这些案例，我们可以了解成年人在哪些方面对儿童自尊的发展产生负面影响。因此，该书也是一本关于育儿艺术的入门读物。

《否认自我》(*The Disowned Self*)。该书探讨了令人痛苦且普遍存在的疏离感问题，即个体与其内心世界失去了联结，该书指出了恢复联结的途径。事实证明，该书对功能失调家庭的成年子女特别有帮助。它以全新的视角重新审视了理性与情感之间的关系，在广度和深度上超出了我先前对该主题的研究。它论证了自我接纳对健康自尊如何、为何至关重要，并指出了实现思想与情感和谐统一的途径。

《浪漫爱情心理学》(*The Psychology of Romantic Love*)。在该书中，我探讨了浪漫爱情的本质和意义、它与其他类型爱情的区别、它的历史发展以及在现代社会中面临的特殊挑战。该书解决了这样一些问题：爱是什么？爱为何诞生？为什么有时候爱会蓬勃发展？为什么有时候爱会死亡？

《爱对我们的要求》(*What Love Asks of Us*)。该书最初发行时题为《浪漫爱情问答集》(*The Romantic Love Question-and-Answer Book*)，此次修订版和扩展版是与我妻子也是同事德弗斯·布兰登共同撰写的，该书回答了那些为实现爱情而苦苦挣扎的人们所遇到的问题。它涵盖广泛的主题，包括在恋爱关系中保持自主性的重要性、有效沟通的艺术、解决冲突的技巧、如何应对嫉妒与不忠、如何处理来自儿童和姻亲等的特殊挑战、如何渡过失恋难关。

《尊重自我》(*Honoring the Self*)。该书再次回到自尊的本质及其在我们生活中的作用，与《自尊心理学》(*The Psychology of Self-Esteem*) 相比，该书的哲学意义较少，而其关注点却更具发展性。它着眼于自我如何出现、如何演变、如何在个性化的更高阶段发展。它探讨了成年人可以采取哪些措施来提高自尊，考察了内疚的心理，阐释了自尊与生产性工作之间的关系。它倡导一种开明的利己主义道德观念，并挑战以自我牺牲为美德的传统观念。

《如果你能听到我说不出的话》(*If You Could Hear What I Cannot Say*)。该书是一本工作手册。它讲授了句子补全技巧的基本原理，以及一个人如何独自训练以进行自我探索、自我理解、自我修复和个人成长。

《自我发现的艺术》(The Art of Self-Discovery)。该书继续上一卷中关于句子补全和自我探索的研究。最初发行时题为《看我所见，知我所晓》(To See What I See and Know What I Know)，这一修订版和扩展版也为咨询师和心理治疗师提供了可在其临床实践中使用的工具。

《如何提升自尊》(How to Raise Your Self-Esteem)。该书旨在为读者提供建立自尊的具体策略。该书中所做的讨论比我以前著作中的讨论更具体、更注重行动。它同样适用于致力于自身发展的人，也适用于受邀尝试这些技巧的家长、教师和心理治疗师。

《审判日：我与安·兰德共度的岁月》(Judgment Day: My Years with Ayn Rand)。该书是一本调查回忆录，讲述了我的个人成长和智力发展经历，包括我在与三位女性相处的过程中，自尊的起伏变化，其中最重要的经历是我与小说家、哲学家安·兰德的关系（她是《源泉》《阿特拉斯耸耸肩》的作者）。它描述了促使我产生重要心理学思想的特殊背景，包括我在 24 岁时第一次认识到自尊对人类幸福具有至高无上的重要性。

《自尊的力量》(The Power of Self-Esteem)。该书概述了我在自尊研究领域的主要思想，旨在进行基本介绍。

我们通过位于洛杉矶的布兰登自尊研究所为人们提供心理治疗和家庭咨询，长期组织自尊团体活动，举办讲座、研讨会和工作坊，提供管理咨询，为各类机构开设自尊及高绩效项目，同时为个人和企业来访者提供电话咨询。

参考文献

第1章：
自尊：意识的免疫系统

1. L. E. Sandelands, J. Brockner, and M. A. Glynn (1988) "If at first you don't succeed, try again: Effects of Persistence-performance contingencies, ego-involvement, and self-esteem on task-performance." *Journal of Applied Psychology*, 73, 208–216.
2. E. Paul Torrance. *The Creative Child and Adult Quarterly*, Ⅷ, 1983.
3. Abraham Maslow. *Toward a Psychology of Being*. New York: Van Nostrand Reinhold, 1968.
4. *Fortune, December* 17, 1990.
5. T. George Harris. *The Era of Conscious Choice*. Encyclopedia Britannica Book of the Year, 1973.

第5章：
关注行动

1. 参见 *The Invulnerable Child*, a collection of studies edited by E. James Anthony and Bertram J. Cohler. New York: The Guilford Press, 1987。

第13章：
培养儿童自尊

1. 有关这一原则的详细讨论，请参见海姆·吉诺特的著作 *Between Parent and Child*、*Between Parent and Teenager* 以及 *Teacher and Child*。所有这些著作都由 Avon 出版社出版。

第 14 章:
校园里的自尊

1. 与罗伯特·里森纳的个人交流。

2. George Land and Beth Jarman. *Breakpoint and Beyond*. New York: Harper Business, 1992.

3. Jane Bluestein. *21st Century Discipline*. Jefferson City, Mo.: Scholastic Inc., 1988.

4. Robert Reasoner. *Building Self-Esteem: A Comprehensive Program for Schools*, rev. ed. Palo Alto: Consulting Psychologists Press, 1992.

5. 同上。

6. 同上。

7. 与肯尼斯·米勒的个人交流。

8. Jane Bluestein. *21st Century Discipline*. Jefferson City, Mo.: Scholastic Inc., 1988.

9. Howard Gardner. *The Unschooled Mind: How Children Think and How Schools Should Teach*. New York: Basic Books, 1992.

10. Howard Gardner. "What Parents Can Do to Help Their Kids Learn Better." *Bottom Line*, June 1992.

11. 有关康斯坦斯·德姆博洛夫斯基《个人与社会责任》的信息,请联系:有效技能发展研究所,地址:P.O. Box 880, La Luz, NM 88337。

第 15 章:
自尊与工作

1. 引自《经济学人》1990 年 12 月 1 日。

2. 参见我的著作《尊重自我》*Honoring the Self*. New York: Bantam Books, 1984.

3. Michael Dertouzos, Richard K. Lester, Robert M. Solow, and the MIT Commission on Industrial Productivity. *Made in America*. Cambridge: MIT Press, 1989.

4. Charles Garfield. *Second to None*. Homewood, Ill.: Business One Irwin, 1992.

5. Warren Bennis. *On Becoming a Leader*. New York: Addison-Wesley, 1989.

第17章：
自尊与文化

1. Mary Kawena Puku'i. *'Olelo No'eau*. Honolulu: Bishop Museum Press, 1985.

2. Margaret Mead. *Coming of Age in Samoa*. New York: New American Library, 1949.

3. G. Rattray Taylor. *Sex in History*. New York: Harper Torchbooks, 1973.

4. Jonathan Rauch. "A Search for the Soul of Japan." *Los Angeles Times Magazine*, March 8, 1992.

5. Harold Bloom. *The American Religion*. New York: Simon & Schuster, 1992.

6. Christopher Lasch. "In Defense of Shame." *The New Republic*, August 10, 1992.

致 谢

我想对我的编辑 Toni Burbank 表示感谢，感谢她为该项目投入的热情和精力，感谢她提出许多有益的建议。

还要感谢我的文学经纪人 Nat Sobel，感谢他无私的支持和奉献。

在该书的写作过程中，我给一些同事看了其中的部分内容，他们非常慷慨地给予反馈意见，并提出问题、建议和质疑。我要特别感谢 Dr. Cherie Adrian、Dr. Warren Bennis、Dr. Warren Farrell、Joe Feinstein、Don Gevirtz、Leonard Hirshfeld、Pete Lakey、Ken Miller、Dr. Jim O'Toole、Robert Reasoner。

最后，我要向我的妻子德弗斯表达我的爱和感激，感谢她对该书付出热情，感谢她在讨论中给予鼓励，感谢她常常提出富有启发性的观点。

译者后记

2020年注定是不平凡的一年。新年伊始，新型冠状病毒肺炎（COVID-19）肆虐。"宅家抗疫"之时，受出版社委托翻译本书，正好给了译者静心修养学习之最佳时机。徜徉于心理学的知识海洋中，隔着时空与作者深度地交流沟通，译者受益良多。

作者纳撒尼尔·布兰登（Nathaniel Branden, 1930—2014）是一位心理学博士、大学教师、精神治疗执业医师，在美国长期从事心理学研究和心理治疗工作，尤以自尊心理学、爱情心理学的研究闻名，出版心理学专著20余本，本书是其代表作之一。作者提出"自尊的六大支柱"，实则是建议人们在人生中进行六项实践——有意识地生活的实践、自我接纳的实践、自我负责的实践、自我肯定的实践、有目的地生活的实践以及个人诚信的实践，旨在唤起人们关注建立自尊的重要性。初读英文原著，译者就被其中许多生动有趣的案例所打动，于是信心满满，窃以为翻译当可驾驭。然而，正如译者时常告诫学生的：理解原文是一回事，用目的语书面表达成义则完全是另一回事。当真正着手翻译之时，译者方觉原文看似通俗易懂的语言之下深藏哲理，许多语句更是晦涩难懂，加之个人对一些心理学术语把握不准，因此倍感此番任务艰巨。经认真阅读相关心理学书籍、查阅心理学词典、咨询心理学专业人士，旬月踟蹰、反复修改，译者终于译成此书。总结自己的翻译过程，译者略谈体会如下。

首先，**翻译是一个学习的过程**。虽然自己多年从事外语教学、翻译教学与研究，然而专做一本心理学专著的翻译尚属首次。译者在专业知识不足的情况下，要甘于做一名小学生，有意识地扩展专业阅读范围，虚心求教专业人士，认真查阅工具书，最大限度吃透原文以求与作者"同心""通心"。其次，**翻译是一个选择的过程**，包括选择什么样的翻译标准、选择何种翻译方法、如何遣词造句、如何做出取舍，等等，都需要译者小心斟酌。鉴于本书是一部学术著作而非文学作品，所以译者翻译时在确保可读性的前提下力求忠实原文。对于作者观点的阐释论证部分，译文尽量确保准确达意，即使在用词方面也尽量贴合原文。比如关于"自尊"这一概念，原文用了"self-esteem""self-respect""self-assertiveness"等多个相近术语，译者分别译为"自尊""自我尊重""自我肯定"，以尊重原文并做区别。自尊作为"有意识的"心理体验，"conscious"一词在原文多次出现，译者全文采取直译法。另外诸如"practice""client""appropriate"也分别直译为"实践""来访者""适当"。以上处理方法旨在保证学术性、严谨性。对于原文案例部分，译文则尽量采用口语化表述以生动展现。至于原文含义晦涩的句子，在不损害原意的基础上，译文适当采取意译以求达意。再次，**翻译是一个"享受"阅读的过程**。译者"享受"阅读，方可传神达意；读者"享受"阅读，方可反思自省。译者认为本书作为学术著作，面向的读者应包含心理医生、心理学专业学生、教育工作者，以及对心理学感兴趣的、"有探究精神"的大众读者，因此译文尽量给出对应著作及作者的英文名称，以方便读者查阅资料，进行深度阅读。除原作者给出的注释外，全书不使用注释，但在译文中加以补充释义。例如：第1章的"Groucho Marx joke"译为"著名笑星格劳乔·马克斯的悖论笑话"，第5章的"guru"译为"当地被称作'古鲁'的智慧大师"，第14章的"Charles Manson"译为"杀人狂魔查尔斯·曼森"，第17章的"It Ain't Necessarily So"译为"乔治·格什温创作的同名歌曲《未必如此》"，这样可以方便读者理解而不必中断阅读去翻阅注释，从而使读者"享受"连续流畅的阅读过程。最后，借用纳撒尼尔·布兰登在前言中对本书的界定"这是一本关于可能性的书"，译者认为**翻译是一个具有无限可能性的过程**。不同译者、不同时期的译者可能对原文有不同的解读，可能给出不同的译文，同一位译者每次阅读也可能有不同的领悟，当常思常新，不断改进。翻译永远没有最好，只有更好！

在本书翻译过程中，译者得到了许多同事、好友的帮助，在此特向他们表示最诚挚的感谢。感谢心理学博士李丹老师给予专业答疑。感谢亲爱的同事们（张雪珠、张琪、申莉、王利君、李爱华、胡金梅、陈颖、易林群）对部分译文进行审核并提出修改意见。感谢老同学陈平、好友姜晓杰、外籍教师 Darren Taylor 给予宝贵意见。感谢出版社译审在翻译过程中给予指导和建议。感谢远在国外的女儿帮忙查阅、核对原文中涉及的著作及作者。此外，还要特别感谢母亲和先生在翻译过程中给予的鼓励、关心和支持！

生命中总有一些时候充满不安、充满磨难，可是除了勇敢面对，我们别无选择。最后，译者借用书中的一句话与读者共勉：**我们始终需要毅力、恒心和勇气。如此下定决心，其中的力量只能来自我们对生活的爱。**

王静
2020 年 6 月 25 日
于湘江之畔陋室

自尊自信

《自尊（原书第4版）》
作者：[美]马修·麦凯 等　译者：马伊莎

帮助近百万读者重建自尊的心理自助经典，畅销全球30余年，售出80万册，已更新至第4版！

自尊对于一个人的心理生存至关重要。本书提供了一套经证实有效的认知技巧，用于评估、改进和保持你的自尊。帮助你挣脱枷锁，建立持久的自信与自我价值！

《自信的陷阱：如何通过有效行动建立持久自信》
作者：[澳]路斯·哈里斯　译者：王怡蕊 陆杨

很多人都错误地以为，先有自信的感觉，才能自信地去行动。提升自信的十大原则和一系列开创性的方法，帮你跳出自信的陷阱，自由、勇敢地去行动。

《超越羞耻感：培养心理弹性，重塑自信》
作者：[美]约瑟夫·布尔戈　译者：姜帆

羞耻感包含的情绪可以让人轻微不快，也可以让人极度痛苦
有勇气挑战这些情绪，学会接纳自我
培养心理弹性，主导自己的生活

《自尊的六大支柱》
作者：[美]纳撒尼尔·布兰登　译者：王静

自尊是一种生活方式！"自尊运动"先驱布兰登博士集大成之作，带你用行动获得真正的自尊。

《告别低自尊，重建自信》
作者：[荷]曼加·德·尼夫　译者：董黛

荷兰心理治疗师的案头书，以认知行为疗法（CBT）为框架，提供简单易行的练习，用通俗易懂的语言分析了人们缺乏自信的原因，助你重建自信。